“十四五”职业教育国家规划教材

“十三五”职业教育国家规划教材
“十二五”职业教育国家规划教材
经全国职业教育教材审定委员会审定

钳工工艺与技能训练

第 4 版

主　编　汪哲能　骆书芳　徐文庆
副主编　刘红燕　丁　宁　蒋林翰
参　编　吴　落　费明心　卢达华
　　　　刘隆节　林少龙　王同伟
　　　　刘登发

机械工业出版社

本书是“十四五”职业教育国家规划教材修订版，是根据《国家职业教育改革实施方案》，同时参考钳工职业技能鉴定标准，在第3版的基础上修订而成的。本书以模块为单位组织内容，将理论知识与实际操作相结合，通过实训使读者充分掌握钳工实际工作中的各项基本技能。相比传统教材，本书更突出实际工作能力的培养和职业素养的提升。同时，本书也弥补了项目式教材理论知识的不足，且体系性差的弊端，尝试了一种折中的知识与技能的组织方式。

本书主要内容包括走近钳工，钳工常用设备及工具、量具，划线，锉削，锯削，錾削，钻孔，其他孔加工，攻螺纹和套螺纹、刮削与研磨、矫正与弯曲，铆接与粘接，以及相应的实训内容。

为便于教学，本书配套有电子课件和电子教案，选择本书作为教材的教师可来电（010-88379201）索取，或登录 www. cmpedu. com 网站，注册、免费下载。

为深化学习效果，本书配有数字化资源，以二维码的形式嵌入书中，方便读者理解相关知识。使用本书的师生，还可利用上述资源在机械工业出版社旗下“天工讲堂”平台上进行在线教学、学习，实现翻转课堂与混合式教学。

本书可作为高等职业院校（含五年制）机械类专业教材，也可作为钳工岗位的培训教材。

图书在版编目（CIP）数据

钳工工艺与技能训练 / 汪哲能，骆书芳，徐文庆主编. -- 4 版. -- 北京 : 机械工业出版社，2024. 7（2025. 1 重印）.
（“十四五”职业教育国家规划教材）. -- ISBN 978-7-111-76065-8

Ⅰ. TG9

中国国家版本馆 CIP 数据核字第 2024BB4206 号

机械工业出版社（北京市百万庄大街 22 号　邮政编码 100037）
策划编辑：赵文婕　　责任编辑：王莉娜　赵文婕
责任校对：韩佳欣　李　婷　　封面设计：王　旭
责任印制：刘　媛
涿州市京南印刷厂印刷
2025 年 1 月第 4 版第 3 次印刷
210mm×285mm · 13. 75 印张 · 313 千字
标准书号：ISBN 978-7-111-76065-8
定价：49. 00 元

电话服务	网络服务
客服电话：010-88361066	机　工　官　网：www. cmpbook. com
010-88379833	机　工　官　博：weibo. com/cmp1952
010-68326294	金　　书　　网：www. golden-book. com
封底无防伪标均为盗版	机工教育服务网：www. cmpedu. com

关于“十四五”职业教育
国家规划教材的出版说明

为贯彻落实《中共中央关于认真学习宣传贯彻党的二十大精神的决定》《习近平新时代中国特色社会主义思想进课程教材指南》《职业院校教材管理办法》等文件精神，机械工业出版社与教材编写团队一道，认真执行思政内容进教材、进课堂、进头脑要求，尊重教育规律，遵循学科特点，对教材内容进行了更新，着力落实以下要求：

1. 提升教材铸魂育人功能，培育、践行社会主义核心价值观，教育引导学生树立共产主义远大理想和中国特色社会主义共同理想，坚定“四个自信”，厚植爱国主义情怀，把爱国情、强国志、报国行自觉融入建设社会主义现代化强国、实现中华民族伟大复兴的奋斗之中。同时，弘扬中华优秀传统文化，深入开展宪法法治教育。

2. 注重科学思维方法训练和科学伦理教育，培养学生探索未知、追求真理、勇攀科学高峰的责任感和使命感；强化学生工程伦理教育，培养学生精益求精的大国工匠精神，激发学生科技报国的家国情怀和使命担当。加快构建中国特色哲学社会科学学科体系、学术体系、话语体系。帮助学生了解相关专业和行业领域的国家战略、法律法规和相关政策，引导学生深入社会实践、关注现实问题，培育学生经世济民、诚信服务、德法兼修的职业素养。

3. 教育引导学生深刻理解并自觉实践各行业的职业精神、职业规范，增强职业责任感，培养遵纪守法、爱岗敬业、无私奉献、诚实守信、公道办事、开拓创新的职业品格和行为习惯。

在此基础上，及时更新教材知识内容，体现产业发展的新技术、新工艺、新规范、新标准。加强教材数字化建设，丰富配套资源，形成可听、可视、可练、可互动的融媒体教材。

教材建设需要各方的共同努力，也欢迎相关教材使用院校的师生及时反馈意见和建议，我们将认真组织力量进行研究，在后续重印及再版时吸纳改进，不断推动高质量教材出版。

机械工业出版社

第4版前言

钳工作为机械制造中应用较早的一种金属加工技术，即使处在制造技术高度发达的今天，也依然是机械制造和设备维修工作中不可缺少的重要工种。钳工的工作特点决定了其从业人员必须具备严谨认真、精益求精、追求完美的工匠精神。被誉为“万能工种”的钳工，其基本技能既是装备制造行业从业人员必备的基础技能，也是其他相关行业从业人员应掌握的技能，是对相关从业人员的基本要求。为帮助读者更好地掌握钳工基本技能，我们组织学校的骨干教师、企业工程技术人员编写了本书。本书在历经两次修订后，受到了读者的欢迎和喜爱，也获得了读者对教材使用情况的反馈。为深入贯彻党的二十大报告关于“深化教育领域综合改革，加强教材建设和管理”的精神，在机械工业出版社的大力支持下，在充分吸收读者意见和建议的基础上，对本书进行了第三次修订。

本书以国家颁布的职业标准考核内容为基本依据，从职业院校学生基础能力出发，遵循专业理论的学习规律和技能形成规律，突出理论与实践的结合，将钳工的工艺知识与基本技能训练有机地结合起来，注重提高读者分析问题和解决问题的能力，着眼立德树人，实现“岗课赛证”综合育人。

除了基本的钳工训练内容，本书设置了趣味制作模块，加入了传统的智力玩具“T字之谜”和采用了起源于中国古代建筑、目前仍然被广泛应用的榫卯结构的孔明锁等内容。通过有趣的任务，锻炼钳工操作技能，体会前人的匠人之心，感受中华文明的源远流长，传承中华优秀传统文化，培养反定向思维能力。编者期望通过本次修订，使本书体系更加完整，内容更加充实，可读性和实用性进一步提高，使之更趋完善，为读者更快、更好地掌握钳工的基本操作技能和相关的工艺知识提供帮助。

为推进教育数字化，建设全民终身学习的学习型社会、学习型大国，适应数字化教学的发展需要，本书对重要知识点提供了数字化教学资源，并以二维码的形式供读者扫描选用。

本书由湖南财经工业职业技术学院汪哲能、集美工业学校骆书芳、湖南财经工业职业技术学院徐文庆任主编，刘红燕、丁宁、蒋林翰任副主编，吴落、费明心、卢达华、刘隆节、林少龙、王同伟、刘登发参与编写。本书由原东莞市科立五金模具厂总工程师陈黎明主审。作为校企合作开发的教材，在本书的编写过程中，编者认真听取了一线工程技术人员的意见和建议，特变电工衡阳变压器有限公司人力资源部校企合作主任林少龙、山东豪迈数控机床有限公司教育行业总监王同伟、衡阳风顺车桥有限公司总工程师刘登发等多位企业管理和工程技术人员对本书的编写提供了极具参考价值的建议和意见。同时参阅了同类教材及有关资料、技术标准等，本书能顺利编写完成，离不开这些资料作者们的辛勤付出，在此一并致以衷心的感谢。

虽然编者在编写本书的过程中本着认真负责的态度，力求做到精益求精，但由于编者水平有限，书中仍难免有疏漏和不足之处，恳请读者批评指正。

编　者

第3版前言

钳工作为机械制造中应用较早的一种金属加工技术，即使在制造技术高度发达的今天，也依然是机械制造和设备维修工作中不可缺少的重要工种。钳工的工作特点决定了其从业人员必须具备严谨认真、精益求精、追求完美的工匠精神。被誉为“万能工种”的钳工，其基本技能既是钳工从业人员必备的基础技能，也是其他相关工种从业人员应掌握的技能，是对相关从业人员的基本要求。为帮助读者更好地掌握钳工基本技能，我们组织编写了本书。本书在历经一次修订后，受到了读者的欢迎和喜爱，也获得了读者对教材使用情况的反馈。在机械工业出版社的支持下，在充分接受读者意见和建议的基础上，我们对本书进行了第二次修订。

此次修订是根据教育部制定的职业教育机械设计制造类专业教学标准、人力资源和社会保障部制定的《钳工国家职业技能标准》、“1+X”职业技能等级证书等职业技能标准进行的。教材遵循专业理论的学习规律和技能的形成规律，将钳工的工艺知识与基本技能训练有机地结合起来，注重提高读者分析问题和解决问题的能力，着眼立德树人，实现“岗课赛证”综合育人。

除了基本的钳工训练内容外，本书设置的趣味制作模块中，加入了传统的智力玩具“T字之谜”和采用了起源于中国古代建筑、目前仍然被广泛应用的榫卯结构的孔明锁等内容。通过有趣的任务，锻炼钳工操作技能，体会前人的匠人之心，感受中华文明的源远流长，培养反定向思维能力，融入课程思政。编者期望通过本次修订，使本书体系更加完整，内容更加充实，以提高可读性和实用性，使之更趋完善，为读者更快、更好地掌握钳工的基本操作技能和相关的工艺知识提供帮助。同时，作为校企合作开发的教材，在编写过程中认真听取了一线工程技术人员的意见和建议，从教材体系的构思到内容的选取，充分考虑产教融合，实现岗课对接。

为推进教育数字化，本书新增了二维码链接的视频，供学生学习时参考。为使学生更深入了解、体会工匠精神，还增加了“工匠故事”栏目，以更好地促进工匠精神的培养。

本书由湖南财经工业职业技术学院汪哲能任主编，刘红燕、徐文庆任副主编，宫敏利、丁宁、谢军参与编写。本书由原东莞市科立五金模具厂总工程师陈黎明主审。在修订过程中，衡阳风顺车桥有限公司总工程师刘登发、湖南天雁机械有限责任公司高级技师朱茂蒙等多位企业一线工程技术人员给予了极具参考价值的建议和意见，在此表示感谢。

虽然编者有丰富的教学经验，且在编写本书的过程中本着认真负责的态度，力求精益求精，但书中仍难免有疏漏和不足之处，恳请读者批评指正。

编　者

第2版前言

本书是按照教育部《关于开展“十二五”职业教育国家规划教材选题立项工作的通知》，经过出版社初评、申报，由教育部专家组评审确定的“十二五”职业教育国家规划教材，是根据《教育部关于“十二五”职业教育教材建设的若干意见》及教育部新颁布的《高等职业学校专业教学标准（试行）》，同时参考职业资格标准，在第1版的基础上修订而成的。

本书以模块为单位组织内容，将理论知识与实际操作相结合，通过实训使读者充分掌握钳工实际工作中的各项基本技能。相比传统教材，本书更突出实际工作能力的培养。同时，本书也弥补了项目式教材理论知识不足，且体系性差的弊端，尝试了一种折中的知识与技能的组织方式。本书主要内容包括走近钳工、钳工常用设备及工量具、划线、锉削、锯削、錾削、钻孔、其他孔加工、攻螺纹和套螺纹、刮削与研磨、矫正与弯曲、铆接与粘接，以及相应的实训内容。

本书在内容处理上主要有以下几点说明：

1）本书以就业为导向，以实训贯穿知识，在内容取舍上遵循“循序渐进”的原则，有利于学生学习和教师授课。

2）本书在原版的基础上扩充大量图表，内容更加生动、翔实，易于理解。

3）使用本书作为教材时，建议采用理实一体化的教学模式授课。

全书共16个模块，由湖南财经工业职业技术学院汪哲能主编，湖南财经工业职业技术学院徐文庆参与了编写工作，由东莞市科立五金模具厂总工程师陈黎明主审。在编写过程中，从教材体系的构思到教材内容的选取，衡阳风顺车桥有限公司总工程师刘登发、湖南天雁机械有限责任公司高级技师朱茂蒙等多位企业一线工程技术人员给予了很多建议和意见，在此表示感谢。

本书经全国职业教育教材审定委员会审定，教育部专家在评审过程中对本书提出了宝贵的意见，在此表示衷心的感谢！在本书的编写过程中，编者参阅了同类教材及有关资料、技术标准等，在此，谨向相关的作者致以衷心的谢意。

由于编者水平有限，书中不妥之处在所难免，恳请读者批评指正。

编　者

第1版前言

在现代机械制造技术不断发展的今天，钳工这个有着悠久历史的古老职业仍然洋溢着青春的光彩。现代机械制造业对钳工提出了更新、更高的要求，钳工的分类越来越细，工作范围也越来越广，但不管如何发展都必须掌握好钳工的基本技能。为了适应钳工技术人员的学习和培训的需要，满足职业技术学校、技工学校钳工实训教学的需求，编者在原校本教材的基础上编写了本书。

本书根据人力资源和社会保障部的《职业技能鉴定规范》编写，采用最新国家标准，突出理论与实践的结合，将钳工的工艺知识与基本技能训练有机地结合起来，用理论指导实践，用实践验证理论。在编写过程中力求做到图文并茂，形象直观，通俗易懂，让读者由浅入深，理论联系实际，逐步掌握钳工的基本操作技能及相关的工艺知识，从而具备完成生产任务和分析问题、解决问题的能力。

本书可供机械类专业学生钳工实训选用，考虑各学校的专业特色和教学需要，在编写时采用了模块式编写方式，在实际教学过程中各校可根据自身特点对其中内容进行取舍。本书也可作为职工的培训或自学用书以及相关工程技术人员的参考用书。

在本书的编写过程中，编者参阅了同类教材及有关资料、技术标准等，东莞市科立五金模具厂总工程师陈黎明先生认真、仔细地审阅了书稿，并提出了许多宝贵的修改意见，在此编者谨致以衷心的谢意。

虽然编者多年从事钳工实训教学，在编写过程中本着认真负责的态度，力求精益求精，但由于水平有限，且深感知识世界的广袤无垠，书中难免存在错漏和不足，恳请读者不吝赐教，对书中不妥之处予以指正。

编　者

二维码索引

名称	二维码	名称	二维码
周建民——周式精度，如琢如磨		划针的用法	
游标卡尺		艾爱国——劳模制造，必是精品	
千分尺		刘湘宾——矢志奋斗，只争朝夕	
百分表		手锯构造	
塞尺		徐立平——为铸“利剑”，不畏艰险	
陈兆海——中国精度，极致匠心		錾削工具	

（续）

名称	二维码	名称	二维码
刘丽——过硬功夫，源自“铁人”		研磨的原理	
钻床的分类		魏红权——研磨大师，如琢如磨	
贾岩——导弹“眼睛”，指引目标		孙长胜——沙场亮剑，雕琢铸心	
扩孔钻		卢仁峰——焊接技能，极致追求	
铰刀		刘更生——修旧如旧，匠心楷模	
洪家光——言传身教，匠心筑梦		戴天方——勇于挑战，练就绝活	
螺纹种类		王福利——航天巧匠，铸剑励心	
张路明——追求卓越，永无止境		李超——潜心钻研，勇克难关	
刮削原理			

目录

模块一 走近钳工

知识目标

1. 掌握钳工的定义与特点。
2. 了解钳工的主要工作内容。

技能目标

1. 了解钳工工位的布置及工具放置要求。
2. 掌握钳工实训工场的安全规则，注重个人安全防护。
3. 具备知识技能拓展能力。

素养目标

1. 培养敬业、精益、专注、创新的工匠精神。
2. 具备将钳工基本知识应用于具体工作领域的能力，具有一定的分析问题和解决问题的能力。

一、钳工工作的主要内容

机器设备都是由若干零件组成的，而大多数零件是用金属材料制成的。随着科学技术的发展，一部分零件已经能用精密铸造、冷冲压或特种加工等方法制造，但绝大多数零件仍需采用传统的金属切削加工方式，通常经过铸造、锻造、焊接等加工方法先制成毛坯，然后经过车、铣、刨、磨、钳、热处理等加工制成零件，最后将零件装配成机器。因此，生产一台机器，需要许多工种相互配合才能完成。

钳工是机械制造业中最古老的金属加工技术，世界上第一台机床就是用钳工方法加工出来的。钳工是大多使用手工工具并经常在台虎钳上进行手工操作的一个工种。与其他加工工艺相比，钳工操作劳动强度大、生产率低、对操作者的技术要求高，但所用工具简单、加工品种多样、操作灵活、适应面广，能加工形状复杂、质量要求较高的零件，可以完成其他加工工艺不便或难以完成的工作。在机械制造和设备维修工作中，钳工是不可缺少的重要工种，被誉为“万能工种”。例如，划线、刮削、机械装配等，至今尚无机械化设备完全取代；一些最精密的样板、模具、量具和配合表面（如导轨面和轴瓦面）仍需钳工完成精密加工；在单件、小批量生产，修配或缺乏设备的情况下，采用钳工制造零件仍是一种经济实用的方法。

钳工的主要工作内容有：

1. 加工零件

一些采用其他方法不适宜或不能解决的加工问题，都可由钳工来完成，如零件加工过程中的划线、精密加工（如刮削、研磨等），以及检验和修配等。

2. 装配

把零件按机械设备的各项技术要求进行组件、部件装配和总装配，并经过调整、检验和试车等，使之成为合格的机械设备。

3. 设备维修

当机械设备在使用过程中出现故障、损坏或经长期使用后精度降低，影响使用时，也要通过钳工进行维护和修理。

4. 工具的制造和修理

制造和修理各种工具、夹具、量具、模具及各种专用设备。

随着机械制造业的发展，钳工的工作范围日益广泛，需要掌握的技术知识和技能也逐步提高。要完成好本职工作，操作者必须掌握好钳工的各项基本操作技能，例如，划线、錾削、锉削、锯削、钻孔、锪孔、铰孔、攻螺纹和套螺纹、刮削、研磨及基本测量技能和简单热处理方法等。

二、钳工实训工场及工具、量具的摆放

钳工实训工场一般分为钳工工位区、台钻区、划线区和刀具刃磨区等区域。区域之间留有安全通道，如图 1-1 所示。

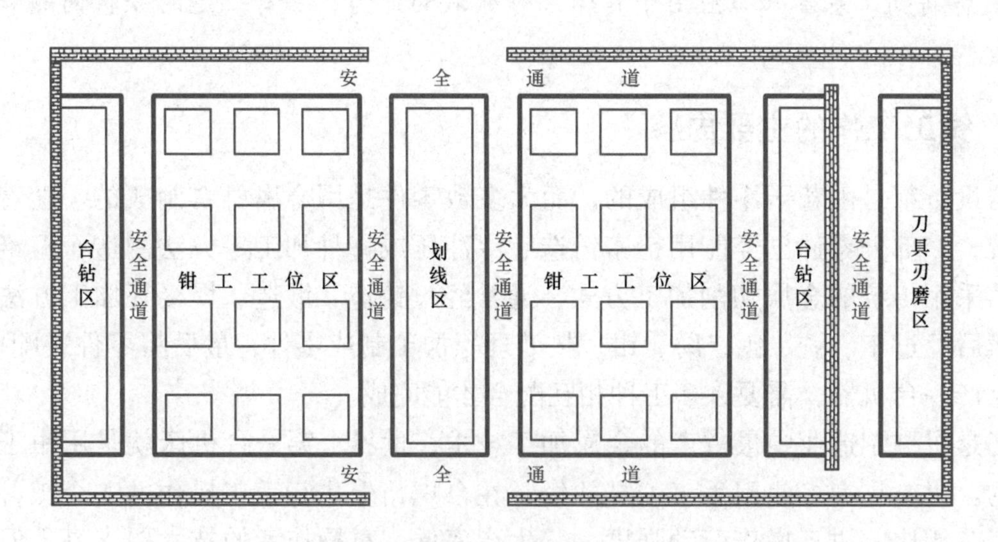

图 1-1 钳工实训工场平面图

工作时，一般将钳工工具放置在钳桌台面上，包括台虎钳、锉刀、锯弓、锤子、螺钉旋具等。一般将钳工工具放在台虎钳的右侧，将量具放在台虎钳的正前方，如图 1-2 所示。工具、量具不能混放，工具的柄部不得伸出台面，以防不慎碰撞掉落。

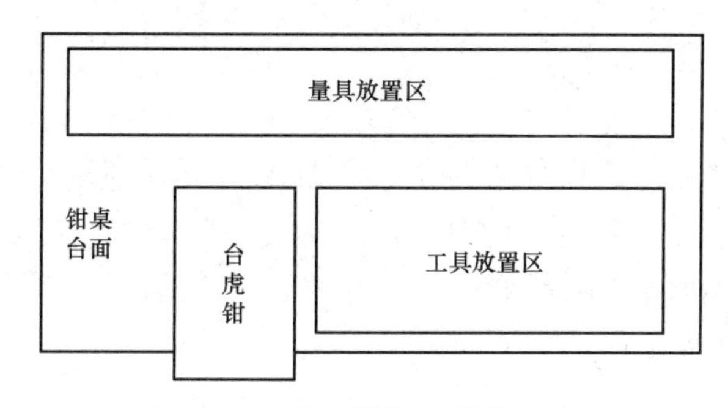

图 1-2 工具、量具摆放的示意图

三、钳工实训工场安全规则

1）进入实训工场必须穿工作服，严禁穿拖鞋或凉鞋。女生在操作设备时必须戴工作帽，并将头发塞进帽子里。严禁戴手套操作设备。

2）不迟到、不早退、不无故缺席，不擅自离开实训岗位。不准在实训工场内吃零食，严禁大声喧哗、追逐嬉闹和持器件工具打闹。爱护实训工场的设备设施，严禁损坏设备设施。不允许在划线平板上找正工件，禁止用锤子等工具敲击平板。

3）认真训练，听从安排，严守操作规程，严禁动用与实训无关的设备。使用的设备和工具要经常检查，发现故障应及时报修，在未修复前不得使用。

4）清除切屑时要使用毛刷等工具，不得直接用手清除，严禁用嘴吹。

5）妥善保管好个人的工具、量具及工件材料，不要任意堆放，混杂在一起，以防损坏和取用不便。工具、量具的摆放应遵循方便、安全、合理的原则。锤子、锯弓等工具应平稳地放在钳桌台面上，不要将手柄露在台面外缘。使用计量器具时要轻拿轻放，防止磕碰。量具不能与工具或工件混放在一起。在使用量具时，应将量具盒合上，量具置于盒盖上，避免切屑、灰尘等落入盒内。用完后，及时将量具擦拭干净再放入盒内。

6）毛坯和已加工的零件应放在规定的位置，排列要整齐，放置要平稳，保证安全，便于取放，并避免碰伤工件上的已加工表面。

7）工作完毕后，必须清理工作场地，将工具和零件整齐地摆放在指定的位置，并做好场地、设备的清洁和日常维护工作。

警钟长鸣

案例一 一名学生在实训时，随手将锤子放在钳桌台面上，结果不小心碰到伸出台面的锤柄，锤子掉落，砸到穿凉鞋的脚上，造成脚背受伤。

案例二 一名学生使用锉刀柄有裂纹的锉刀锉削工件，在用力锉削时，锉刀柄裂开，因来不及收手而被锉刀舌刺伤手腕。

案例三 一名学生在钻孔时未将工件夹紧，致使工件发生剧烈晃动，钻头被折断，台虎钳砸到脚上，造成脚趾骨折。

思考与练习

1. 为什么在机械制造业如此发达的今天，钳工仍有存在的必要？
2. 钳工为什么被誉为“万能工种”？
3. 钳工工作的主要内容有哪些？
4. 钳工应掌握的基本操作技能有哪些？
5. 通过对钳工实训工场规则的学习，你有什么认识和体会？

工匠故事

周建民——周式精度，如琢如磨

请扫码学习工匠故事。

模块二 钳工常用设备及工具、量具

知识目标

1. 了解钳工常用设备及工具。
2. 了解钳工常用量具。

技能目标

1. 能正确使用钳工常用的设备及工具。
2. 能正确使用钳工常用的量具。
3. 掌握钳工安全文明生产常识。
4. 具备知识技能拓展能力及适应发展的能力。

素养目标

1. 培养敬业、精益、专注、创新的工匠精神。

2. 培养节能环保意识和安全意识；能正确遵守个人和车间安全作业要求，注重个人安全防护。

3. 具备使用钳工常用设备及工具、量具的能力，具有一定的分析问题和解决问题的能力。

第一节 钳工常用的设备及工具

一、台虎钳

1. 台虎钳的种类

台虎钳是用来夹持工件的通用夹具，有固定式（图 2-1a）和回转式（图 2-1b）两种结构类型。

2. 台虎钳的结构

由于回转式台虎钳使用较为灵活，因此被广泛应用。下面着重介绍其构造和工作原理。活动钳身 1 通过导轨与固定钳身 4 的导轨孔做滑动配合。丝杠 13 装在活动钳身上，

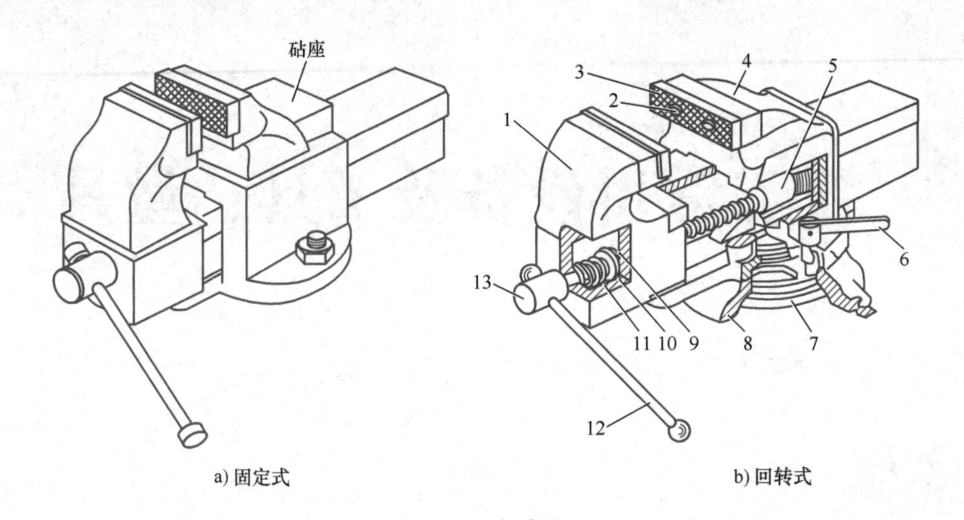

a) 固定式　　　b) 回转式

图 2-1 台虎钳

1—活动钳身 2—螺钉 3—钳口 4—固定钳身 5—丝杠螺母 6—锁紧手柄 7—夹紧盘 8—转座 9—销 10—挡圈 11—弹簧 12—手柄 13—丝杠

可以旋转，但不能轴向移动，并与安装在固定钳身内的丝杠螺母 5 配合。当转动手柄 12 使丝杠 13 旋转，就可以带动活动钳身相对于固定钳身做进退移动，进行夹紧或松开工件。弹簧 11 借助挡圈 10 和销 9 固定在丝杠上，其作用是当放松丝杠时，可使活动钳身 1 及时退出。在固定钳身 4 和活动钳身 1 上，各装有钢质钳口 3，并用螺钉 2 固定。钳口的工作面上制有交叉的网纹，使工件夹紧后不易产生滑动。钳口 3 经过热处理淬硬，具有较好的耐磨性。固定钳身 4 装在转座 8 上，并能绕转座轴线转动，当转到要求的方向时，扳动锁紧手柄 6 使夹紧螺钉旋紧，便可在夹紧盘 7 的作用下将固定钳身 4 紧固不动。转座 8 上有三个螺栓孔，用于固定转座 8。

3. 台虎钳的规格

台虎钳的规格以钳口的宽度表示，常用的有 100mm、125mm、150mm 等。

4. 使用台虎钳的注意事项

1）夹紧工件时，只允许依靠手的力量来扳动手柄，不允许用锤子敲击手柄或延长手柄（在手柄上套长管子），以防丝杠、螺母或钳身因过载而损坏。

2）夹持工件时，应尽量将工件夹在钳口的中间位置，以避免钳口受力不均匀。

3）在进行强力工作时（如錾削），应尽量使作用力朝向固定钳身，否则将额外增加丝杠和螺母的载荷，容易造成螺纹的损坏。

4）工作完毕后应将所夹持的工件卸下，以避免丝杠及螺母长时间受力。

二、钳台（钳桌）

钳台用于安装台虎钳，放置工具、量具和工件等。

钳台高度为 800~900mm，为便于操作，台虎钳钳口高度应与操作者的肘部齐平为宜（图 2-2）。台面长度和宽度则随

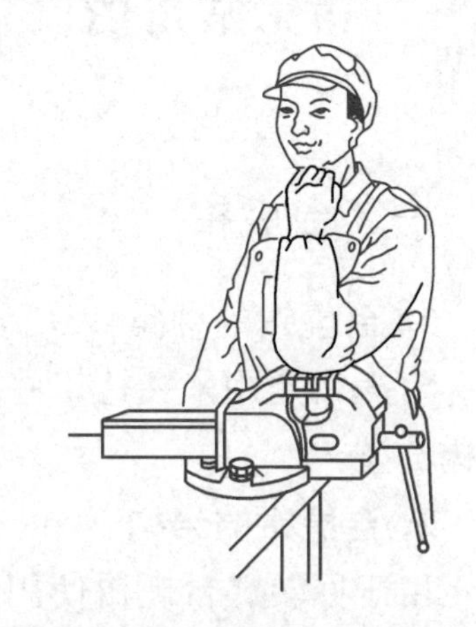

图 2-2 台虎钳钳口的高度

工作需要和场地大小而定。

三、砂轮机

1. 砂轮机的作用

砂轮机用于刃磨錾子、麻花钻等刀具或其他工具，也可用来磨削工件或材料上的毛刺、锐边、氧化皮等。

2. 砂轮机的组成

砂轮机主要由砂轮、电动机和机座组成（图 2-3a）。随着人们环保意识的提高，现在很多场合都使用加装了除尘设备的除尘砂轮机（图 2-3b），能自动收集刃磨过程中产生的磨尘。

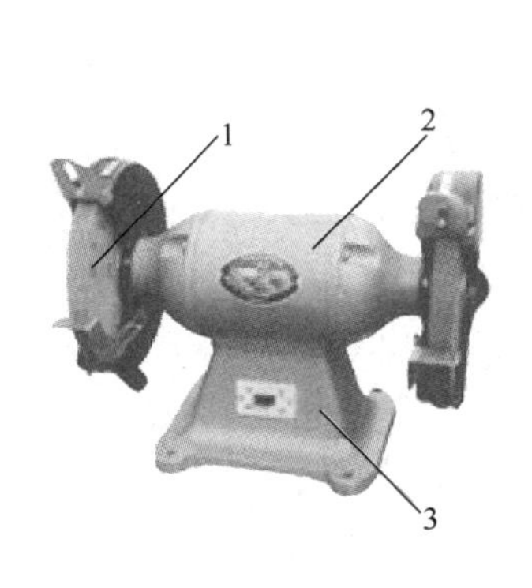

a) 普通砂轮机

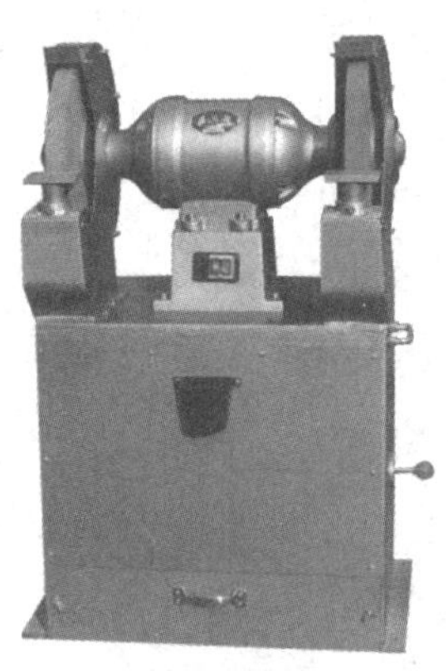
b) 除尘砂轮机

图 2-3　砂轮机

1—砂轮　2—电动机　3—机座

砂轮是由磨料和结合剂构成的特殊刀具，质地硬而脆，工作时转速较高，因此使用砂轮机时应严格遵守安全操作规程，严防砂轮碎裂造成人身伤亡事故。

3. 使用砂轮机的注意事项

1）使用前应检查砂轮机电源接线是否完好，防护罩是否牢固安全，砂轮机的搁架与砂轮间距离保持在 3mm 以内（图 2-4a）。如果间隔距离过大，则在刃磨时容易将刃磨对象带入，夹在砂轮与搁板之间，引起砂轮爆裂，造成安全事故（图 2-4b）。

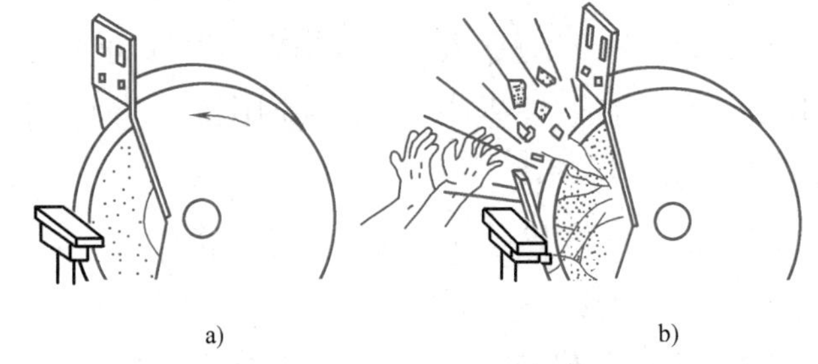

图 2-4　搁架与砂轮间的距离不能太大

2）砂轮的旋转方向应正确，使磨屑向下方飞离砂轮。

3）砂轮机起动后，应等砂轮转速平稳后再进行磨削。

4）磨削时，要防止刀具或工件撞击砂轮或施加过大的压力。

5）磨削时，操作者不要站立在砂轮的正对面，应站在侧面或斜对面。

6）使用砂轮时，必须使用砂轮的外圆柱面刃磨，不得使用砂轮的侧面刃磨，以防砂轮变薄后强度不够，引发事故。

7）严禁在砂轮上刃磨与实训课题无关的物品。

四、钻床

钻床是用来对工件进行孔加工的设备。

常用钻床有台式钻床、立式钻床和摇臂钻床等，可以根据加工对象及加工要求的不同进行选择。

五、钳工各类工具

1. 划线工具

划线工具主要有钢直尺、划针、划规、划线平板、游标高度卡尺、直角尺、样冲等。

2. 锉削工具

主要是各种种类及规格的锉刀。

3. 锯削工具

主要有锯弓和锯条。

4. 錾削工具

主要有锤子和各种錾子。

六、孔加工工具

主要有各类钻头、扩孔钻、铰刀、丝锥和铰杠等。

第二节　钳工常用的量具

一、测量概述

测量是对被测量对象定量认识的过程，即将被测量（未知量）与已知的标准量进行比较，以得到被测量大小的过程。为保证加工后的工件各项技术参数符合设计要求，在加工前后及加工过程中，都必须用量具进行测量。

1. 量具的种类

用来测量、检验工件尺寸及形状的工具称为量具。量具的种类很多，根据其用途和特点，可分为以下三种类型。

（1）万能量具　这类量具一般都有刻度，在测量范围内可以测量工件形状及尺寸的具体数值，如钢直尺、游标卡尺、千分尺、游标万能角度尺等。

（2）专用量具　这类量具不能测量出实际尺寸，只能测定零件的形状及尺寸是否合格，如塞尺、半径样板等。

（3）标准量具　这类量具只能制成某一固定尺寸，通常用来校正和调整其他量具，也可以作为标准与被测量件进行比较，如量块等。

2. 长度计量单位

我国法定的长度计量单位名称和代号见表2-1。

表2-1　我国法定的长度计量单位名称和代号

单位名称	代号	对基准单位的比
米	m	基准单位
分米	dm	10^{-1}
厘米	cm	10^{-2}
毫米	mm	10^{-3}
微米	μm	10^{-6}

实际生产中，有时还采用丝米（dmm）、忽米（cmm）等非法定单位，$1\text{dmm}=10^{-4}\text{m}$，$1\text{cmm}=10^{-5}\text{m}$。习惯上把忽米称为“丝”或“道”，即1丝（或1道）=0.01mm，使用时应注意“丝”和“丝米”不是一个概念。

在实际工作中，有时还会遇到英制尺寸。英制尺寸的进位方法和名称如下：

$$1\text{ft}=12\text{in}\ （1英尺=12英寸）$$

英制尺寸常以英寸为单位，1in=25.4mm。

3. 角度计量单位

钳工工作中常用的角度度量制有角度制和弧度制两种。角度制是以“度”（°）为单位来度量角的单位制，弧度制是以“弧度”（rad）为单位来度量角的单位制。1°是圆周的1/360所对应的圆心角的大小，1rad是弧长等于半径长度的圆弧所对应的圆心角的大小，因此1rad（弧度）≠1°（度）。

$$1°=60'\ （1度=60分）$$

$$1'=60''\ （1分=60秒）$$

角度和弧度的换算方法如下：

$$1°=\frac{\pi}{180}\text{rad}\approx 0.01745\text{rad}$$

$$1\text{rad}=\frac{180°}{\pi}\approx 57.30°$$

二、游标卡尺

1. 游标卡尺的作用

游标卡尺是指示量具，简称为卡尺，可直接测量出工件的外尺寸、内尺寸和深度尺寸（图2-5）。常用游标卡尺的分度值为0.02mm，是一种适合于测量中等精度尺寸的量具。

2. 游标卡尺的读数方法

（1）读数原理　分度值为0.02mm的游标卡尺，主标尺的标尺间隔为1mm，当两测量爪合并时，游标尺上50个标尺分度的长度刚好等于主标尺上的49mm（图2-6），则游标尺的标尺间隔为49mm÷50=0.98mm，主标尺与游标尺的每个标尺分度的长度之差为1mm−0.98mm=0.02mm。

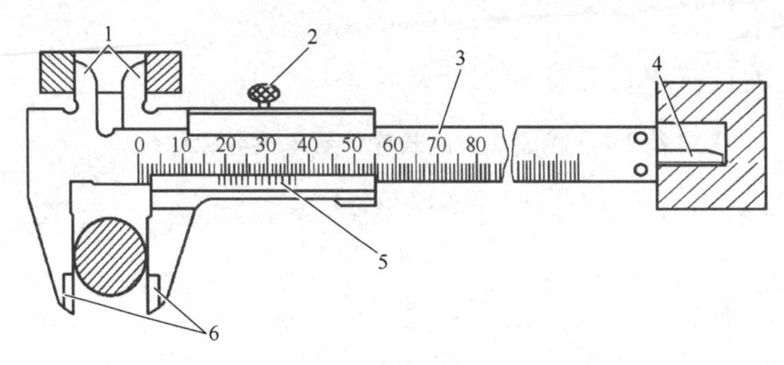

图 2-5 游标卡尺

1—刀口内测量爪 2—制动螺钉 3—主标尺 4—深度尺 5—游标尺 6—外测量爪

(2) 使用方法

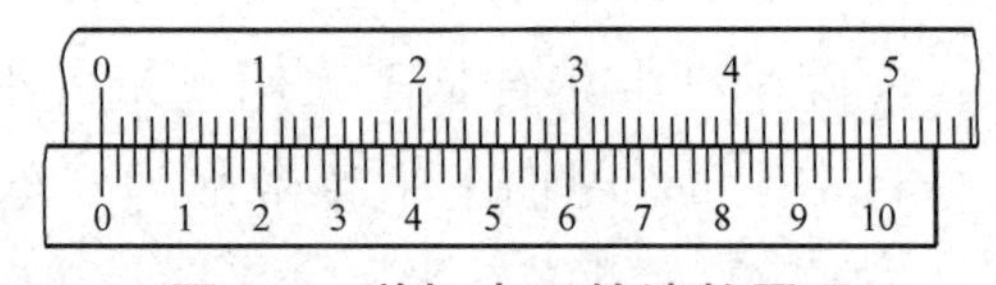

图 2-6 游标卡尺的读数原理

1) 测量前，应将游标卡尺擦拭干净，测量爪贴合后，游标尺零线和主标尺零线应对齐，两测量面接触贴合后，应无透光现象（或有极微弱的均匀透光）。

2) 测量时，只要条件允许，就不应只使用测量爪的部分测量面进行测量，否则不仅会加速测量爪的磨损，而且还会产生较大的测量误差（图 2-7）。

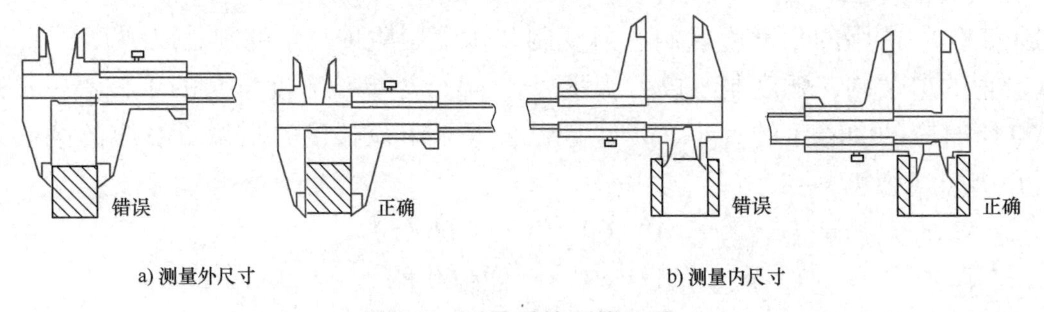

图 2-7 测量爪的测量位置

3) 测量外尺寸（特别是外径尺寸）时，应将两测量爪张开到略大于被测尺寸，将固定测量爪的测量面贴靠着工件，然后轻轻推动游标卡尺的尺框，使活动测量爪的测量面也紧靠工件，同时轻轻摆动卡尺以找到最小尺寸点，然后读数（图 2-8a）。测量内尺寸（特别是内径尺寸）时，应将两测量爪调整到略小于被测尺寸，待推入被测部分后将固定测量爪的测量面贴靠着工件，再轻轻拉动尺框，使活动测量爪也接触到测量面，拉动尺框的拇指加少许的拉力，轻轻摆动卡尺以找到最大尺寸点，然后读数（图 2-8b）。

4) 测量时，要防止游标卡尺歪斜（图 2-9），否则读数会有误差。

5) 测量时，调整准确后，应尽可能地在游标卡尺处于测量状态下读出测量值，然后拉动（测量外尺寸时）或推动（测量内尺寸时）尺框，使测量爪离开被测面后再小心地将卡尺退出。若测量爪还没离开测量面就强行退出，则会损伤测量爪或被测工件的测量面。对于较大的工件或按上述方法较难读出测量数值时，应用制动螺钉将尺框固定后，再轻轻地退出卡尺，读出数值。读数时，应水平持握卡尺，在光线充足的地方，视线垂直于标尺表面，避免由于斜视角造成的读数误差。

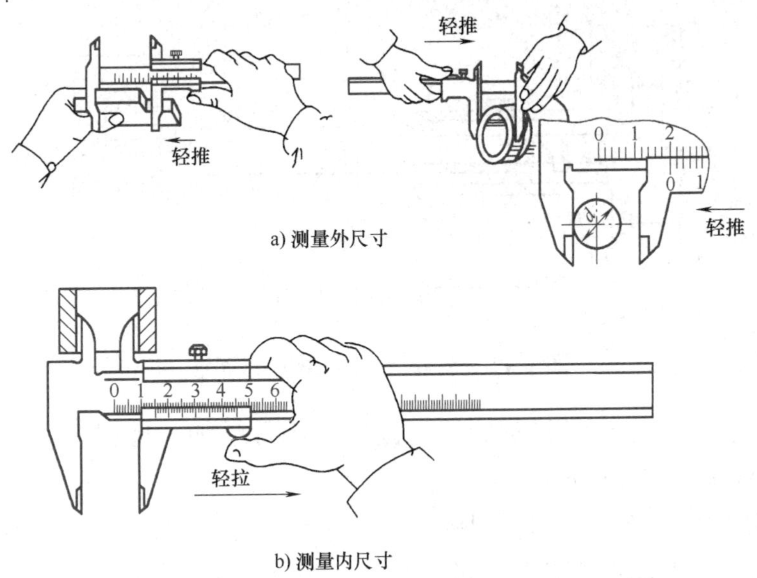

图 2-8　卡尺的测量方法

6）测量深度尺寸时，先移动游标卡尺的尺框，使其深度尺伸出的长度略小于要测量的深度值。然后，将深度尺插入凹槽内，并使卡尺深度尺一端的尺身端面抵靠在凹槽的外沿上，保持深度尺与凹槽端面垂直，一只手稳定住尺身，另一只手轻推（或拉）尺框，使深度尺接触到凹槽的底部，然后读数（图 2-10a）。应注意尺身不要歪斜，否则将造成读数误差（图 2-10b、c）。同时，要注意深度尺的下端有缺口的一面应靠在被测工件的侧面（图 2-10d），否则有可能出现因工件的底部根角处不是直角（圆弧或其他不规则形状），使深度尺的测量面达不到真正的底部而造成测量值小于实际值的问题（图 2-10e）。

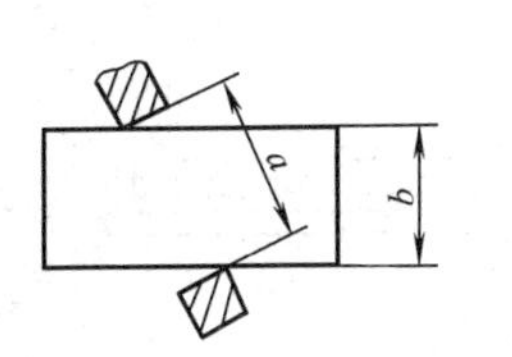
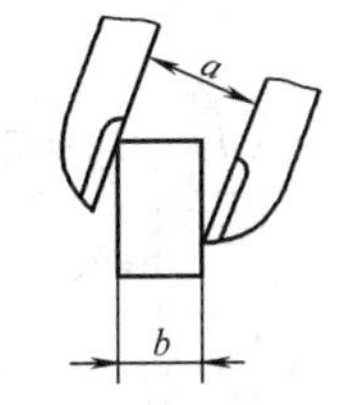

图 2-9　卡尺测量面与工件的错误接触

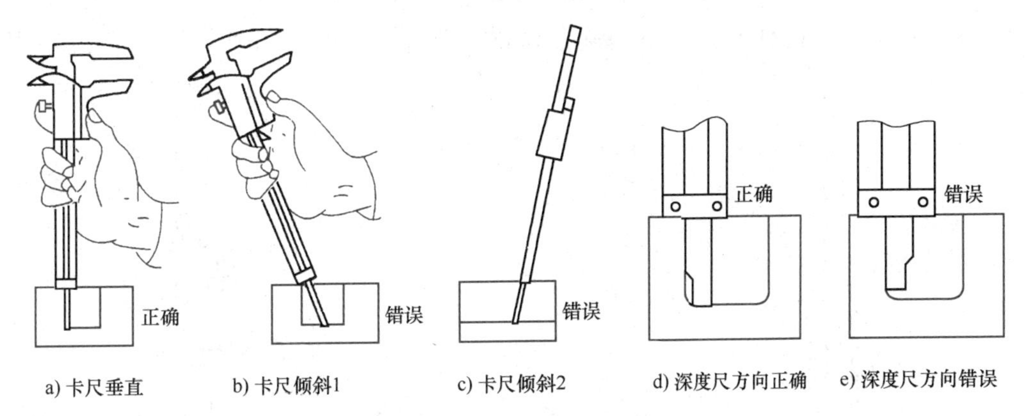

图 2-10　用卡尺测量深度

（3）读数方法（图 2-11）

1）读出在游标尺零线的左面，主标尺上的整数毫米数，图中测量值为 28mm。

2）在游标尺上找出与主标尺的标尺标记对齐的位置，读出尺寸的毫米小数值，图中测量值为 0.86mm。

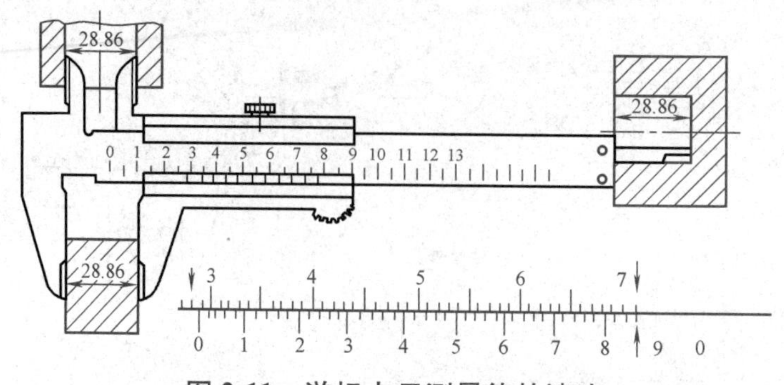

图 2-11　游标卡尺测量值的读法

3）将主标尺上读出的整数和游标尺上读出的小数相加，即得测量值，图 2-11 所示测量值为 28mm+0. 86mm＝28. 86mm。

目前在实际使用中，除了以上卡尺，还有更为方便的带表卡尺和数显卡尺。带表卡尺（图 2-12）可以通过圆标尺读出测量的尺寸；数显卡尺（图 2-13）是利用电子数字显示原理，对两测量爪相对移动的距离进行读数的一种长度测量工具。

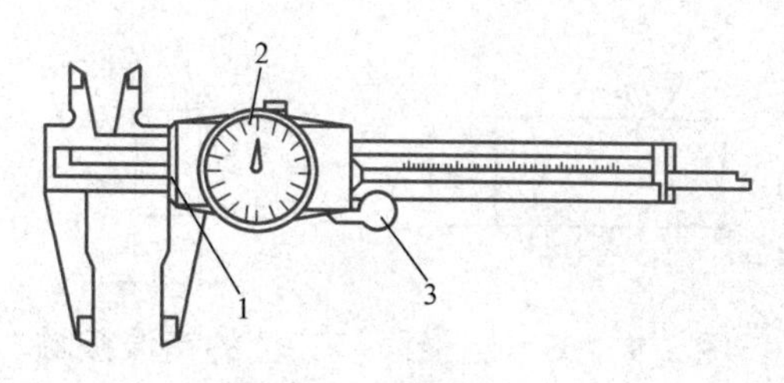

图 2-12　带表卡尺

1—毫米读数部位　2—圆标尺　3—微动装置

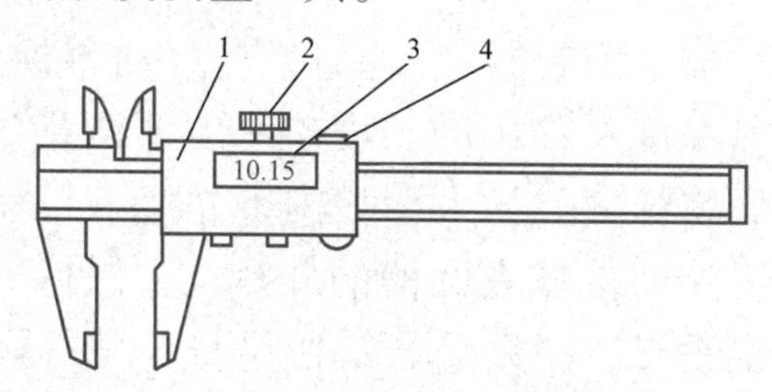

图 2-13　数显卡尺

1—尺框　2—制动螺钉　3—电子数显器　4—输出端口

三、游标深度卡尺和游标高度卡尺

游标深度卡尺（图 2-14）是用于测量深度的专用量具，游标高度卡尺（图 2-15）除测量高度外，还可用于精密划线。在不引起混淆的情况下，通常可简称为深度尺和高度尺。

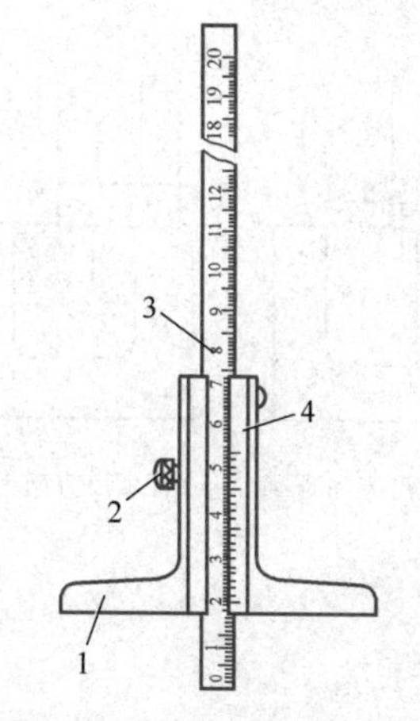

图 2-14　游标深度卡尺

1—尺框测量爪　2—制动螺钉

3—尺身　4—游标尺

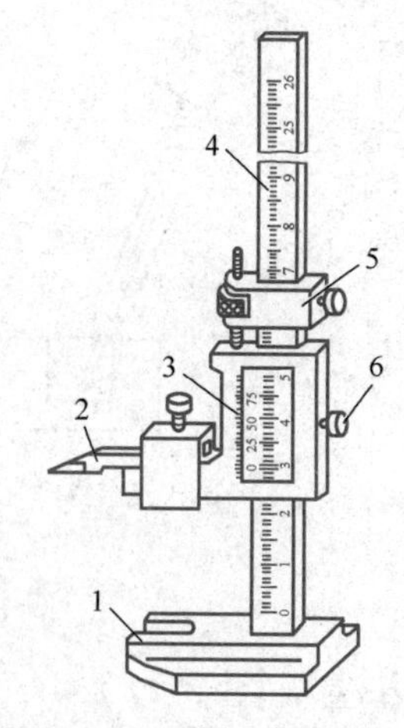

图 2-15　游标高度卡尺

1—底座　2—划线量爪　3—游标尺　4—尺身

5—微动装置　6—制动螺钉

游标深度卡尺和游标高度卡尺的读数方法与游标卡尺相同。

四、千分尺

1. 千分尺的结构及读数原理

（1）千分尺的结构　千分尺是一种以螺杆作为运动零件进行长度测量的量具。常用的千分尺为外径千分尺（图 2-16），其规格按测量范围分为 0～25mm、25～50mm、50～75mm、75～100mm、100～125mm 等。使用时可按被测工件的尺寸选用。

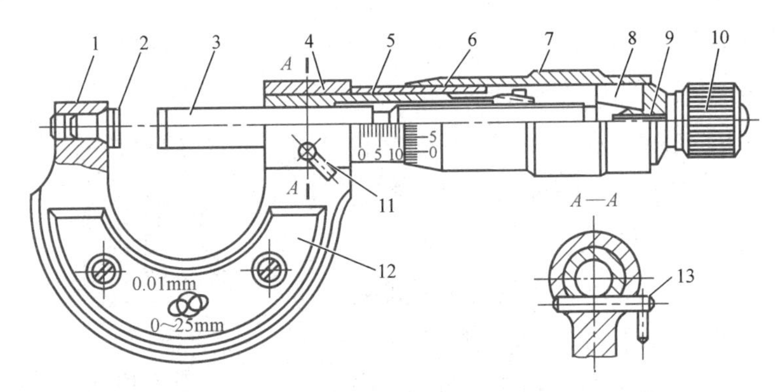

图 2-16　千分尺的结构

1—尺架　2—测砧　3—测微螺杆　4—螺纹轴套　5—固定套管　6—微分筒　7—调节螺母　8—接头　9—垫片　10—测力装置　11—锁紧装置　12—绝热片　13—锁紧轴

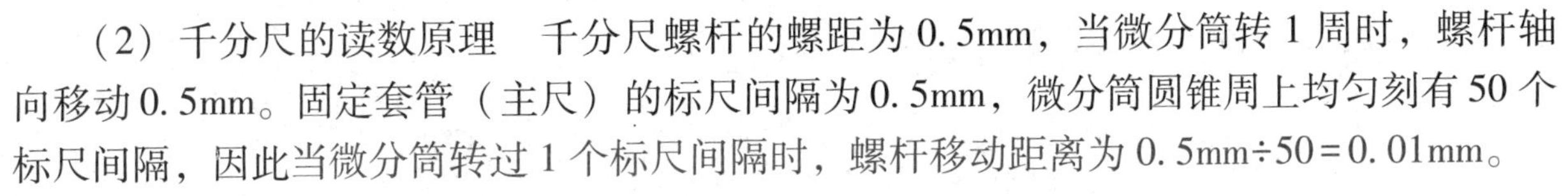

（2）千分尺的读数原理　千分尺螺杆的螺距为 0.5mm，当微分筒转 1 周时，螺杆轴向移动 0.5mm。固定套管（主尺）的标尺间隔为 0.5mm，微分筒圆锥周上均匀刻有 50 个标尺间隔，因此当微分筒转过 1 个标尺间隔时，螺杆移动距离为 0.5mm÷50＝0.01mm。

2. 千分尺的读数方法

使用千分尺测量尺寸时，要先看固定套管露出的数值（毫米或半毫米）是多少，然后再看微分筒的标尺标记和固定套管的标尺标记（横向）所对齐的数值，最后将两个数值相加就是千分尺对工件的测量值，读数方法如图 2-17 所示。

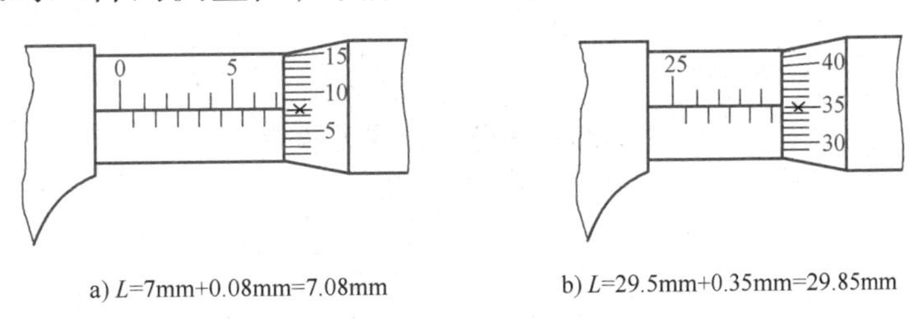

a) L=7mm+0.08mm=7.08mm　　b) L=29.5mm+0.35mm=29.85mm

图 2-17　千分尺的读数方法

在使用千分尺进行测量时，有时微分筒的标尺标记与固定套管的标尺标记（横向）不一定能对齐，这时就需要对读数进行估计，如图 2-18 所示。

3. 千分尺的使用方法

（1）千分尺的测量点位置　由于千分尺的测量面较小，为使测量结果比较准确，在测量较大平面时，应在被测面的四角及中间共测五点（图 2-19a）；对于狭长平面，可只测三点（图 2-19b）。

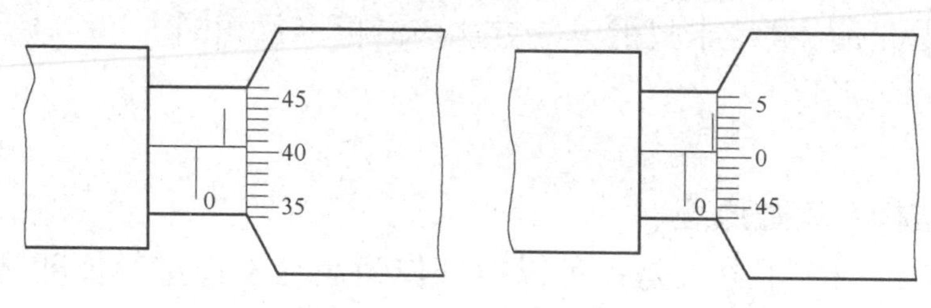

a) L=0mm+0.5mm+0.405mm=0.905mm　　b) L=0mm+0.5mm+0.006mm=0.506mm

图 2-18　千分尺读数的估计

（2）千分尺的使用

1）测量前应检查零位的准确性，如果是0～25mm的规格，可以将两测量面轻轻接触进行检查（图2-20a），否则必须使用专用的测量棒（图2-20b）或相应尺寸的量块。

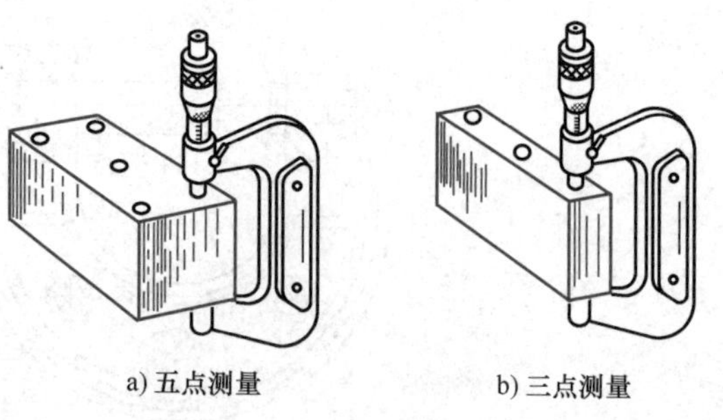

a) 五点测量　　b) 三点测量

图 2-19　测量点的位置

2）测量时，千分尺的测量面和工件的被测表面均应擦拭干净，以保证测量的准确性。

3）千分尺可用单手或双手握持对工件进行测量（图2-21）。测量时，先转动微分筒，当测量面接近工件时，再转动测力装置，直到棘轮发出“嗒嗒”声为止。读数时，尽量不要从工件上拿下千分尺，以减少测量面的磨损。如必须取下来读数，则应先用锁紧装置锁紧测微螺杆，以免螺杆移动而造成读数不准。

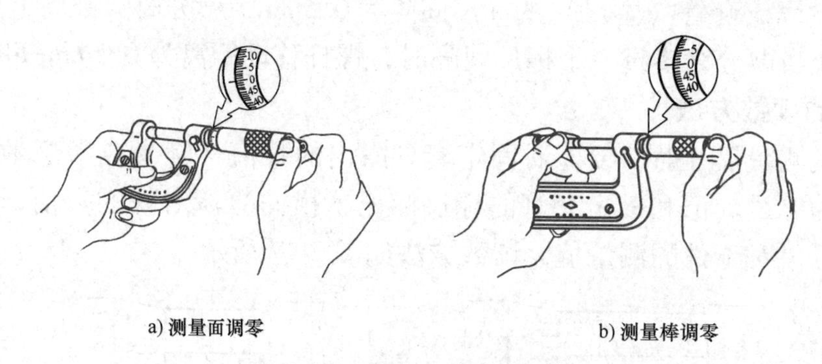

a) 测量面调零　　b) 测量棒调零

图 2-20　千分尺的零位检查

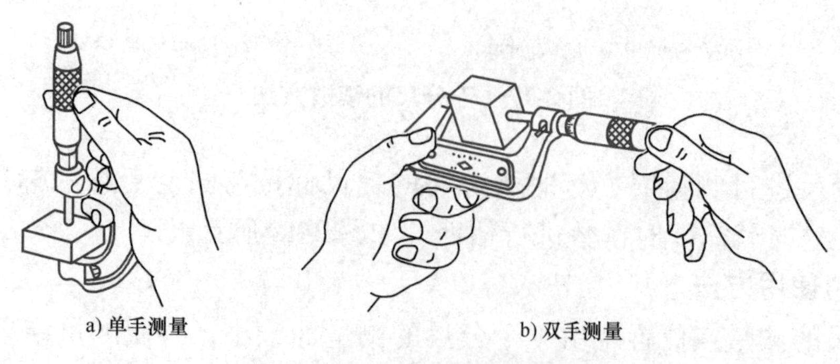

a) 单手测量　　b) 双手测量

图 2-21　千分尺的使用方法

4）千分尺使用完毕后，应用干净的布擦拭干净，并将测量面涂油防锈。

5）千分尺不可与工具、刀具和工件混放，用完后须放入盒内。

4. 其他千分尺

除了上述常用的千分尺（一般称为数字式外径千分尺），还有电子数显外径千分尺（图 2-22）、内测千分尺（图 2-23）等。

图 2-22　电子数显外径千分尺

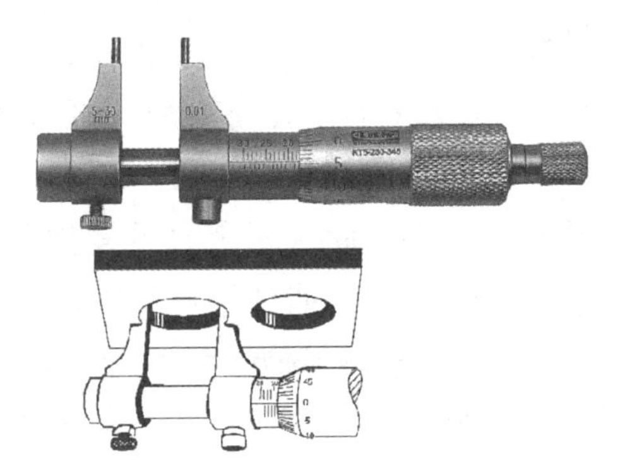

图 2-23　内测千分尺

五、百分表

百分表可用来检验设备精度和测量工件的尺寸及几何误差。

1. 百分表的结构

百分表的结构如图 2-24 所示。图中 1 是淬硬的测头，通过螺纹旋入测量杆 2 的下端。测量杆的上端有齿。当测量杆上升时，带动齿数为 16 的小齿轮 3，与小齿轮 3 同轴，装有齿数为 100 的大齿轮 4，再由这个齿轮带动中间的齿数为 10 的小齿轮 10。与小齿轮 10 同轴，装有指针 7，因此指针可随之一起转动。在小齿轮 10 的另一边装有大齿轮 9，该轴的上端装有转数指针 8，用来记录指针的转数（指针转 1 周时转数指针转过 1 个标尺间隔）。在其轴下端装有游丝，用来消除齿轮间的间隙，以保证测量精度。拉簧 11 的作用是使测量杆 2 能回到原位。在度盘 5 上有 100 个标尺间隔。转动表圈 6，可调整度盘标尺间隔与指针的相对位置。

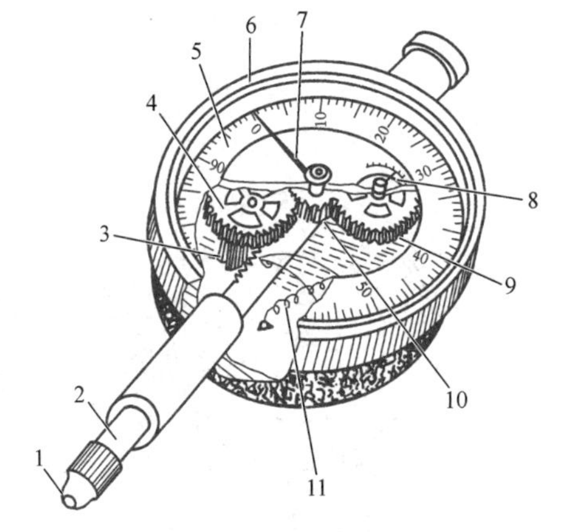

图 2-24　百分表的结构

1—测头　2—测量杆　3—小齿轮（16 齿）　4—大齿轮（100 齿）　5—度盘　6—表圈　7—指针　8—转数指针　9—大齿轮　10—小齿轮（10 齿）　11—拉簧

2. 百分表的读数原理

百分表内的测量杆和齿轮的齿距是 0.625mm。当测量杆上升 16 齿时（即 0.625mm×16＝10mm），16 齿小齿轮转 1 周，同时齿数为 100 的大齿轮也转 1 周，就带动齿数为 10 的小齿轮和指针转 10 周。当测量杆移动 1mm 时，指针转 1 周。由于度盘上共刻 100 个标尺间隔，因此指针每转过 1 个标尺间隔表示测量杆移动 0.01mm，即其测量精度为 0.01mm。百分表量程为 10mm。

3. 百分表的使用

在使用百分表时应注意以下几点：

1）使用前将百分表装夹在合适的表夹和表座上，用手指向上轻抬测头，然后让其自由落下，重复几次，此时指针不应产生位移。

2）测平面时，测量杆要与被测面垂直；测圆柱体时，测量杆中心必须通过工件的轴线。

3）测量时，先将测量杆轻轻提起，把表架或工件移到测量位置后，缓慢放下测量杆，使测头与被测面接触，不可强制将测头推上被测面。然后转动表圈，使度盘的零线与指针对正，此时要多次重复提起、放下测量杆，观察指针是否都在零线上，在不产生位移的情况下才能开始使用（图 2-25）。

4. 百分表的读数方法

测量时，百分表的指针和转数指针的位置都在变化。测量杆移动 1mm 时，转数指针就转动 1 个标尺间隔，所以被测值毫米的整数部分可以从转数指针指示盘上读出。如图 2-26 所示，毫米数的整数部分为 1mm。测量杆移动 0. 01mm 时，指针转动 1 个标尺间隔，所以被测毫米数的小数部分可以从度盘上读出。为便于读数，可在测量前旋转表盘，使度盘的零线对准指针，这样就不必记住指针的起始位置，直接从度盘上读数。若指针停在两个标尺标记之间时，可用估读法得出数值。如图 2-26 所示，毫米数的小数部分为 0. 345mm，将整数部分和小数部分相加就是被测尺寸，即L= 1mm+ 0. 345mm = 1. 345mm。

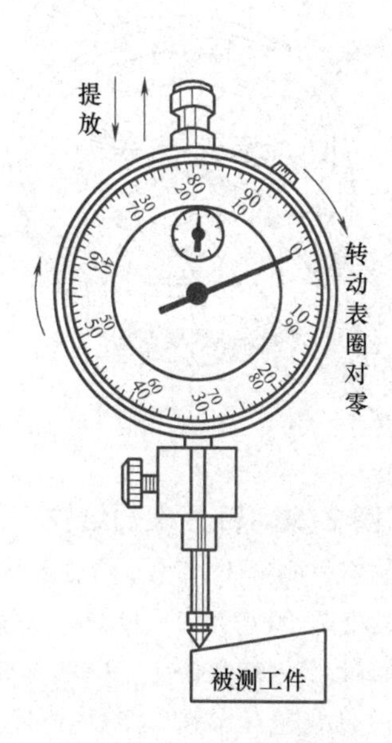

图 2-25　百分表的使用

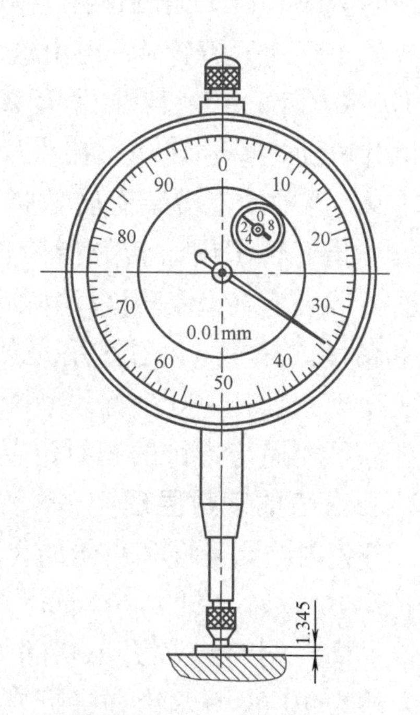

图 2-26　百分表的读数

5. 杠杆百分表

在钳工工作中使用杠杆百分表较多，其结构形式按度盘位置与测量杆运动方向的关系，主要分为正面式（图 2-27a）和端面式（图 2-27b）两种。

杠杆百分表的度盘 4 的标尺间隔为 0.01mm。它的测量范围较小（不大于 1mm），指针 3 至多能转一圈，所以没有转数指示盘。为方便读数，可以转动表圈 2 来使度盘对零线。

测量时，将杠杆测头轻靠在被测表面上，当被测尺寸引起测量端微小位移（摆动）时，经过杠杆—齿轮传动机构的放大作用，使指针 3 产生较大幅度的摆动，因而可从度盘 4 上读出被测数值。

拨动换向器 8（两个档位）可以使测量杆 5 改变测量方向，还可以将测量杆扳成不同的角度进行测量。连接销（或称夹持柄）1 是用来将杠杆百分表装夹在表座上的。

六、游标万能角度尺

1. 游标万能角度尺的结构

游标万能角度尺又称游标万能量角器（图 2-28），由刻有标尺标记（角度线）的主尺和固定在扇形板上的游标尺（副尺）组成。扇形板可以在主尺上回转移动，形成和游标卡尺相似的结构。用卡块可将直角尺和直尺固定在扇形板上。游标万能角度尺适用于机械加工中的内、外角度测量，可测 0°~320°的外角及 40°~130°的内角。

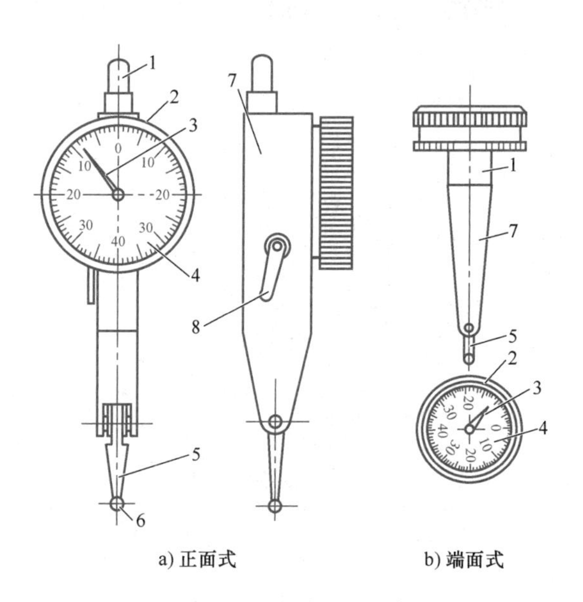

图 2-27　杠杆百分表

1—连接销　2—表圈　3—指针　4—度盘　5—测量杆
6—杠杆测头　7—表体　8—换向器

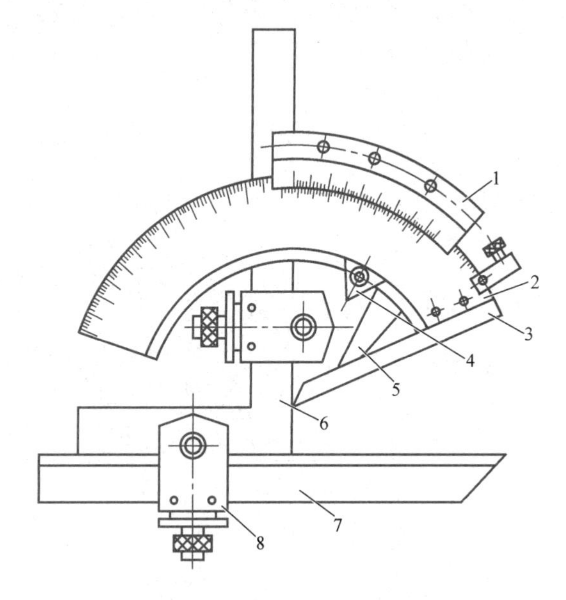

图 2-28　游标万能角度尺

1—游标尺　2—主尺　3—基尺　4—锁紧装置
5—扇形板　6—直角尺　7—直尺　8—卡块

2. 游标万能角度尺的读数方法

（1）读数原理　分度值为 2′的游标万能角度尺的扇形板上刻有 120 个标尺标记，间隔为 1°。游标尺上刻有 30 个标尺标记，对应扇形板上的度数为 29°，则游标尺上每个标尺间隔的度数为 29°/30＝58′。

扇形板与游标尺每个标尺标记相差的度数为 1°−58′＝2′。

（2）使用方法

1）使用前应检查零位。

2）测量时，应使游标万能角度尺的两个测量面与被测对象表面在全长上保持良好接触，然后拧紧锁紧装置上的螺母后进行读数。

3）游标万能角度尺的读数方法和游标卡尺相似，先从主尺上读出游标尺（副尺）零线前的整度数，再从游标尺（副尺）上读出角度“分”的数值，两者相加就是被测工件的角度值（图 2-29）。

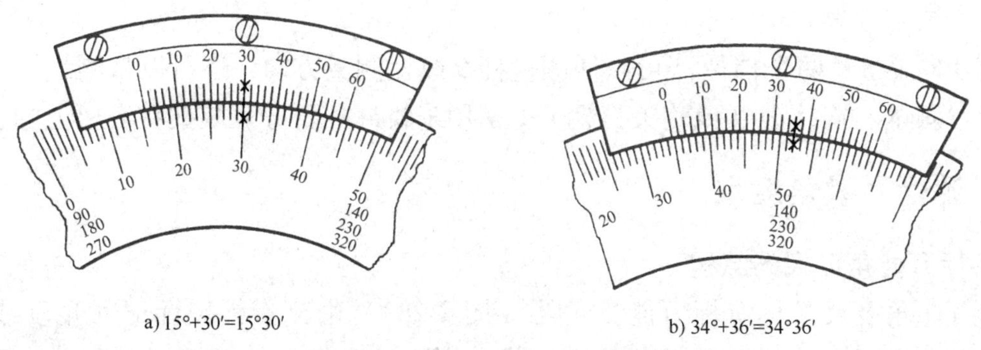

图 2-29 游标万能角度尺的读数

4）测量角度在 0°~50°范围内，应装上直角尺和直尺；在 50°~140°范围内，应装上直尺；在 140°~230°范围内，应装上直角尺；在 230°~320°范围内，不装直角尺和直尺（图 2-30）。

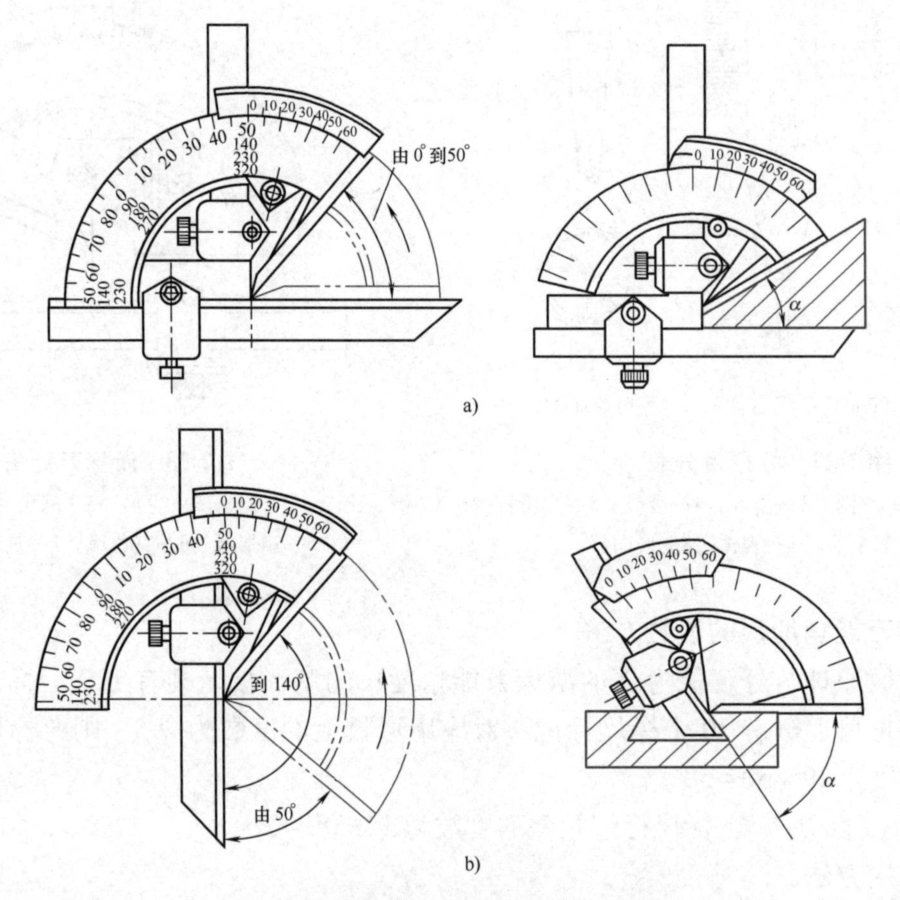

图 2-30 游标万能角度尺的测量范围

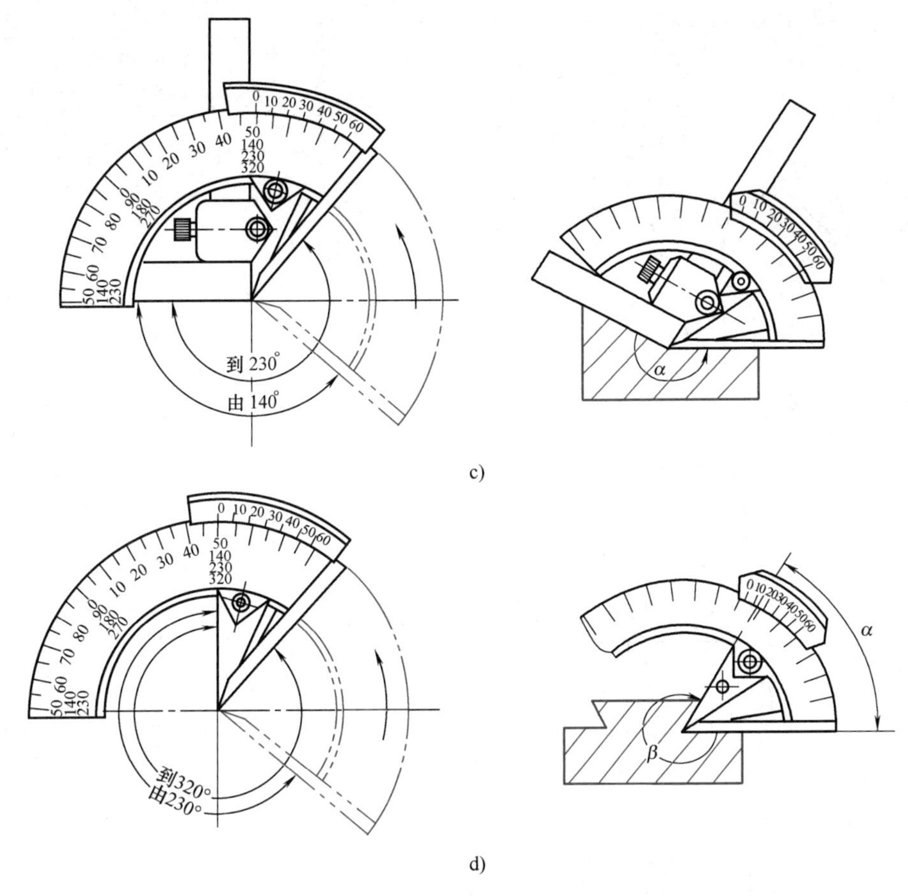

c)

d)

图 2-30　游标万能角度尺的测量范围（续）

七、量块

量块又称块规，是机械制造业中长度尺寸的标准。量块是用不易变形的耐磨材料（如铬锰钢）制成的长方形六面体（图 2-31）。它有两个工作面和四个非工作面，工作面是一对相互平行而且平面度误差极小的平面，即测量面。量块可以对量具和量仪进行检验校正，也可用于精密划线和精密设备的调整。量块与量块附件（图 2-32）配合使用，可以校准量具（如内测千分尺、内径百分表等）尺寸，测量工件的轴径、孔径、高度和进行精密划线等工作（图 2-33）。为了保持量块的精度，延长其使用寿命，一般不允许用量块直接测量工件。

量块具有较高的研合性。由于测量面的平面度误差极小，用比较小的压力把两块量块的测量面相互推合后，就可牢固地研合在一起，因此可以把不同尺寸的量块组合成量块组，得到需要的尺寸。研合的方法是将两量块呈 30°交叉贴在一起，用手前后微量地错动上面的量块，同时旋转（图 2-34a），使两工作面转到互相平行的方向，然后沿工作面长边方向平行向前推进量块（图 2-34b），直到两工作面全部贴合在一起（图 2-34c）。

量块一般由不同的尺寸组成一套，装在特制的木盒内（图 2-35），量块有 42 块一套和 87 块一套等几种，它的基本尺寸见表 2-2。

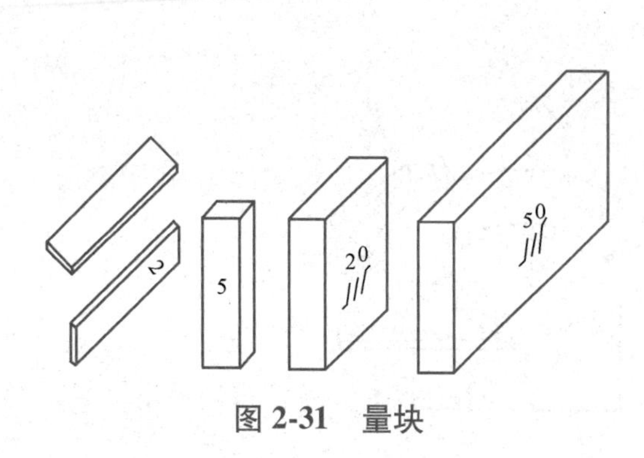

图 2-31　量块

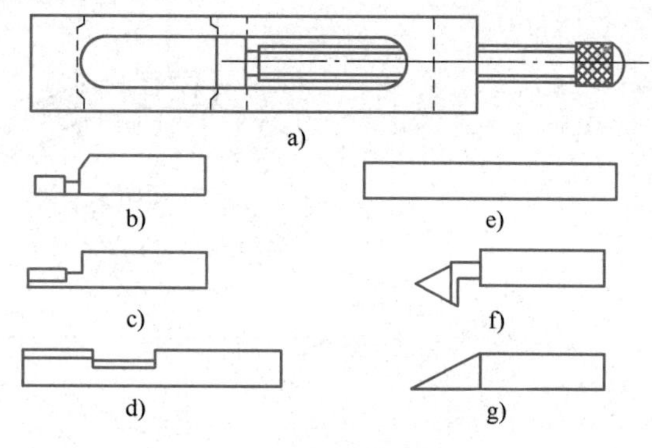

图 2-32　量块附件

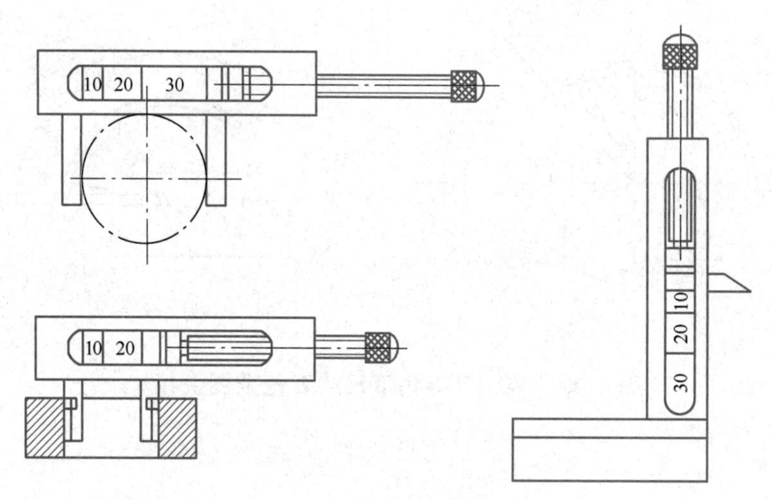

图 2-33　量块附件的应用

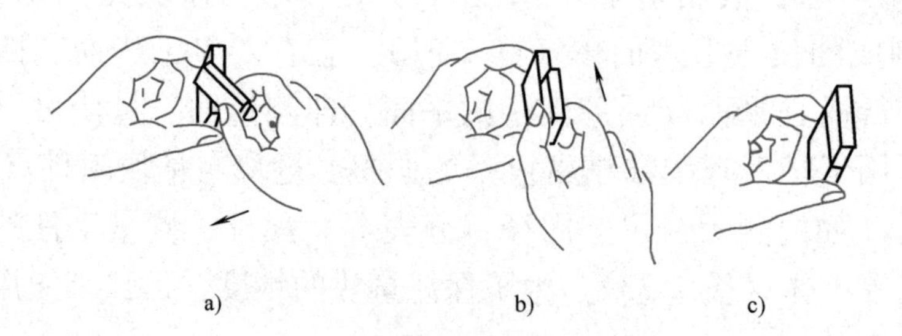

图 2-34　量块的研合

图 2-35　量块

表 2-2　量块的基本尺寸

42 块量块			87 块量块		
量块基本尺寸/mm	间距/mm	块数	量块基本尺寸/mm	间距/mm	块数
1.005	—	1	1.005	—	1
1.01，1.02，…，1.09	0.01	9	1.01，1.02，…，1.49	0.01	49
1.1，1.2，…，1.9	0.1	9	1.6，1.7，1.8，1.9	0.1	4
1，2，…，9	1	9	0.5，1，…，9.5	0.5	19
10，20，…，100	10	10	10，20，…，100	10	10
1，1，1.5，1.5	0.5	4	1，1，1.5，1.5	0.5	4

为了工作方便，减少累积误差，选用量块时，应尽可能采用最少的块数，用 87 块一套的量块，一般不要超过四块；用 42 块一套的量块，一般不超过五块。在计算时，选取第一块时应根据所需尺寸的最后一位数字选取，以后各块依次类推。以从 87 块一套的量块中选取 48.245mm 的尺寸为例，选取步骤如图 2-36 所示，依次选取测量值为 1.005mm、1.24mm、6mm、40mm 的四块量块。

48.245
- 1.005

47.24
- 1.24

46
- 6

40

图 2-36　量块选取步骤

八、正弦规

正弦规是利用三角函数中的正弦关系，与量块配合测量工件角度或锥度的精密量具。正弦规由工作台、两个直径相同的精密圆柱、前挡板和侧挡板等组成（图 2-37）。根据两精密圆柱的中心距 L 及工作台平面宽度 B 的不同，可分为宽型和窄型两种。

测量时，将正弦规放置在精密平板上，正弦规的一个圆柱下面垫上一组量块，其高度根据被测零件的角度或锥度通过计算获得，工件放置在正弦规工作台的台面上，此时角度面或圆锥面的素线处于水平位置，即可用百分表进行检测（图 2-38）。

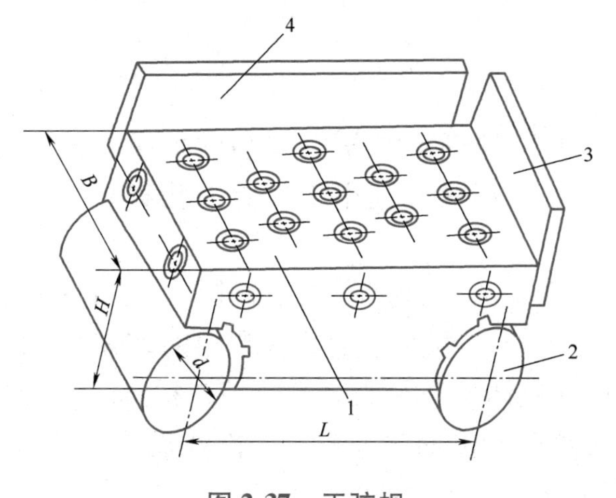

图 2-37　正弦规

1—工作台　2—精密圆柱　3—前挡板　4—侧挡板

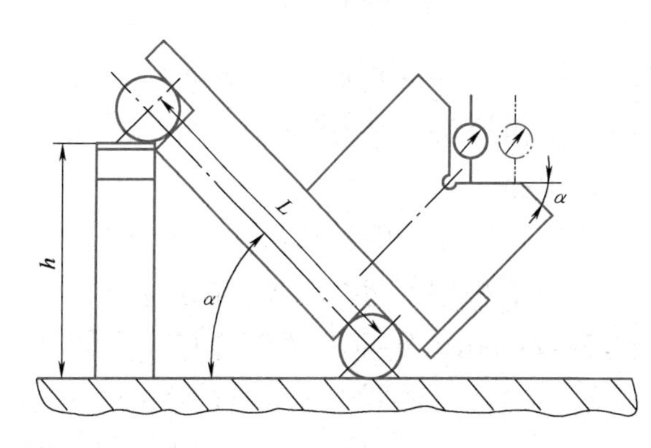

图 2-38　正弦规的使用

量块组尺寸的计算公式如下：

$$h = L\sin\alpha$$

式中　h——量块组尺寸（mm）；

L——正弦规两圆柱的中心距（mm）；

α——正弦规放置角度（工件待测面角度）。

九、半径样板

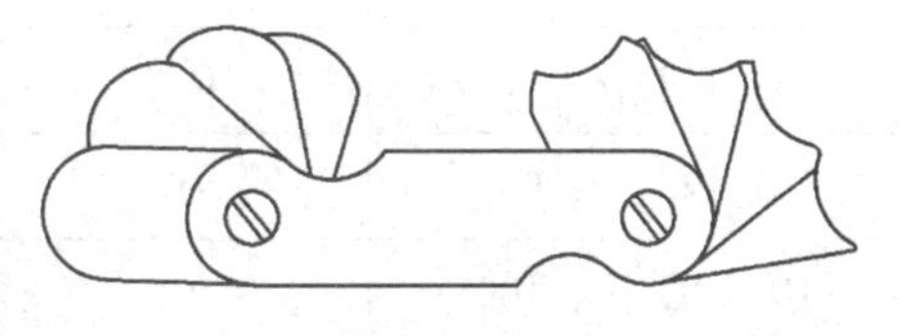

图 2-39　半径样板

半径样板是带有一组准确内、外圆弧半径尺寸的薄板，用于检验圆弧半径的测量器具，如图 2-39 所示。根据半径样板的规格不同，能测量的半径范围为 1～25mm，有 0. 25mm、0. 5mm、1mm 不同的增量值。在进行圆弧面加工时，其曲面轮廓度可用半径样板通过塞尺或透光法进行检查。

塞尺

十、塞尺

塞尺，又称厚薄规或间隙片，是用来检验两个结合面之间间隙大小的片状量规，如图 2-40 所示。

塞尺有两个平行的测量平面，其长度制成 50mm、100mm 或 200mm，由若干片叠合在夹板里。厚度为0. 02～0. 1mm 的塞尺，相邻两片的尺寸间隔为 0. 01mm；厚度为 0. 1～1mm 的塞尺，相邻两片的尺寸间隔为 0. 05mm。

图 2-40　塞尺

使用塞尺时，根据间隙的大小，用一片或数片重叠在一起插入间隙内，以对间隙进行测量。例如，用 0. 3mm 的塞尺可以插入工件的间隙，而 0. 35mm 的塞尺插不进去，说明零件的间隙为 0. 3～0. 35mm。

塞尺很薄，容易弯曲和折断，测量时不能用力太大。还应注意不能测量温度较高的工件。用完后将塞尺擦拭干净，及时合到夹板中。

十一、塞规和环规

塞规和环规均属于专用量具，对成批生产的工件进行测量有很高的效率，操作方便、测量准确。光面塞规（又称圆孔塞规）和光面环规分别用于检验内孔和外圆尺寸是否合格。

光面塞规是用来测量工件内孔尺寸的精密量具，两端分别做成上极限尺寸和下极限尺寸。下极限尺寸的一端称为通端，上极限尺寸的一端称为止端。常用的塞规形式如图 2-41 所示，塞规的两头各有一个圆柱体，长圆柱体的一端为通端，短圆柱体的一端为止端。检查工件时，合格的工件应当能通过通端而不能通过止端。光面环规（图 2-42）也分为通端和止端，用于综合测量光面圆柱形工件。

图 2-43 所示的螺纹塞规用于综合检验内螺纹，图 2-44 所示的螺纹环规用于综合检验外螺纹。

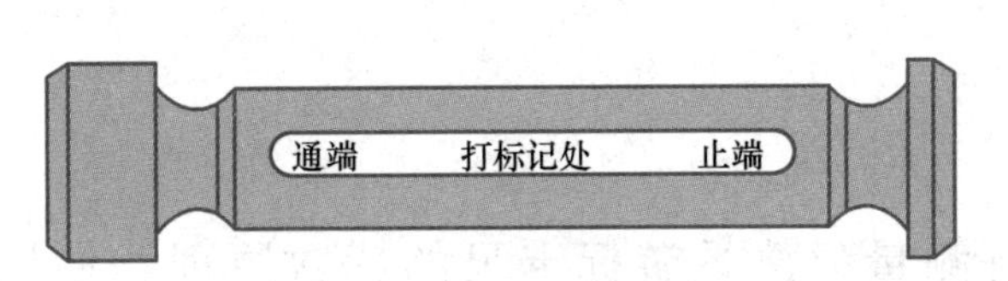

图 2-41　光面塞规

图 2-42　光面环规

图 2-43　螺纹塞规

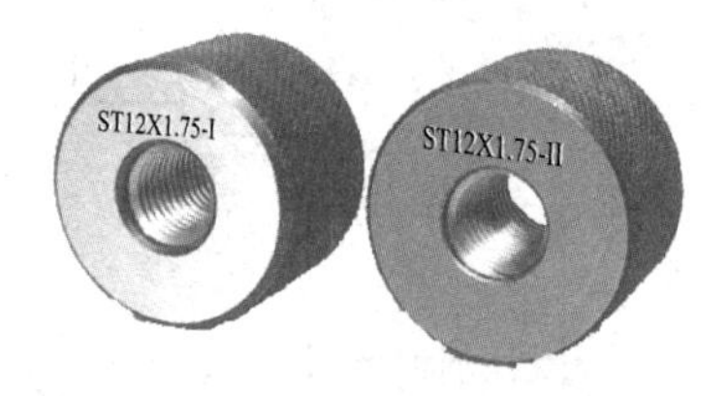

图 2-44　螺纹环规

十二、量具使用注意事项

为了保持量具的精度，延长其使用寿命，应注意对量具的维护和保养。

1）测量前，应将量具的测量面和工件表面擦拭干净，以免影响测量精度和加快量具的磨损。

2）测量时，不能用力过猛、过大，一方面防止损坏量具，另一方面也避免因测量力过大而造成测量不准。

3）量具不要和工具、刀具放在一起，以免被损坏。不能使用精密量具测量毛坯。

4）使用量具时，要轻拿轻放，不能乱扔乱放，更不能把量具当作工具使用。

5）机床处于运转状态时，不要用量具测量夹持于其上的工件。

6）不要把量具放在温度高的地方，以免受热变形。量具不能用于测量高温工件。

7）量具用完后，应及时擦拭干净、涂油，放在专用盒中，防止量具生锈。

8）精密量具应定期进行鉴定和保养，使用过程中发现精密量具出现不正常现象时，应及时送交计量室检修。

第三节　钳工常用工具、量具使用训练

一、台虎钳的拆装

1. 台虎钳的拆卸

为了解台虎钳的结构，可将其拆卸分解，熟悉台虎钳各组成部分的名称及作用。注意各零件的保管，以免散落丢失。

2. 台虎钳的安装和调整

对丝杠及丝杠螺母进行清洁后涂上润滑脂，将其重新装配起来。调整好钳口的方位，以方便操作。如果钢质钳口松动，可将螺钉松开，将缝隙间的切屑、灰尘清除后重新固定。

二、游标卡尺的读数练习

使用游标卡尺对图 2-45 所示的零件进行测量，熟悉游标卡尺的读数原理和使用方法。

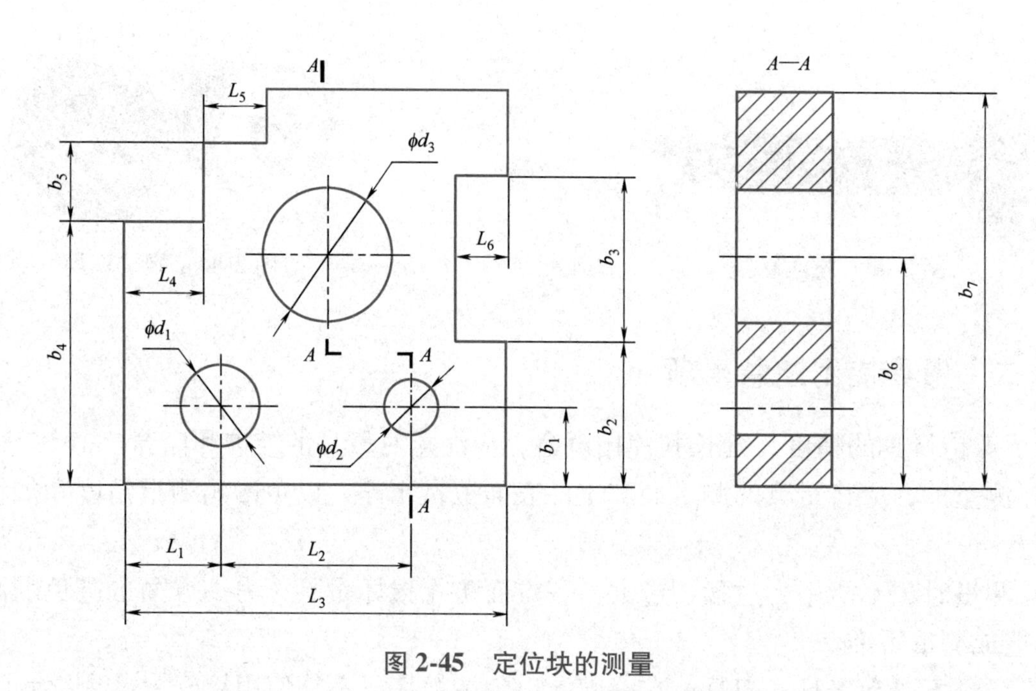

图 2-45　定位块的测量

为提高游标卡尺的读数熟练程度，可利用身边的各种物品进行练习。例如，可测量签字笔笔杆的直径、橡皮的厚度、纸张的厚度等。

三、千分尺的结构和读数练习

1. 千分尺的结构

将千分尺进行拆分，对照图 2-46 认识各部分的名称，熟悉千分尺的结构。注意各零件的保管，以免散落丢失。

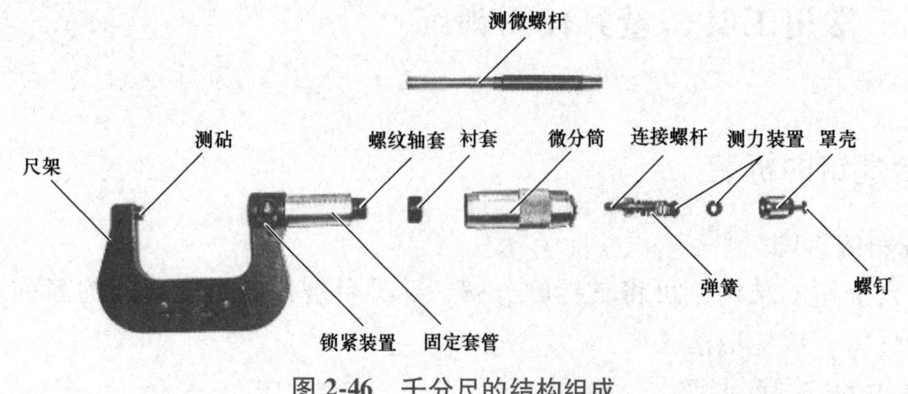

图 2-46　千分尺的结构组成

2. 千分尺的读数练习

根据千分尺的规格，对符合其量程的物品进行测量，熟练掌握其读数方法。

四、游标万能角度尺的结构和读数练习

1. 游标万能角度尺的结构

将游标万能角度尺的各组成部分进行拆分，熟悉各部分的连接方法。

2. 游标万能角度尺的使用练习

1）对照图 2-47 组装游标万能角度尺，熟悉各部分的连接、测量方法及测量角度范围。

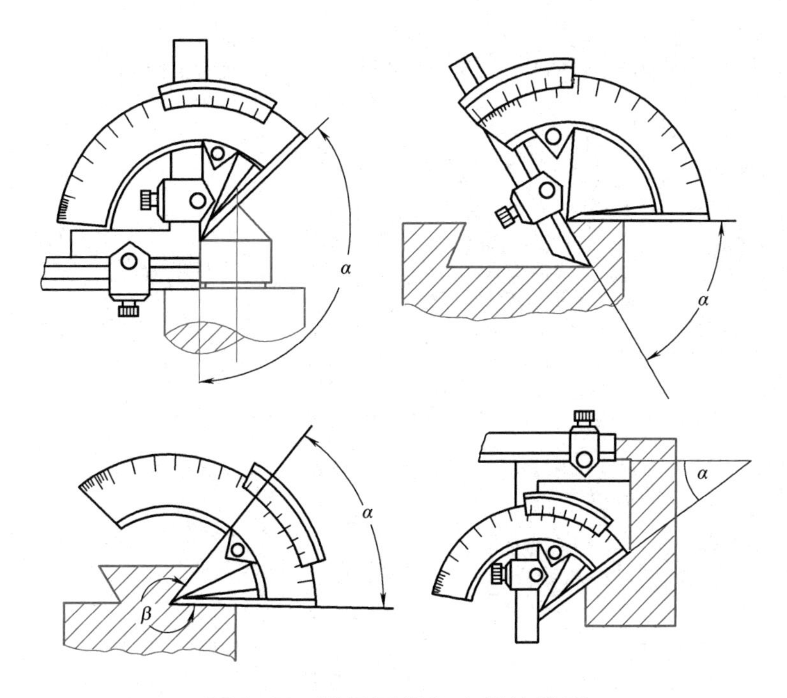

图 2-47 游标万能角度尺的使用

2）利用游标万能角度尺设置如下角度，通过练习熟练掌握游标万能角度尺的使用方法。

① 30° ② 45° ③ 60° ④ 120° ⑤ 150° ⑥ 200° ⑦ 240° ⑧ 300°

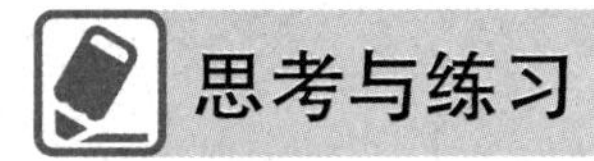

思考与练习

1. 台虎钳是如何夹紧工件的？
2. 使用台虎钳时有哪些注意事项？
3. 使用砂轮机时如何保证安全？
4. 试述分度值为 0. 02mm 的游标卡尺的读数原理。
5. 读出图 2-48 所示游标卡尺的数值。

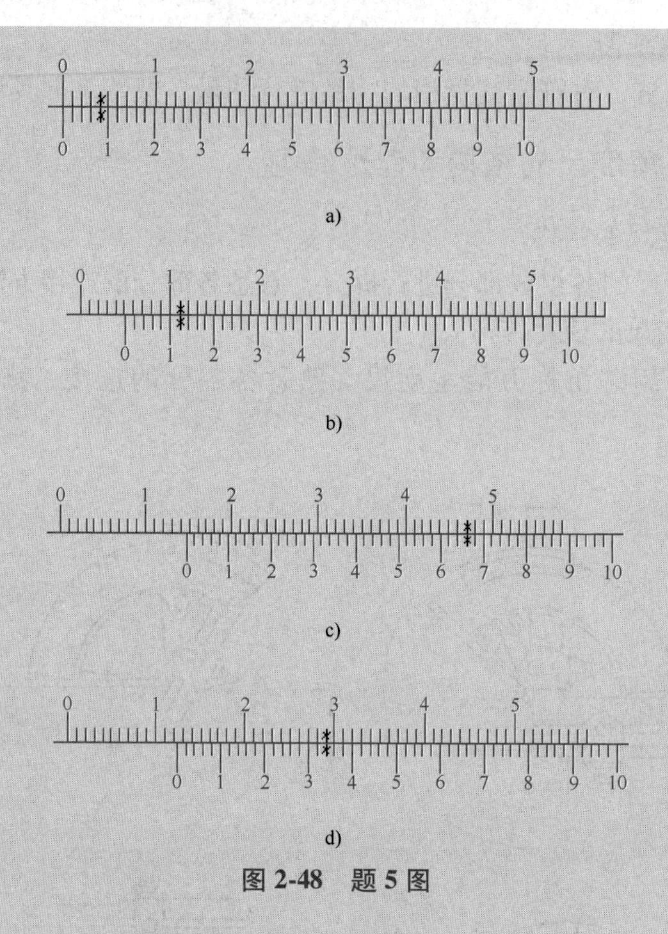

图 2-48　题 5 图

6. 试述千分尺的读数原理。
7. 读出图 2-49 所示千分尺的数值。

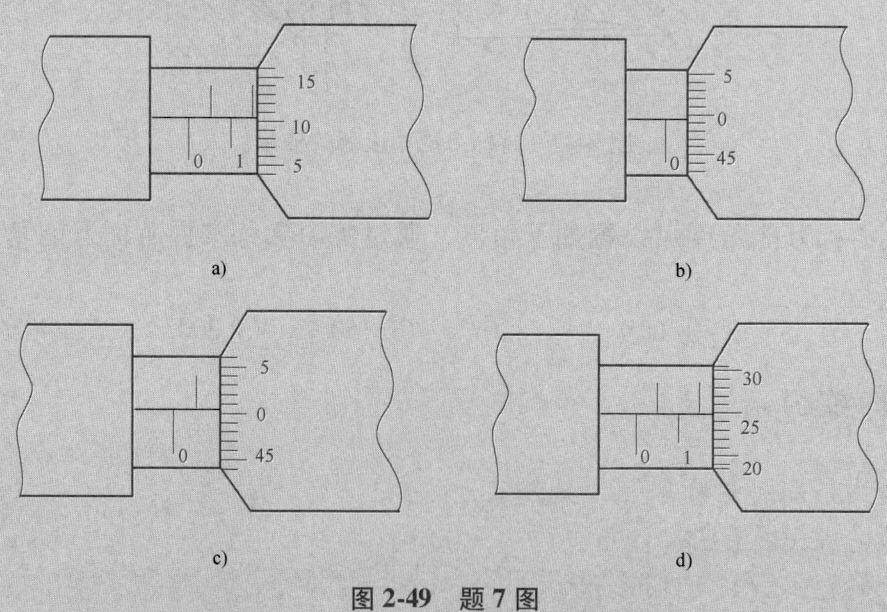

图 2-49　题 7 图

8. 试述百分表的工作原理。
9. 试述分度值为 2′的游标万能角度尺的读数原理。

10. 试用量块组选配下列尺寸（假设使用87块一套的量块）：

36.43mm；62.315mm；87.545mm。

11. 使用量具时有哪些注意事项？

工匠故事

请扫码学习工匠故事。

模块三 划线

知识目标

1. 了解划线的分类及作用。
2. 掌握划线基准的选择方法。

技能目标

1. 能正确使用划线工具。
2. 掌握一般划线的方法。
3. 能进行划线时的找正和借料。
4. 掌握划线安全文明生产常识。
5. 具备知识技能拓展能力及适应发展的能力。

素养目标

1. 培养敬业、精益、专注、创新的工匠精神。

2. 培养节能环保意识和安全意识；能正确遵守个人和车间安全作业要求，注重个人安全防护。

3. 具备将划线知识技能应用于具体工作领域的能力，具有一定的分析问题和解决问题的能力。

第一节 划线概述

一、划线的概念及分类

1. 划线的概念

划线是在毛坯或工件上，用划线工具划出待加工部位的轮廓线或作为基准的点、线，作为加工和装配的依据。划线操作应做到线条清晰、粗细均匀。在正确操作的前提下，划线的尺寸精度可达±0.3mm。

由于划出的线条总有一定的宽度，同时在使用工具和量取尺寸时难免存在一定的误差，所以不可能达到绝对准确，因此通常不能依靠划线直接确定加工时的最后尺寸，在加工时仍要通过测量确定工件的尺寸是否达到了图样的要求。

2. 划线的分类

（1）**平面划线**　只需在工件的一个平面上划线，便能明确表示出加工界线的，称为平面划线（图 3-1）。

（2）**立体划线**　需要在工件几个不同方向的表面上同时划线，才能明确表示出加工界线的，称为立体划线（图 3-2）。

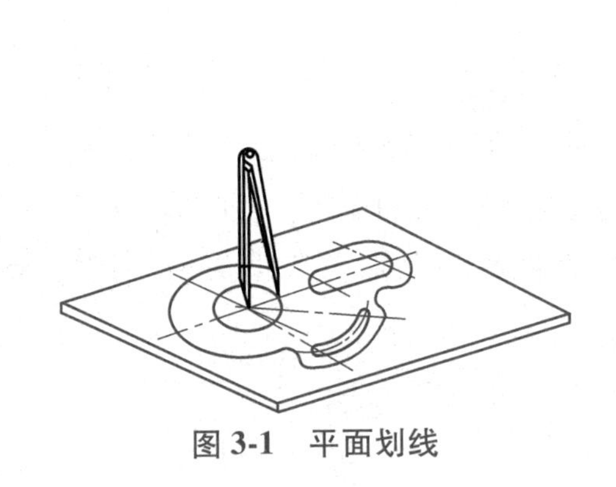

图 3-1　平面划线

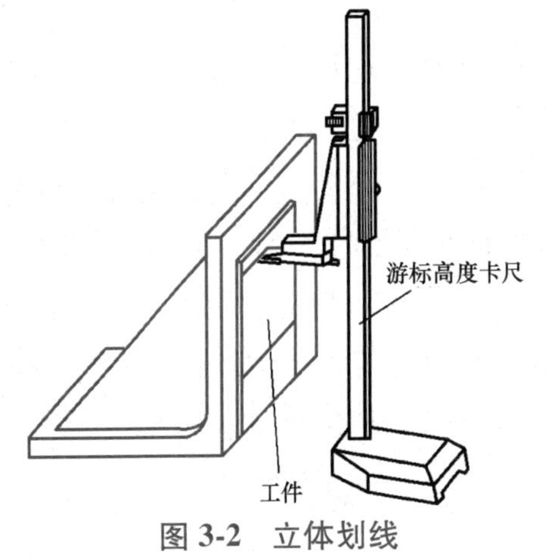

图 3-2　立体划线

二、划线的作用

1）确定工件上各加工面的加工位置和加工余量。

2）可全面检查毛坯的形状和尺寸是否符合图样要求，能否满足加工要求。

3）在坯料出现某些缺陷的情况下，往往可通过划线来实现可能的补救。

4）在板料上按划线下料，可做到正确排料，合理使用材料。

第二节　划线工具及使用

为了保证划线工作既准确又迅速，首先必须熟悉各种划线工具，并能正确使用。

一、钢直尺

钢直尺是一种简单的尺寸量具，在尺面上刻有最小间隔为 0.5mm 的标尺标记，它的长度规格有 150mm、300mm、1000mm 等多种，主要用来量取尺寸、粗略测量工件，也可作为划直线时的导向工具（图 3-3）。

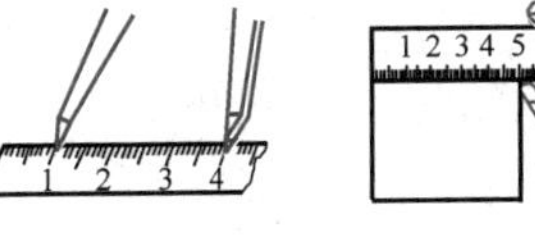

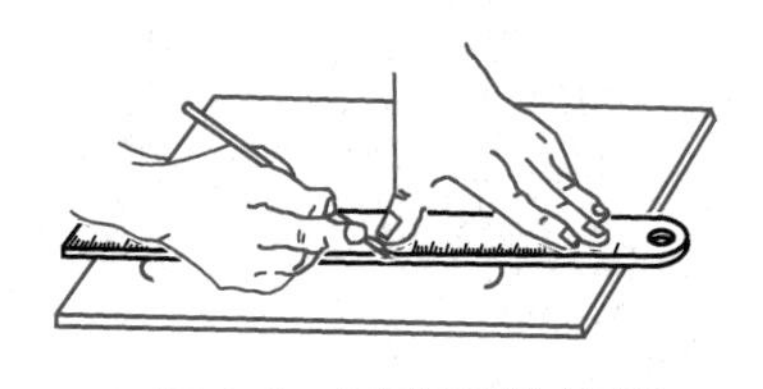

图 3-3　钢直尺的使用

二、划针

划针用来在工件上划出线条，用工具钢或弹簧钢丝制成，直径一般为 3~5mm，尖端磨成 15°~20°尖角（图 3-4），并经淬火以提高其硬度。

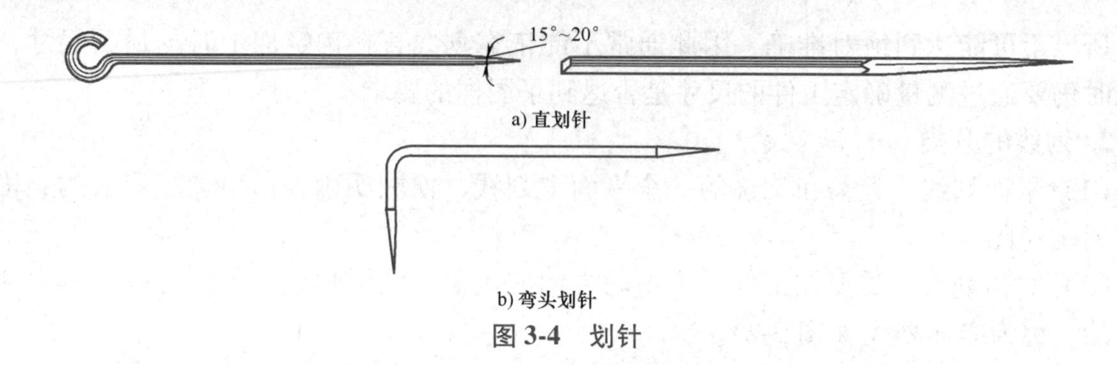

图 3-4 划针

使用完划针，不能将其插在衣袋中，以避免不小心被尖端扎伤。严禁手持划针嬉戏或打闹，以免误伤他人。

划针的握持方法与用铅笔划线时相似。划线时，针尖要紧靠导向工具的边缘，划针上部向外侧倾斜15°~20°（图3-5a），向划线方向倾斜45°~75°（图3-5b）。划线时要压紧导向工具，避免滑动或有间距（图3-5c），以免影响划线的准确性。划针针尖要保持尖锐，划线要尽量一次划成，使划出的线条既清晰又准确，避免多次重复地划同一条线，否则造成线条变粗或不重合，影响划线精度。

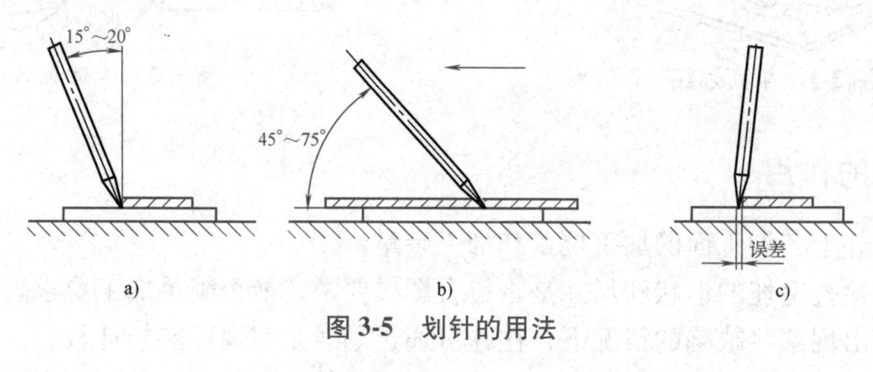

图 3-5 划针的用法

三、划规

划规可用来划圆或圆弧、等分线段、等分角度，以及量取尺寸等。钳工用的划规有普通划规（图3-6a）、扇形划规（图3-6b）、弹簧划规（图3-6c）和大尺寸划规（图3-6d）等几种。划规用中碳钢或工具钢制成，两脚尖端经淬火后磨锐，以保证划出的线条清晰。

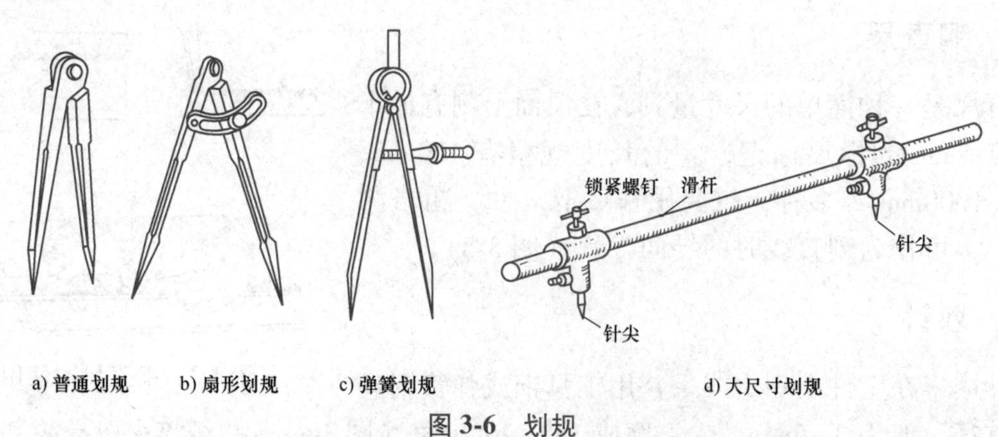

图 3-6 划规

除大尺寸划规外，其他几种划规的两脚要磨得长短一致，并保证两脚合拢时脚尖能靠紧，这样才能划出尺寸较小的圆弧。

用划规划圆弧前要先划出中心线，确定圆心，并在圆心处打上样冲眼，再用划规按图样要求的半径划出圆弧。需要注意的是，作为旋转中心的一脚应加以较大的压力，避免滑动（图 3-7）。

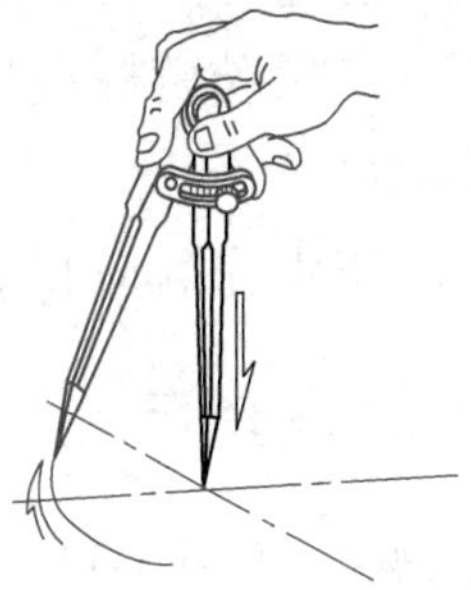

图 3-7　划规划圆弧

四、单脚规

单脚规（图 3-8）可用来确定孔、轴的中心（图 3-9a、b）和划平行线（图 3-9c）。在操作时要注意单脚规的弯脚离工件端面的距离应保持基本相同，否则会产生较大的误差。

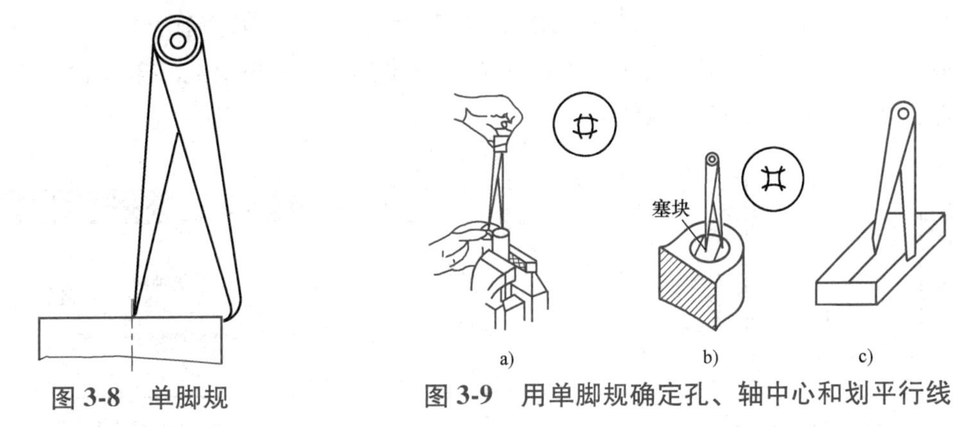

图 3-8　单脚规　　图 3-9　用单脚规确定孔、轴中心和划平行线

五、划线平板

划线平板（图 3-10）用来放置工件和划线工具，并作为划线时的基准平面。划线平板由铸铁制成，表面经精刨或刮削加工，具有较高精度。

使用划线平板时有以下注意事项：

1）经常保持划线平板清洁，防止铁屑、灰砂等在划线工具或工件的拖动下划伤平板表面。

2）工件和工具在划线平板上要轻拿、轻放，避免撞击，严禁用锤子或其他硬物敲击、磕碰划线平板。

3）划线平板各处应均匀使用，以免局部磨损。

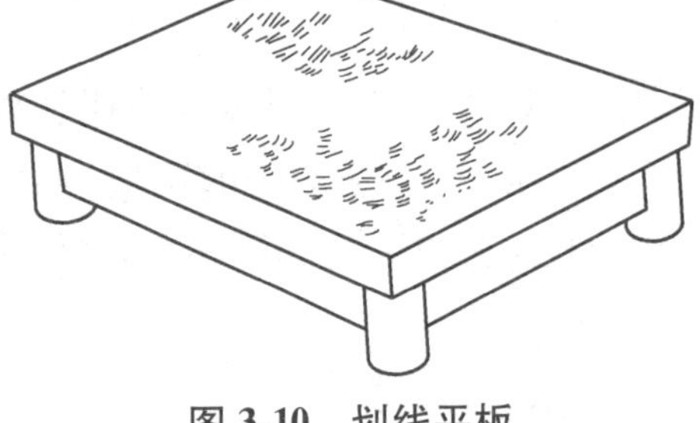

图 3-10　划线平板

4）用后要将划线平板擦拭干净，并涂上全损耗系统用油（俗称机油）防锈。长期不用时，在做好防锈措施的同时，应以木板护盖。

六、游标高度卡尺

游标高度卡尺是一种精密量具，可作为精密划线工具。常用的分度值为 0.02mm，装有硬质合金划线量爪。

使用游标高度卡尺时有以下注意事项：

1）使用游标高度卡尺划线时，应保持划针水平，伸出部分尽量短，以增加其刚度。

2）划线时移动游标高度卡尺底座时，应使其与划线平板紧密接触，避免摇晃和跳动。

3）在搬动游标高度卡尺时，应用手托着底座，而不能用手提着尺身，避免其变形而影响精度。

4）使用完后应将其放入盒内妥善保管，避免零件遗失。

七、直角尺

直角尺（图3-11）在划线时常作为划平行线或垂直线的导向工具，也可用来找正工件平面在划线平板上的垂直位置。

八、样冲

样冲（图3-12）用于在工件所划的加工线条上打样冲眼，作为加强界线标记（称检验样冲眼）、作为划圆弧或钻孔时的定位中心（称中心样冲眼）。样冲由工具钢制成，淬火后磨尖，夹角一般为45°~60°。

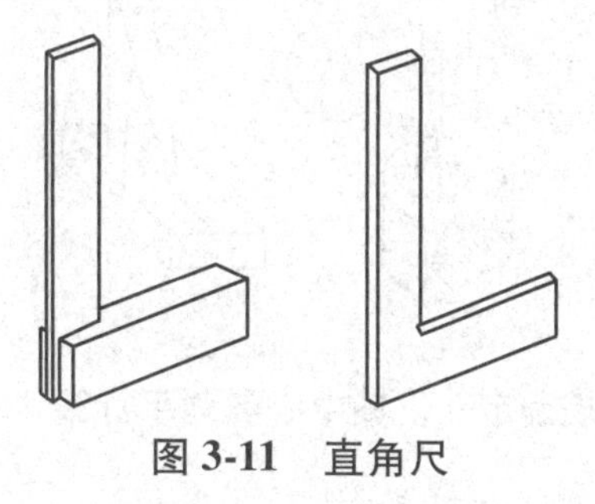

图3-11　直角尺

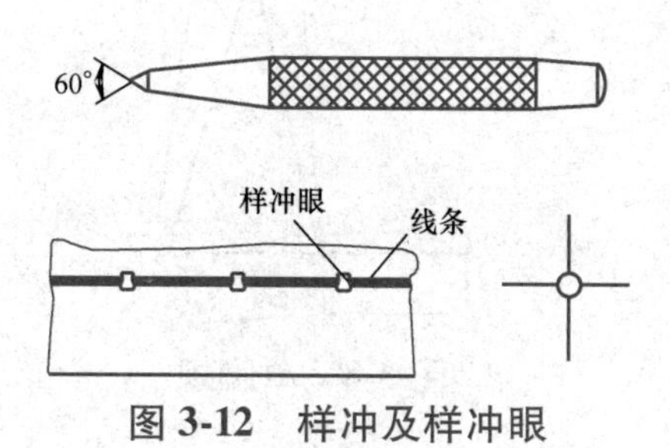

图3-12　样冲及样冲眼

九、游标万能角度尺

游标万能角度尺常用于划角度线。

十、支承工具

（1）划线方箱　划线方箱用铸铁制成，表面经磨削或刮削加工，使各相邻表面互相垂直（图3-13）。方箱上有夹紧装置，将工件固定在方箱上（图3-14a），通过翻转方箱即可把工件上互相垂直的线条在一次安装中全部划出（图3-14b）。

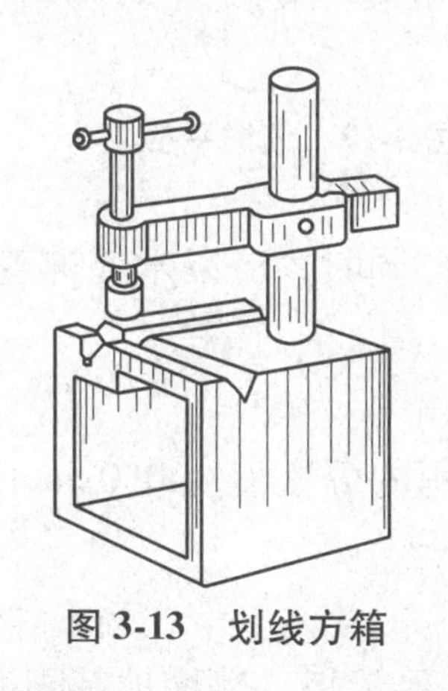

图3-13　划线方箱

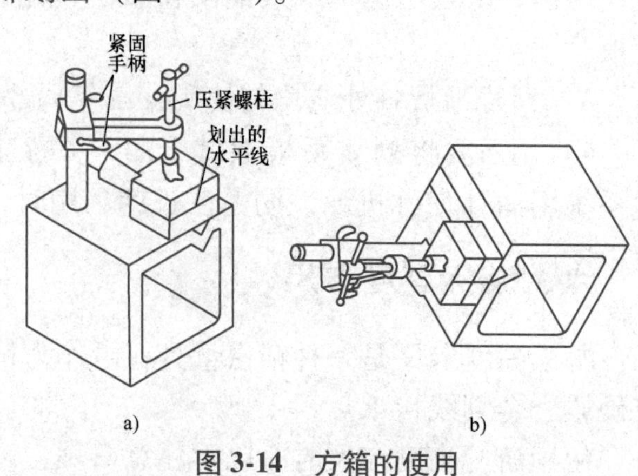

图3-14　方箱的使用

(2) V形铁　V形铁（图3-15）主要用来支承圆柱形工件，以便划出中心线或找出中心线（图3-16）。在安放较长的圆柱形工件时，需要选择较长的或两个等高的V形铁，以保证工件安放的平稳性和划线的准确性。

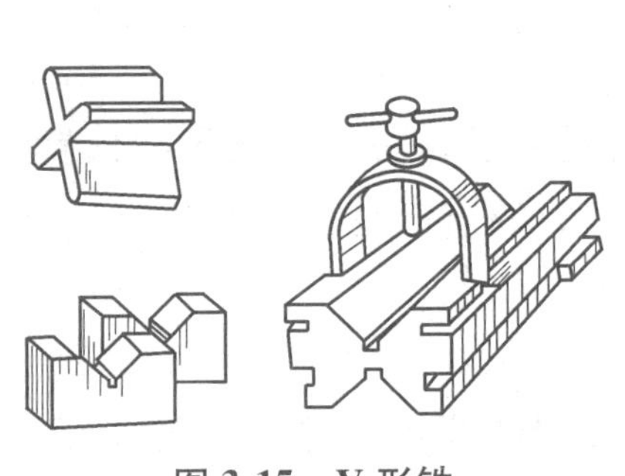

图3-15　V形铁

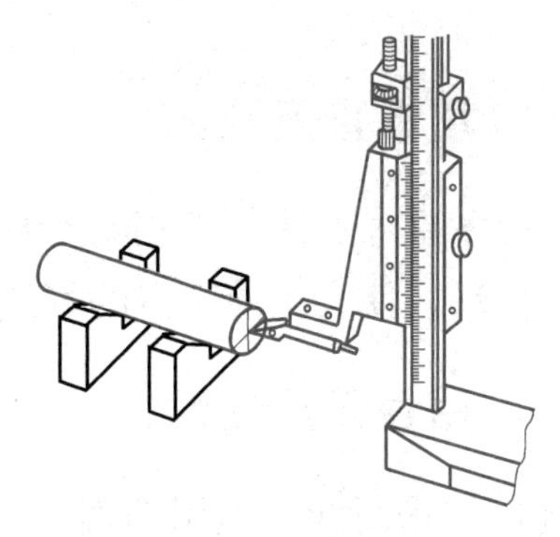

图3-16　V形铁的使用

(3) 角铁　角铁由铸铁制成，有两个面垂直精度很高。使用压板固定需要划线的工件，通过直角尺对工件的垂直位置找正后，再用高度尺划线，可使所划线条与原来找正的直线或平面保持垂直（图3-17）。

(4) 千斤顶　千斤顶用来支承毛坯或形状不规则的划线工件，并可调整高度，使工件各处的高低位置能调整到符合划线的要求。常用千斤顶有两种：一种是锥形千斤顶，通常是三个一组，用于支承不规则的工件（图3-18）；另一种是带V形铁的千斤顶，用于支承工件的圆柱面（图3-19）。

(5) 斜铁　斜铁也可用来支承毛坯工件，使用时比千斤顶方便，但只能做少量的调节（图3-20）。

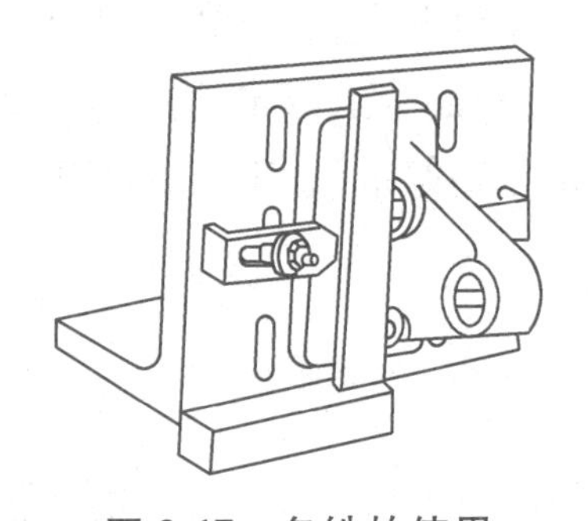

图3-17　角铁的使用

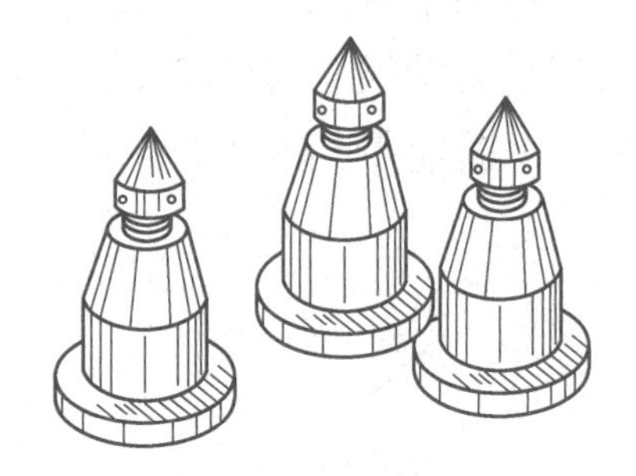

图3-18　锥形千斤顶

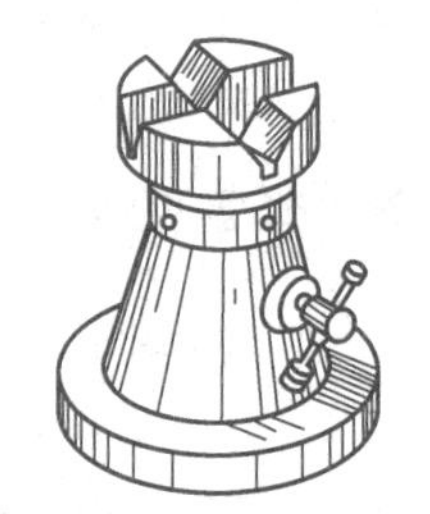

图3-19　带V形铁的千斤顶

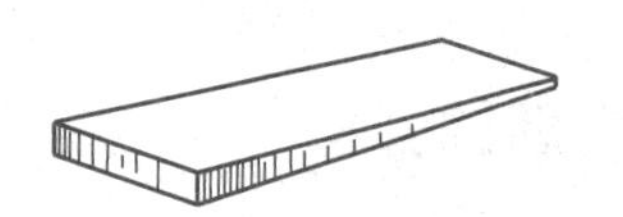

图3-20　斜铁

第三节　划线方法

一、用钢直尺划线

在用钢直尺连接两点划直线时，应先用划针和钢直尺定好后一点的划线位置，然后调整钢直尺，使之与前一点的划线位置对准，再划出两点的连接直线（图3-21）。

二、用直角尺划线

（1）划平行线　先用钢直尺靠着直角尺量好距离，然后用划针沿着直角尺划出平行线（图3-22）。

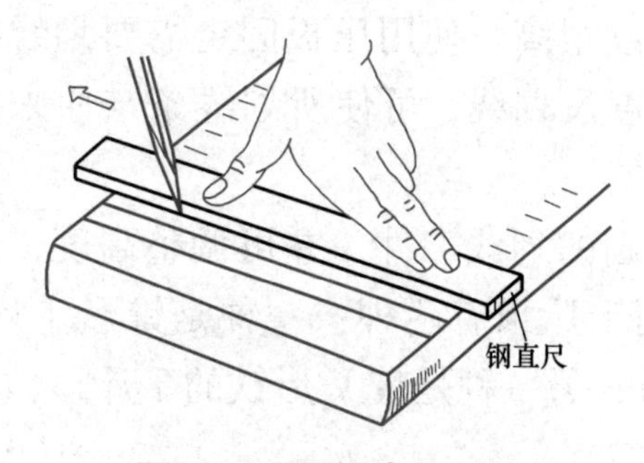

图3-21　用钢直尺划线

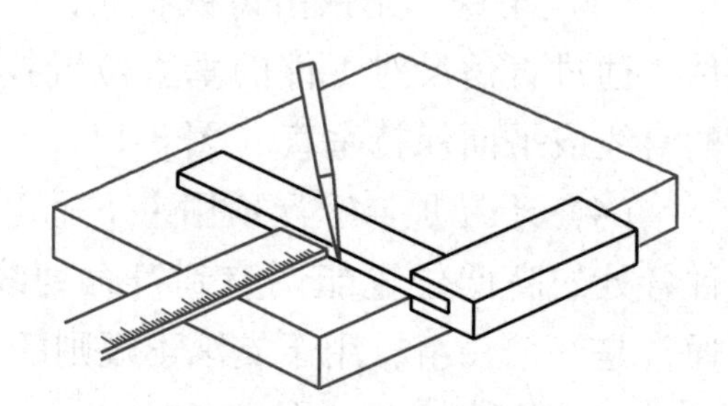

图3-22　划平行线

（2）划垂直线　精度要求不高的垂直线可用扁直角尺的一边对准已经划好的线，沿扁直角尺的另一边划垂直线（图3-23）。若划工件一个边的垂直线（图3-24a）或划与侧面已划好的线相垂直的线（图3-24b），可将直角尺厚的一面靠在工件的边缘，然后沿直角尺另一边划线，就能得到与工件一边相垂直或与侧面已划好的线相垂直的线。

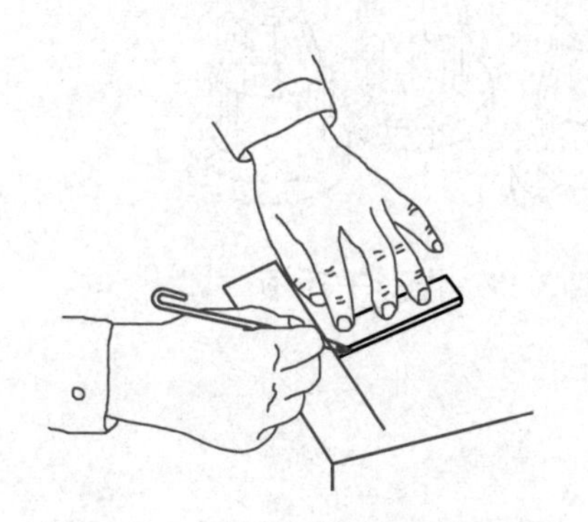

图3-23　划已有线条的垂直线

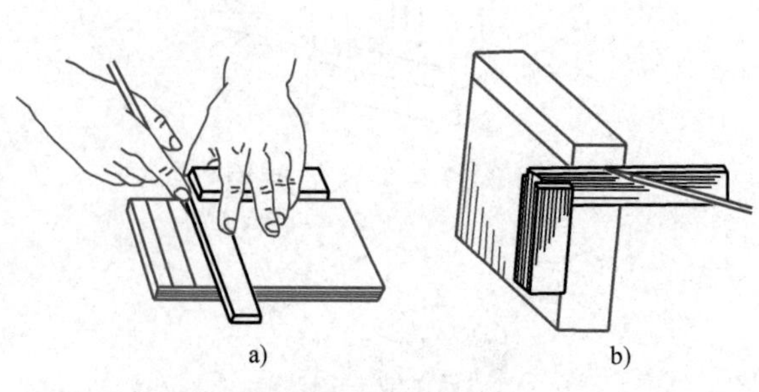

图3-24　划垂直线

三、用划规划圆弧

划圆弧前要先划出中心线，确定圆心，并在圆心上打上样冲眼，再用划规按图样要求的半径划出圆弧。

四、划角度线

（1）划 45°线　先作直角，然后以适当的半径 r（须大于 a、b 点直线距离的一半）划圆弧，连接两圆弧的交点 c 和 O 点，即可将直角平分得到 45°角（图 3-25a）。

（2）划 15°、30°、60°、75°线　先作直角，以直角的顶点 O 点为圆心，以适当的半径 R 划圆弧，交两直角边于 a、b 点，分别以 a、b 点为圆心，R 为半径划弧，与前面所作圆弧相交于 c、d 两点，连接 Od 和 Oc，即得 30°、60°角，平分 $\angle AOc$，则 $\angle AOE$ 为 15°，$\angle BOE$ 为 75°（图 3-25b）。

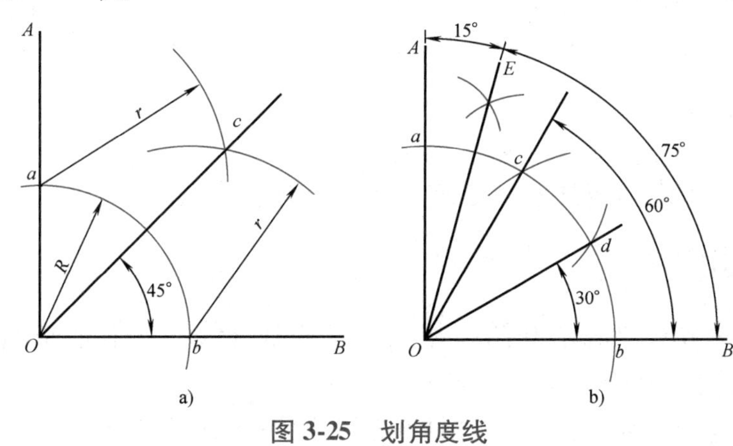

图 3-25　划角度线

五、划线后打样冲眼的方法和要求

1. 打样冲眼的方法

首先将样冲外倾，使其尖端对准所划线条的正中，然后将样冲立直，用锤子轻轻敲击样冲顶端（图 3-26）。

在使用样冲时，如果没有立直或是没有对正，则所打样冲眼将达不到要求。图 3-27a 所示为正确的样冲眼；图 3-27b 所示为样冲没有立直时的情况，样冲眼不圆；图 3-27c 所示为样冲偏心时的情况，样冲眼偏离了正确的位置。

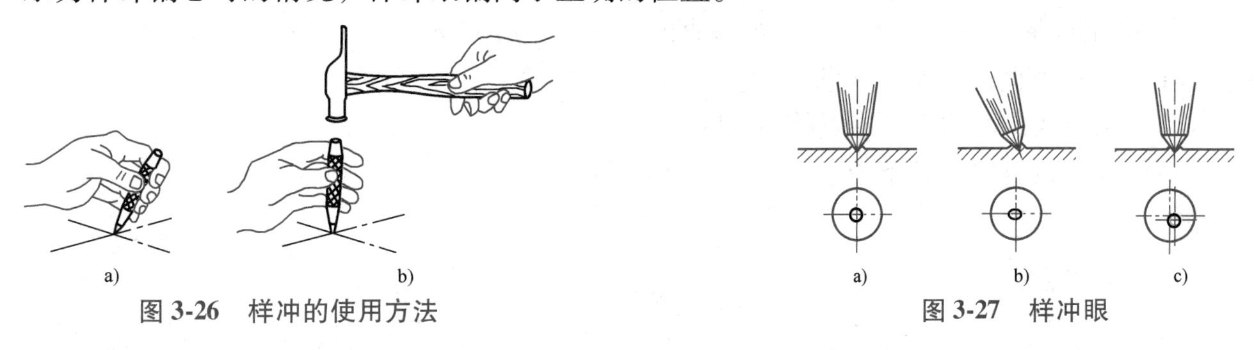

图 3-26　样冲的使用方法

图 3-27　样冲眼

注意：不能用锉刀代替锤子敲击样冲；无须反复多次使用锤子敲击样冲，一方面避免样冲眼过大，另一方面也避免因样冲位置前后不一致而造成误差。

2. 打样冲的要求

1）在直线上打样冲眼宜打得稀些，样冲眼间距离应相等，并且都正好在线上，以便准确地检查加工的精确度。

2）在曲线上打样冲眼宜打得密一些，线条交叉点上也要打样冲眼。如果在曲线上打样冲眼打得太稀，则会给加工后的检查带来困难。

3）在加工界线上打样冲眼宜打得大些，使加工后检查时能看清所剩样冲眼的痕迹。在中心线、辅助线上打样冲眼宜打得小些，以区别于加工界线。

4）样冲眼的深度要掌握适当。薄壁零件样冲眼要打得浅些，以防其损伤和变形；较光滑的工件表面样冲眼也要浅，甚至不打样冲眼；粗糙的工件表面样冲眼要打得深些。

第四节　划线基准的选择

一、基准的概念

基准就是工件上用来确定其他点、线、面的位置所依据的点、线、面。

二、基准的确定

平面划线时，一般只要确定好两条相互垂直的基准线，就能把平面上所有形面的相互位置关系确定下来。

划线基准应与设计基准一致，并且划线时必须先从基准开始，这样才能减少不必要的尺寸换算，使划线方便、准确。

在选择划线基准时，主要可以考虑以下几个原则：

1）对称工件，应以对称中心线为基准。

2）未加工过的毛坯，应以其中较大的平面为基准。

3）有孔和凸台的工件，应以主要孔和凸台的中心线为基准。

4）工件上有个别已加工过的平面，应以该平面为基准。

三、基准的形式

根据工件形体不同，平面上相互垂直的基准线，有如下三种形式：

1）以两条直线为基准（图3-28）。

2）以两条中心线为基准（图3-29）。

3）以一条直线和一条中心线为基准（图3-30）。

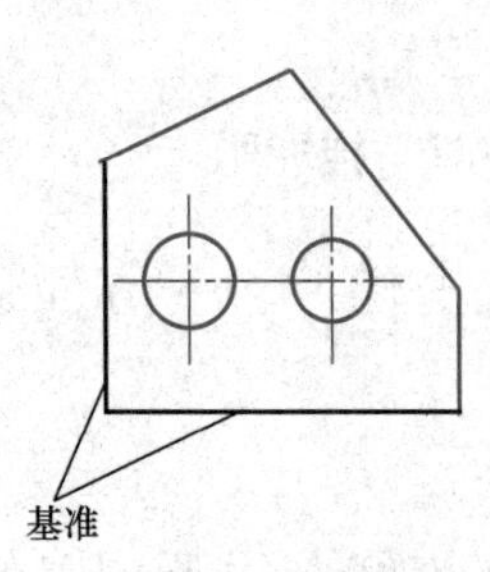

图3-28　以两条直线为基准

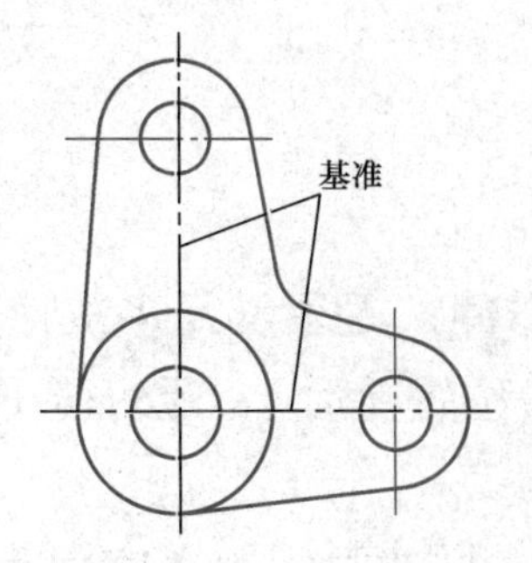

图3-29　以两条中心线为基准

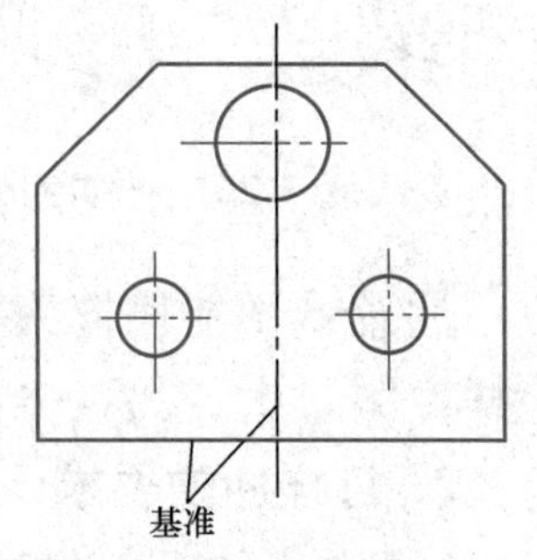

图3-30　以一条直线和一条中心线为基准

第五节 划线时的找正和借料

划线在很多情况下是对铸、锻毛坯的划线。各种铸、锻毛坯件，由于种种原因，可能会造成形状歪斜、偏心、各部分壁厚不均匀等缺陷。当形状偏差不大时，可以通过划线找正和借料的方法来补救。

一、找正

对于毛坯和工件，划线前一般都要先做好找正工作。找正就是利用划线工具使工件上有关的毛坯表面处于合适的位置。其目的如下：

1. 毛坯上有不加工表面

当毛坯上有不加工表面时，先按不加工表面找正后再划线，可使待加工表面与不加工表面之间保持尺寸均匀。图 3-31 所示的轴承座毛坯，由于内孔与外圆不同心，在划内孔加工线之前，应先以外圆作为找正依据，求出其中心，然后按求出的中心划出内孔的加工线。这样，内孔与外圆可以基本达到同心。

在划轴承座底面加工线之前，同样应先以上平面 A（不加工表面）为依据，找正其水平位置，然后划出底面加工线。这样加工后底座各处的厚度就比较均匀。

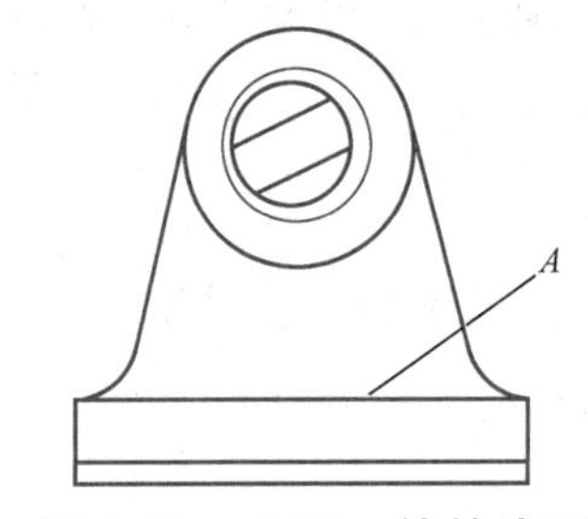

图 3-31 毛坯工件的找正

2. 工件上没有不加工表面

当工件上所有表面都要求加工时，通过对各待加工表面自身位置的找正后再划线，可使各待加工表面余量得到合理且均匀的分布，而不致出现过多或过少的现象。

由于毛坯各表面的误差情况不同且工件的结构形状各异，找正工作要按工件的实际情况进行。例如，当工件上有两个以上的不加工表面时，应选择其中面积较大的、较重要的或外观质量要求较高的面为主要找正依据，兼顾其他较次要的不加工表面，使划线后各主要不加工表面与待加工表面之间的尺寸（壳体的壁厚、凸台的高低等）都尽量达到均匀和符合要求，而把难以弥补的误差反映到较次要或隐蔽的部位上去。

二、借料

当铸、锻件毛坯在形状、尺寸和位置上的误差缺陷用找正的划线方法不能补救时，就要用借料的方法来解决。

借料就是通过试划和调整，使各个加工面的加工余量合理分配，互相借用，从而保证各个加工表面都有足够的加工余量，而误差和缺陷可在加工后消除或使其影响减少到最低程度。

要做好借料划线，首先要知道待划线毛坯的误差程度，确定需要借料的方向和大小，这样才能提高划线效率。如果毛坯误差超过许可范围，就不能利用借料来补救了。

下面以一个锻造圆环为例进行说明。图 3-32a 所示的毛坯，其内孔、外圆都要加工。如果毛坯形状比较准确，则可以按图 3-32b 所示方法进行划线，此时划线工作简单。如果锻造圆环的内孔、外圆偏心较大，则划线过程较为复杂。若按外圆找正划内孔加工线，则内孔有个别部分的加工余量不够（图 3-33a）；若按内孔找正划外圆加工线，则外圆个别部分的加工余量不够（图 3-33b）。只有在内孔和外圆都兼顾的情况下，适当地将圆心选在锻造内孔和外圆圆心之间一个适当的位置上划线，才能使内孔和外圆都保证有足够的加工余量（图 3-33c）。这就说明通过借料划线，使有误差的毛坯仍能很好地利用。当然，如果误差太大，则无法补救。

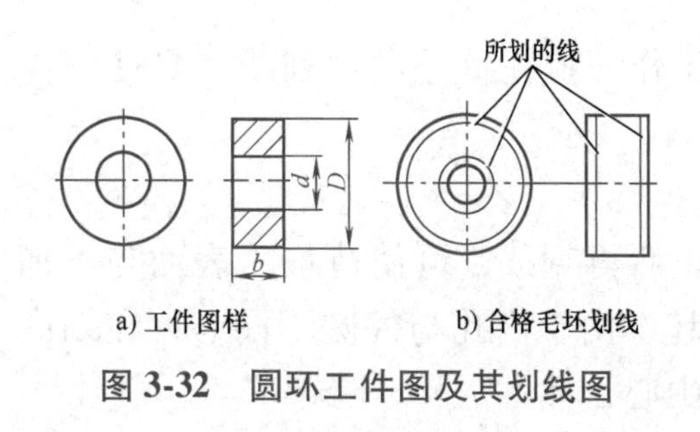

图 3-32　圆环工件图及其划线图

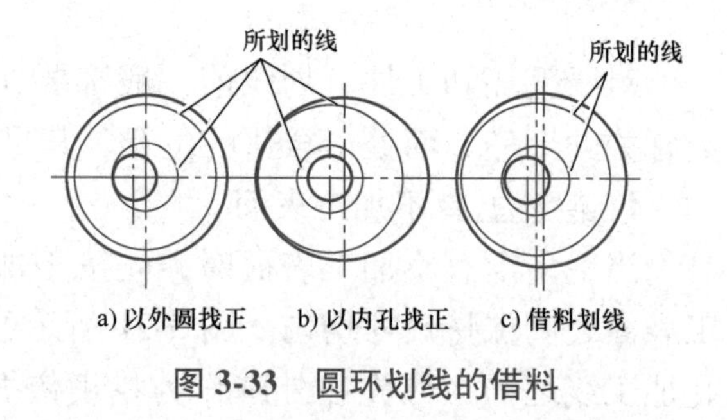

图 3-33　圆环划线的借料

第六节　划线训练

一、划线的步骤

1）仔细分析图样，详细了解工件上需要划线的部位。

2）确定划线基准。

3）初步检查毛坯的误差情况。

4）正确安放工件和选用划线工具。

5）划线。

6）详细检查划线的准确性，检查是否有线条漏划、错划。

7）在划线线条上打样冲眼。

二、平面划线实例

图 3-34 所示为划线样板，要求在板料上把全部线条划出。具体划线过程如下：

1）确定以底边和右侧边这两条相互垂直的直线作为基准。

2）沿板料边缘划两条垂直基准线。

3）划尺寸为 42mm 和 75mm 的两条水平线。

4）划尺寸为 34mm 的垂直线。

5）以 O_1 点为圆心、R78mm 为半径划弧并截 42mm 水平线得 O_2 点，通过 O_2 点作垂直线。

6）分别以 O_1、O_2 点为圆心，R78mm 为半径划弧相交得 O_3 点，通过 O_3 点作水平线和垂直线。

7）通过 O_2 点作 45°线，并以 R40mm 为半径划弧，两者相交得小孔 ϕ12mm 的圆心。

8）通过 O_3 点作与水平线成 20°的线，并以 R32mm 为半径划弧，两者相交得另一小孔 ϕ12mm 的圆心。

9）划垂直线使其与过 O_3 点垂直线的距离为 15mm，并以 O_3 点为圆心、R52mm 为半径划弧，两者相交得 O_4 点。

10）划尺寸为 28mm 的水平线。

11）按尺寸 95mm 和 115mm 划出左下方的斜线。

12）划出 ϕ32mm、ϕ80mm、ϕ52mm、ϕ38mm 圆周线。

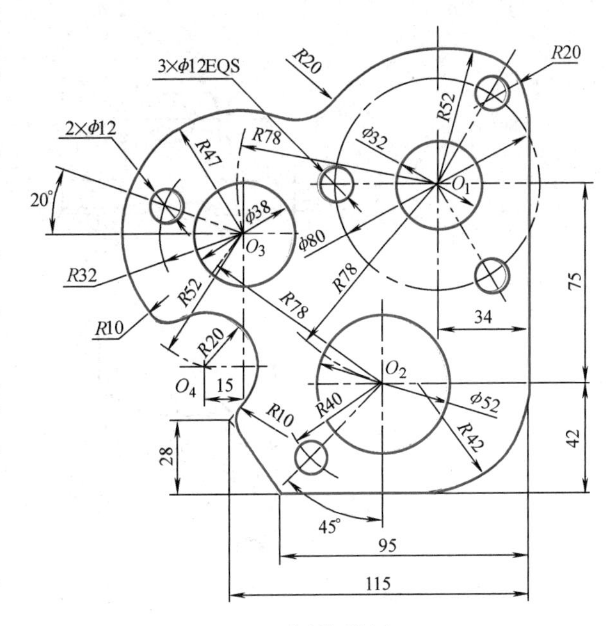

图 3-34 划线样板

13）把 ϕ80mm 圆周按图作三等分。

14）划出五个 ϕ12mm 圆周线。

15）以 O_1 点为圆心、R52mm 为半径划圆弧，并以 R20mm 为半径作相切圆弧。

16）以 O_3 点为圆心、R47mm 为半径划圆弧，并以 R20mm 为半径作相切圆弧。

17）以 O_4 点为圆心、R20mm 为半径划圆弧，并以 R10mm 为半径作两处的相切圆弧。

18）以 R42mm 为半径作右下方的相切圆弧。

三、立体划线实例

图 3-35 所示是一个轴承座，此轴承座需要加工的部位有底面、轴承座内孔、两个螺钉孔及其上平面、两个大端面。需要划线的尺寸共有三个方向，工件要安放三次才能划完所有线条。具体划线过程如下：

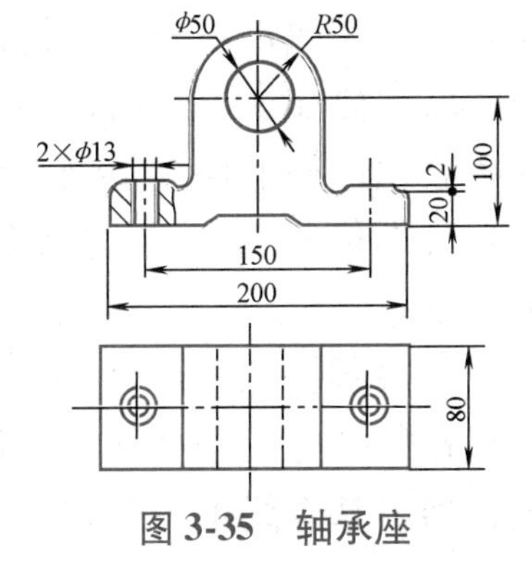

图 3-35 轴承座

1. 确定划线基准

划线的基准确定为轴承座两个中心平面 Ⅰ—Ⅰ（图 3-36a）和Ⅱ—Ⅱ（图 3-36b），以及两个螺钉孔的中心平面Ⅲ—Ⅲ（图 3-36c）。值得注意的是，这里所确定的基准都是平面，而不像平面划线时的基准都是一些直线或中心线。这是因为立体划线时，每划一个尺寸的线，一般要在工件的四周都划到，才能明确表示工件的加工界线，而不是只划在一个面上，因此就需要选择能反映工件四周位置的平面来作为基准。

2. 划底面加工线（图 3-36a）

因为这一方向的划线工作将关系到主要部位的找正和借料，先在这一方向进行划线

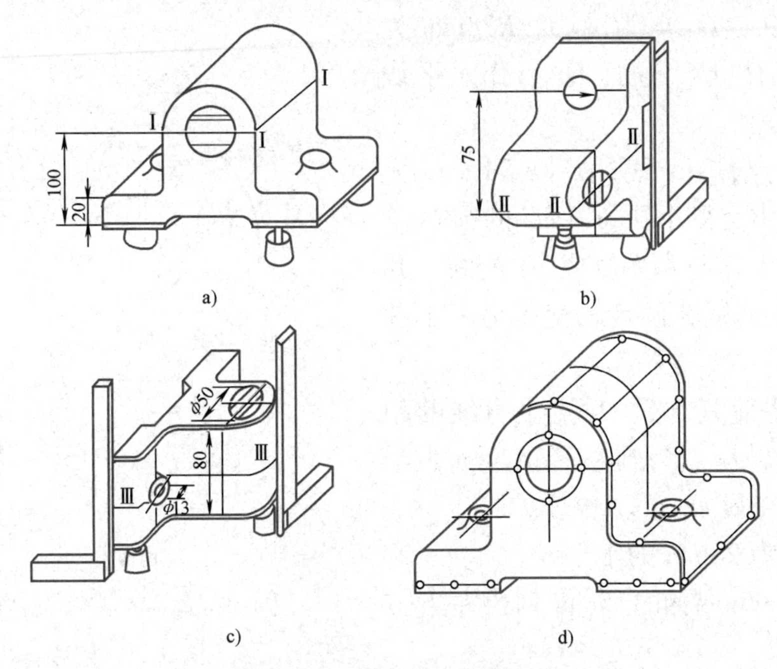

图 3-36　轴承座的立体划线

可以正确地找正工件的位置和尽快了解毛坯的误差情况，以便进行必要的借料，防止划线时返工。

1）先确定 ϕ50mm 轴承座内孔和 R50mm 外轮廓的中心。由于外轮廓是不加工的，并直接影响外观质量，因此应以 R50mm 外轮廓为找正依据求出中心，即先在装好中心塞块的孔的两端，用单脚规或圆规分别求出中心，然后用圆规试划 ϕ50mm 圆周线，看内孔四周是否有足够的加工余量。如果内孔与外轮廓偏心过多，就要适当地借料，即移动所求的中心位置。此时内孔与外轮廓的壁厚如果稍微不均匀，只要在允许的范围内就可以了。

2）用三只千斤顶支承轴承座底面，调整千斤顶高度并用游标高度卡尺找正，使两端 ϕ50mm 轴承座内孔的中心初步调整到同一高度。与此同时，由于平面 20mm 尺寸的上表面也是不加工表面，为了保证在底面加工后厚度尺寸 20mm 在各处都比较均匀，还要用游标高度卡尺找正该平面，使该平面尽量处于水平位置。但这与上述两端孔的中心要保持同一高度往往会有矛盾，而这两者又都比较重要，因此不应任意偏颇某一方面，而是要两者兼顾，将毛坯误差进行恰当地分配。必要时，要对已找出的轴承座内孔的中心重新调整（即借料），直至这两个方面都达到满意的结果。此时，工件的第一划线位置便已正确安放。

3）用游标高度卡尺试划底面加工线，如果四周加工余量不够，还要把 ϕ50mm 轴承座内孔的中心抬高（即重新借料）。到确实不需要再变动时，就可在孔的中心点打上样冲眼，划出基准线 I — I 和底面加工线。两个螺钉孔上平面的加工线可以不划，加工时控制尺寸不难，只要有一定的加工余量即可。

在划 I — I 基准线和底面加工线时，工件的四周都要划到，这除了明确表示加工界线外，也为下一步划其他方向的线条，以及在机床上加工时找正位置提供便利。

3. 划两螺钉孔中心线（图 3-36b）

1）因为这个方向的位置已由轴承座内孔的两端中心和已划的底面加工线确定，只需按下述方法调准即可：将工件翻转到图示位置，用千斤顶支承，通过千斤顶的调整和游标高度卡尺的找正，使轴承座内孔两端的中心处于同一高度，并用直角尺按已划出的底面加工线找正到垂直位置。这样，工件的第二划线位置已安放正确。

2）划Ⅱ—Ⅱ基准线，再按尺寸划出两个螺钉孔的中心线。两个螺钉孔中心线不必在工件四周都划出，这是因为加工此螺钉孔时只需确定中心位置即可。

4. 划出两个大端面的加工线（图 3-36c）

1）将工件再翻转到图示位置，用千斤顶支承并通过调整和直角尺的找正，分别使底面加工线和Ⅱ—Ⅱ基准线处于垂直位置。这样，工件的第三划线位置已正确安放。

2）以两个螺钉孔的中心（初定）为依据，试划两大端面加工线。如果加工余量一面不够，则可适当调整螺钉孔中心（借料），当中心确定后，即可划出Ⅲ—Ⅲ基准线和两个大端面加工线。

5. 划圆周尺寸线

用划规划出轴承座内孔和两个螺钉孔的圆周尺寸线。

6. 检查并打样冲眼

划线后应作检查，确认既无错误也无遗漏，最后在所划线条上打样冲眼（图 3-36d），划线结束。

四、划线注意事项

1）平面划线时，为熟悉各图形的作图方法，实际操作前可先在纸上练习。

2）必须正确掌握划线工具的使用方法及划线动作。

3）毛坯在划线前要先清理，去除残留的型砂及氧化皮，划线部位更应仔细清理，以便划出的线条明显、清晰。

4）练习的重点是要求保证划线尺寸的准确性，划出的线条细而清楚，样冲眼准确无误。

5）在有孔的工件上划圆或等分圆周时，可用木板堵大孔，木板上再贴薄铁皮；用铅块堵小孔，以便定出孔的中心位置。

6）立体划线时，工件支承要牢固稳当，以防滑倒或移动。在一次支承中，应将需要划出的平行线划全，以免补划时费工、费时及造成误差。

7）使用千斤顶支承工件时，工件下应垫上木块，以保证安全。在调整千斤顶高度时，不可用手直接调节，以防工件掉下砸伤手。

8）划线后必须仔细地复检校对，避免差错。在今后的实际工作中更应养成这样的习惯，避免因划线错误而加工出废品。

思考与练习

1. 在实际工作中划线有何作用？
2. 划线是否可替代加工时的测量工作？为什么？
3. 为什么在划线后还须打样冲眼？打样冲眼有何要求？
4. 如何确定划线基准？常用划线基准有哪几种形式？
5. 什么是找正？什么是借料？找正和借料在划线中有何作用？

6. 按图 3-37～图 3-40 所示图样进行平面划线练习。

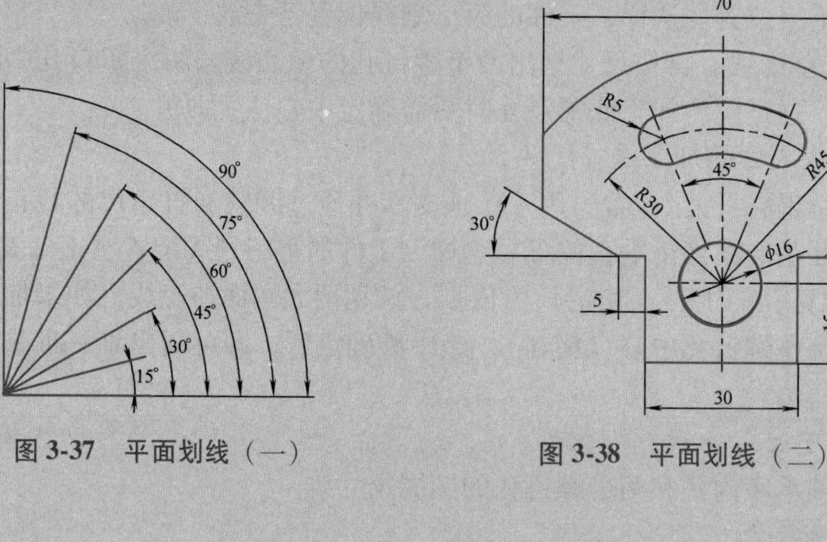

图 3-37　平面划线（一）　　图 3-38　平面划线（二）

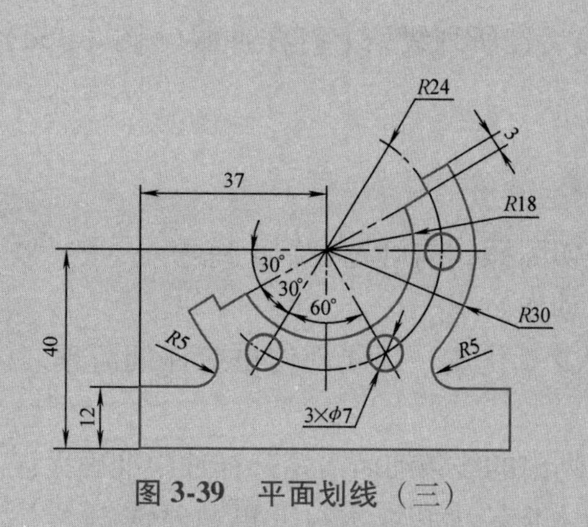

图 3-39　平面划线（三）

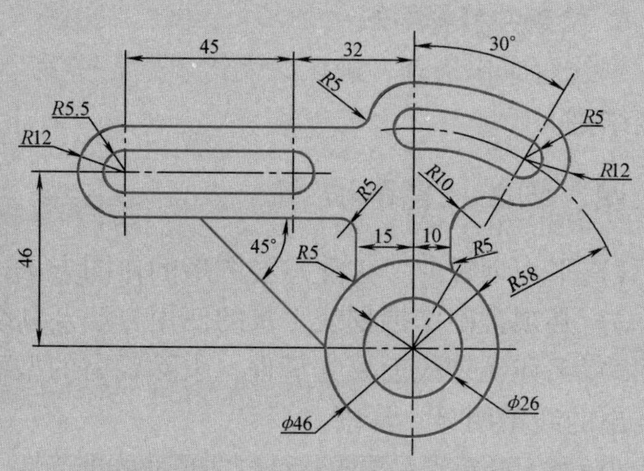

图 3-40　平面划线（四）

7. 在钢板上进行圆周的三等分、五等分、六等分划线练习。

8. 立体划线练习。根据实际情况确定划线工件，进一步熟悉和巩固立体划线的方法和步骤。

工匠故事

艾爱国——劳模制造，必是精品

请扫码学习工匠故事。

模块四 锉削

知识目标

1. 了解锉削的加工范围。
2. 掌握锉刀的构造和种类。

技能目标

1. 掌握锉刀的选用和保养常识。
2. 能正确装夹锉削工件。
3. 掌握平面和曲面的锉削方法。
4. 能进行平面度、曲面线轮廓度的检验。
5. 掌握锉削安全文明生产常识。
6. 具备知识技能拓展能力及适应发展的能力。

素养目标

1. 培养敬业、精益、专注、创新的工匠精神。

2. 培养节能环保意识和安全意识；能正确遵守个人和车间安全作业要求，注重个人安全防护。

3. 具备将锉削知识技能应用于具体工作领域的能力，具有一定的分析问题和解决问题的能力。

第一节 锉削概述

一、锉削的概念及特点

1. 锉削的概念

用锉刀对工件表面进行切削加工，使其尺寸、形状、位置和表面粗糙度等都达到要求，这种加工方法称为锉削。

2. 锉削的特点

锉削的精度可达 IT7～IT8，表面粗糙度值可达 $Ra0.8\sim1.6\mu m$。

二、锉削的加工范围

锉削的加工范围很广，可以锉削工件的内外平面、内外曲面、内外角、沟槽和各种形状的复杂表面（图 4-1）。

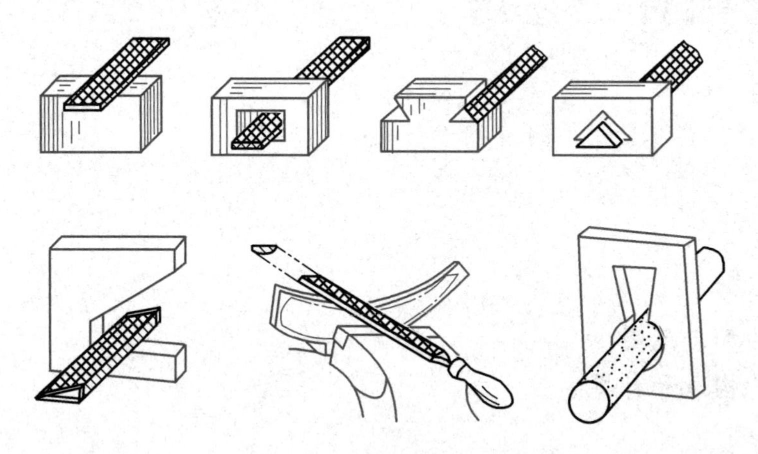

图 4-1　锉削的加工范围

在现代工业生产的条件下，仍有一些不便于机械加工的场合需要用锉削来完成。如装配过程中对个别零件的修整、修理工作及小批量生产条件下某些形状复杂的零件的加工，以及样板、模具等的加工等，因此锉削是钳工的一项重要的操作技术。

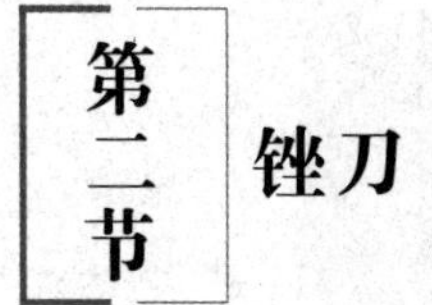

第二节　锉刀

一、锉刀的构造

锉刀用高碳工具钢 T13 或 T12 制成，并经过热处理，硬度达 62～67HRC，是一种标准工具。

锉刀各部分的名称如图 4-2。锉刀面是锉削的主要工作面；锉刀的两个侧面称为锉刀边，有的没有齿，有的其中一边有齿，没有齿的侧面称为光边，在锉削内直角的一面时不会碰伤另一相邻面。锉刀舌是用以安装锉刀柄的，这是非工作部分，没有淬硬。

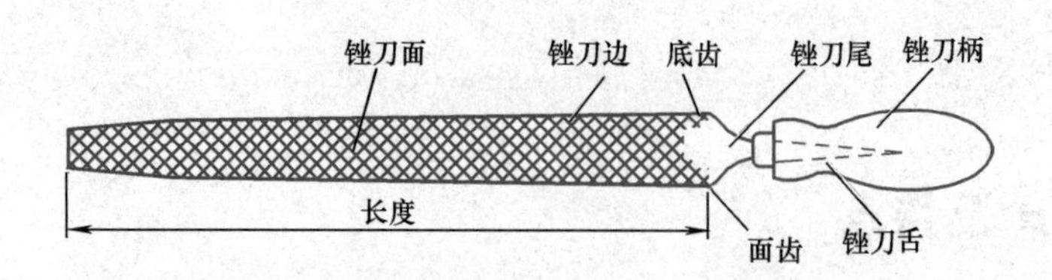

图 4-2　锉刀的各部分名称

二、锉刀的种类

按锉刀的用途，可将其分为普通锉、异形锉和整形锉。普通锉是钳工常用的锉刀，按其截面形状不同，可分为扁锉（平锉）、方锉、三角锉、半圆锉、圆锉等（图 4-3）。异形锉（图 4-4）是用来锉削工件特殊表面用的，按其截面形状的不同，除了扁锉、方锉、三角锉、半圆锉、圆锉外，还有刀形锉、菱形锉、单面三角锉、双半圆锉、椭圆锉等。整形锉（图 4-5）主要用于修整工件上的细小部位，又称什锦锉，常以 5 把、6 把、8 把、10 把、12 把为一组。

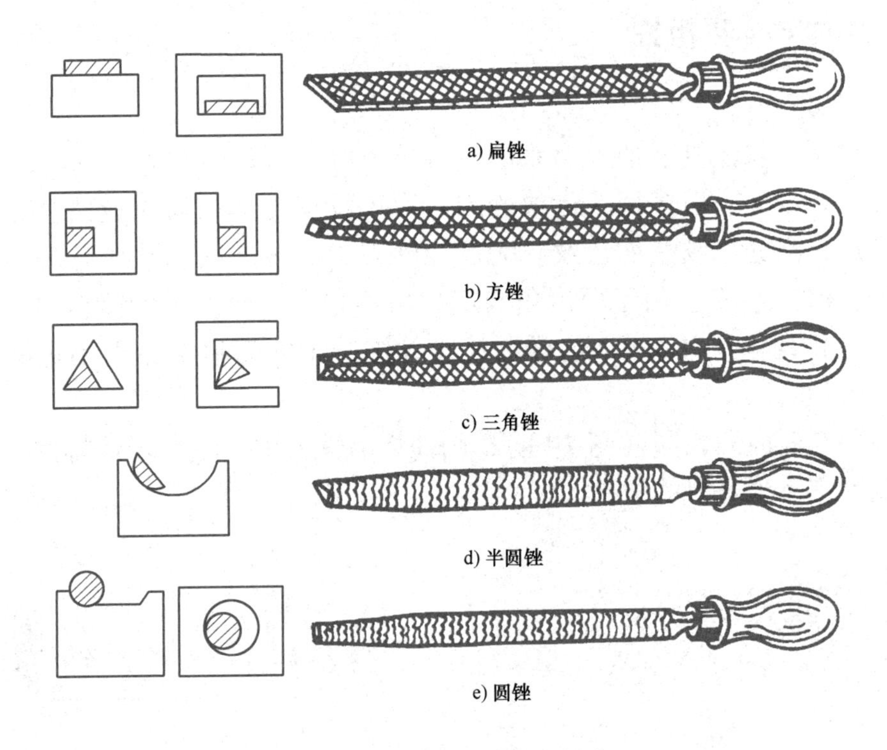

图 4-3　普通锉形状及用途

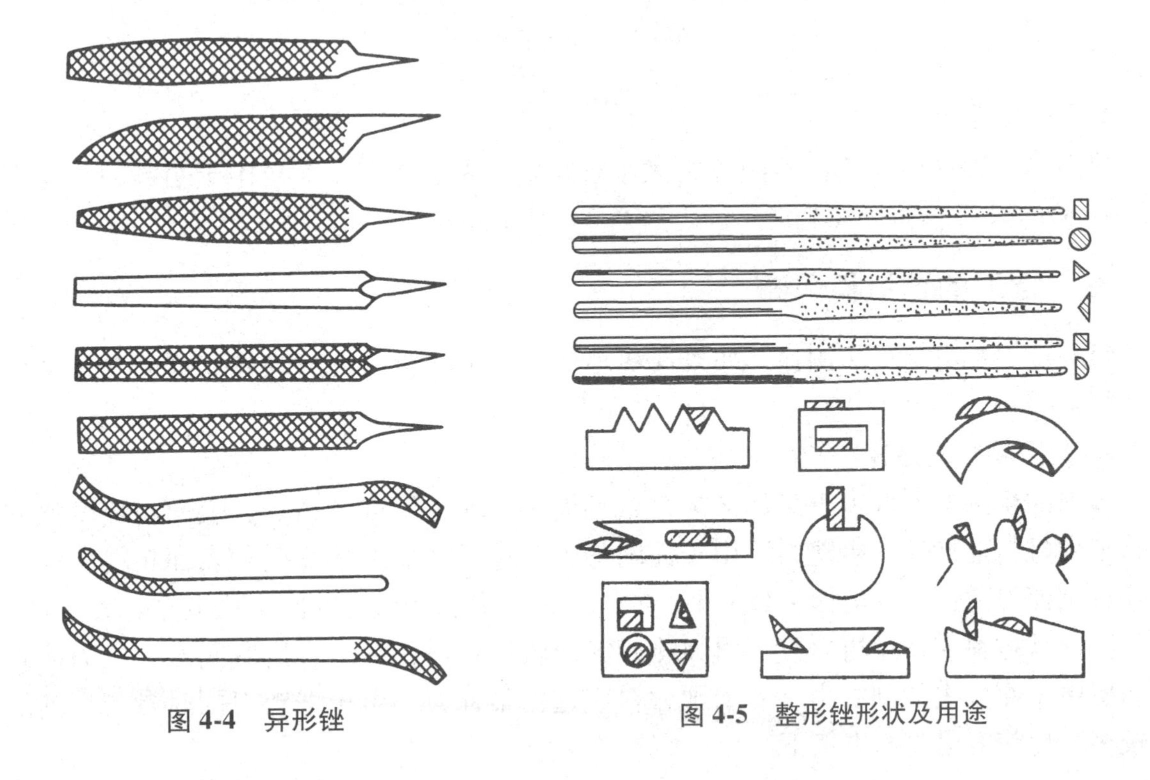

图 4-4　异形锉

图 4-5　整形锉形状及用途

三、锉刀的规格

圆锉以直径尺寸表示，方锉用四方形的边长尺寸表示，其他锉刀则以锉身长度尺寸表示，常用的有250mm（10in）、200mm（8in）、150mm（6in）、100mm（4in）等。锉身长度是指锉刀刀头到刀尾的距离，不包含锉刀舌的长度。

四、锉刀的齿纹和粗细

1. 锉刀的齿纹

锉刀的齿纹是在剁锉机上加工出来的，有单齿纹和双齿纹两种。单齿纹锉刀多用于非铁金属的加工，钳工一般多用双齿纹锉刀。双齿纹锉刀上的齿纹成两个方向排列，浅的齿纹是底齿纹，深的齿纹是面齿纹。齿纹与锉刀中心线之间的夹角称为齿角。面齿角制成65°，底齿角制成45°。由于面齿角与底齿角不相同，使锉齿沿锉刀中心线方向形成倾斜和有规律的排列（图4-6a），这样可使工件被锉出的刀痕交错而不重叠，表面比较光滑。

如果面齿角与底齿角相同（图4-6b），则锉齿沿锉刀中心线平行地排列，锉出的表面就会产生沟纹而得不到光滑的效果。

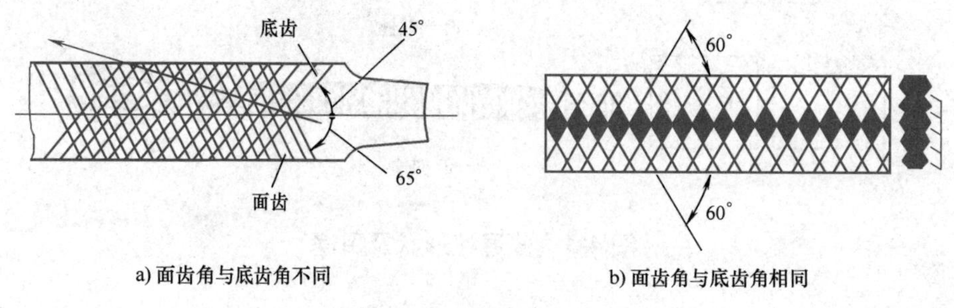

图4-6　锉齿的排列

2. 锉刀的粗细

锉刀的粗细规格是按锉刀的齿距大小表示的，共有五种。1号用于粗锉刀，齿距为2.3~0.83mm，5号用于油光锉，齿距为0.20~0.16mm。

五、锉刀的选用和保养

每种锉刀都有适当的用途，如果选择不当，就不能充分发挥其效能或使其过早地丧失切削能力。

1. 锉刀粗细的选择

锉刀的粗细选择取决于工件加工余量的大小、加工精度的高低、表面粗糙度值的大小和工件材料的性质。粗锉刀适用于锉削加工余量大、加工精度低和表面粗糙度值大的工件；细锉刀适用于锉削加工余量小、加工精度高和表面粗糙度值小的工件（表4-1）。

锉削软材料应选用粗锉刀，用细锉刀锉削软材料时，由于容屑空间小，锉刀面容易被切屑堵塞而失去切削能力。锉削硬材料应选用细锉刀，由于细锉刀同时参与切削的锉齿较多，比较容易将材料切下。

表 4-1 按加工精度选择锉刀

锉刀粗细	适用场合		
	加工余量/mm	加工精度/mm	表面粗糙度/μm
粗锉刀	0.5~1	0.2~0.5	*Ra*12.5~50
中锉刀	0.2~0.5	0.05~0.2	*Ra*3.2~6.3
细锉刀	0.05~0.2	0.01~0.05	*Ra*1.6~6.3

2. 锉刀形状的选择

锉刀断面形状的选择取决于工件加工表面的形状。工件加工表面形状不同，则选用的锉刀断面形状也有所不同。加工平面和外曲面时，可选用扁锉；加工内曲面时，可选用圆锉、半圆锉；加工角度面时，可选用三角锉、半圆锉等。

3. 锉刀规格的选择

锉刀规格的选择取决于工件加工表面的尺寸和加工余量的大小。加工面尺寸和加工余量较大时，应选用大规格的锉刀，反之，则选用小规格的锉刀。

4. 锉刀柄的装拆

为了握住锉刀和用力方便，锉刀必须装上锉刀柄。锉刀柄一般为木质，安装孔的外部套有锉刀柄箍。锉刀柄安装孔的深度约等于锉刀舌的长度，孔的大小使锉刀舌能自由地插入 1/2 的深度。装柄时先把锉刀舌插入柄孔，然后将锉刀柄的端部在台虎钳等坚实的平面上敲击或用锤子轻轻敲击锉刀柄，使锉刀舌长度的 3/4 左右进入柄孔为止（图 4-7）。

拆卸锉刀柄可在台虎钳钳口或其他稳固件的侧面进行，利用锉刀柄撞击台虎钳等平面后，锉刀在惯性作用下与锉刀柄脱开（图 4-8）。

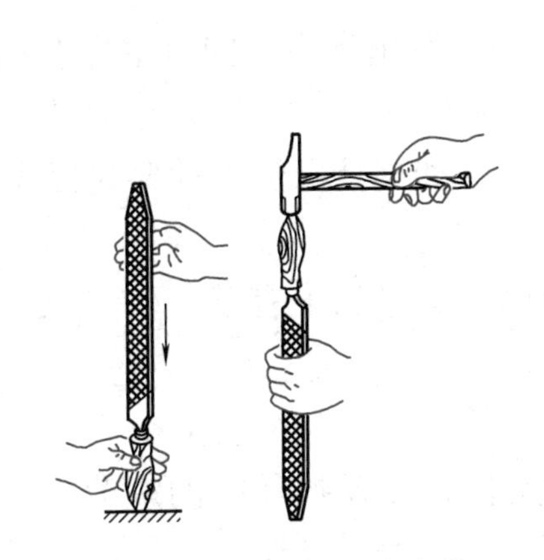

图 4-7 锉刀柄的安装

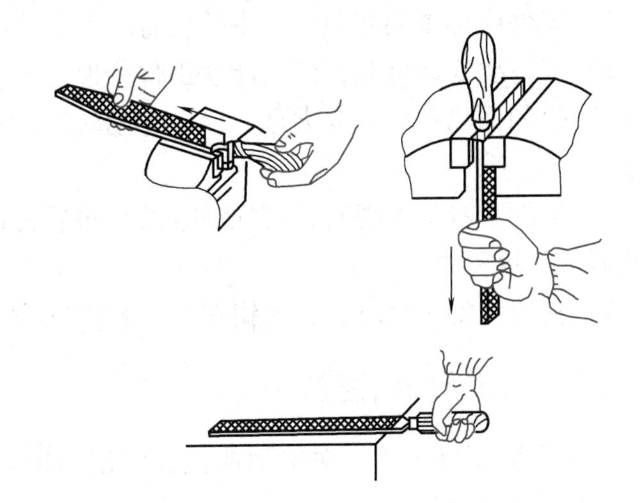

图 4-8 锉刀柄的拆卸

5. 锉刀的保养

1）新锉刀要先使用一面，用钝后再使用另一面。

2）在锉削时，应充分使用锉刀的有效全长，这样既提高了锉削效率，又可避免锉齿局部磨损。

3）锉刀上不可沾油与沾水，沾油锉削时会打滑，沾水会造成锉刀生锈。

4）如锉屑嵌入锉刀齿缝内必须及时用钢丝刷或带锋利断截面的废锯条沿着锉齿纹路进行清除（图 4-9）。严禁使用钢直尺进行清除，以免造成钢直尺的磨损。

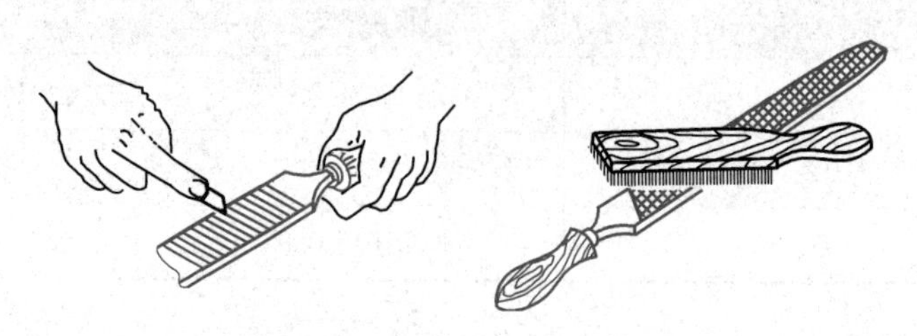

图 4-9　清除锉刀上的锉屑

5）不可锉削毛坯的硬皮及经过淬硬的工件。工件表面如有硬皮，应先用砂轮磨去或用旧锉刀、锉刀的有齿锉刀边锉去，然后进行正常的锉削加工。

6）锉刀使用完毕后必须清刷干净，以免生锈。

7）使用整形锉时，不能用力过猛，以免其折断。

8）无论在使用过程中或放入工具箱时，均不可与其他工具或工件堆放在一起，也不可与其他锉刀互相重叠堆放，以免损坏锉齿。

第三节　基本锉削方法

一、工件的夹持

1）工件应尽量夹在钳口的中间位置。

2）夹持要稳固可靠，但不能使工件变形。

3）锉削面离钳口不要太远，以免锉削时工件产生振动，发出噪声，同时也影响加工质量。

4）工件形状不规则时，要加适宜的衬垫后再进行夹持。如夹持圆形工件要衬以 V 形铁或弧形木块。

5）夹持已加工面时，台虎钳钳口应衬以软钳口，以防夹坏已加工表面。

二、平面锉削的姿势

锉削姿势正确与否，对锉削质量、锉削力的运用和发挥，以及操作时的疲劳程度都起着决定性的影响。

锉削姿势的正确掌握，必须从握锉、站立步位和姿势动作，以及操作用力这几方面进行协调一致的反复练习才能实现。

1. 锉刀握法

（1）大锉（大于 250mm）的握法　右手紧握锉刀柄，柄端抵在拇指根部的位置，大拇指放在锉刀柄上部，其余手指由下而上地握着锉刀柄；左手的基本握法是将拇指的根部肌肉压在锉刀头上，拇指自然伸直，其余四指弯向手心，用中指、无名指捏住锉刀前端（图 4-10）。

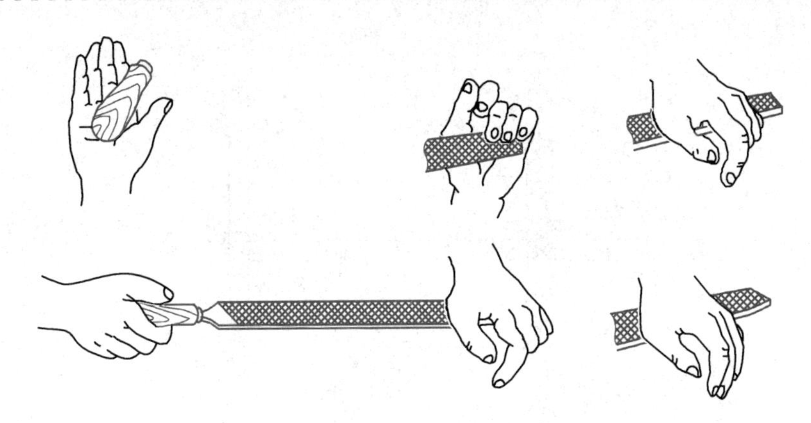

图 4-10 大锉的握法

（2）中型锉（200mm 左右）的握法 右手握法与上述方法一样；左手只需要用大拇指、食指、中指轻轻扶持即可，不需要像使用大锉那样施加很大的力量（图 4-11）。

（3）较小锉（150mm 左右）的握法 右手食指靠住锉刀边，拇指与其余各指握住锉刀柄；左手食指、中指轻按在锉刀上面（图 4-12）。

图 4-11 中型锉的握法

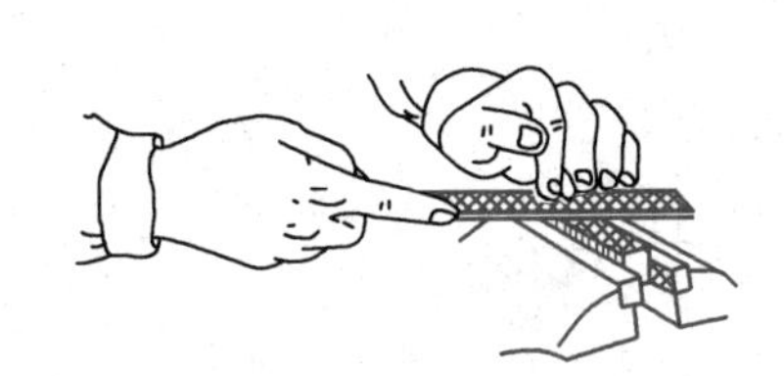

图 4-12 较小锉的握法

（4）更小锉（150mm 以下）的握法 只需右手握锉，食指压在锉刀面上，拇指与其余各指握住锉柄（图 4-13），右手推动锉刀并决定推动方向。

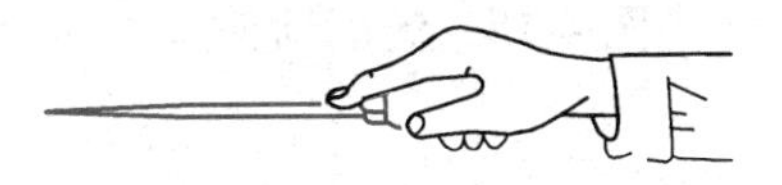

图 4-13 更小锉的握法

2. 站立步位和锉削姿势

锉削时，操作者站在台虎钳的正前方，身体与台虎钳的轴线成 45°，左脚在前，与台虎钳的轴线成 30°；右脚在后，与台虎钳的轴线成 75°（图 4-14）。两手握住锉刀放在工件上面，左臂弯曲，小臂与工件锉削面的前后方向保持基本平行，右小臂与工件锉削面的左右方向保持基本平行，动作要自然。

3. 锉削动作

锉削时，身体先于锉刀并与之一起向前，右脚伸直并稍向前倾，重心在左脚，左膝部呈弯曲状态；当锉刀锉至约 3/4 行程时，身体停止前进，两臂则继续将锉刀向前推到位，同时，左脚自然伸直并随着锉削的反作用力，将身体重心后移，使身体恢复原位，并顺势将锉刀收回；当锉刀收回将近结束，身体又开始先于锉刀前倾，作第二次锉削的向前运动（图 4-15）。

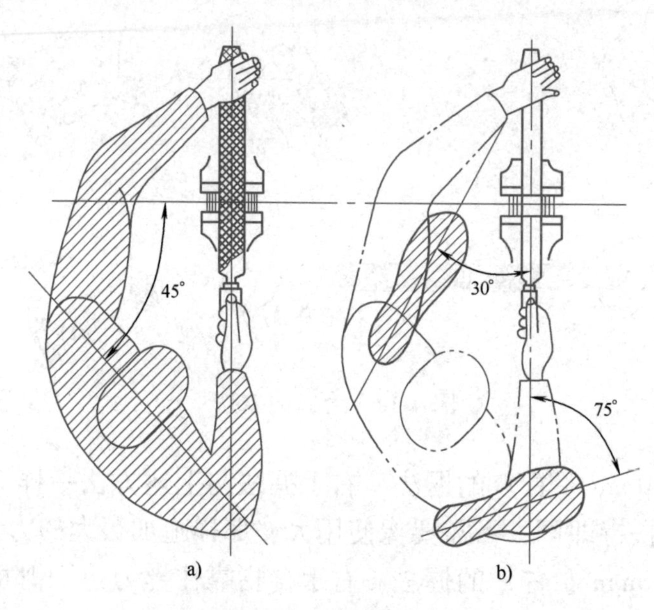

图 4-14　锉削时的站立步位

图 4-15　锉削动作

4. 锉削时两手的用力和锉削速度

要锉出平直的平面，必须使锉刀保持水平面内的锉削运动。为此，锉削时右手的压力要随锉刀推动而逐渐增加，左手的压力要随锉刀推动而逐渐减小，回程时不加压力，以减少锉齿的磨损（图 4-16）。

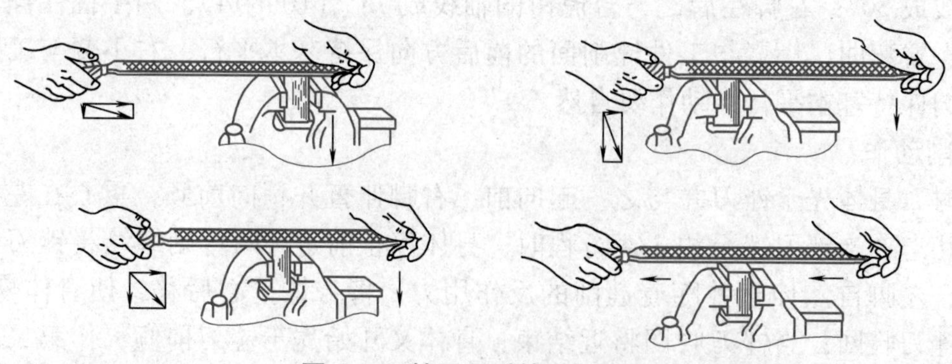

图 4-16　锉平面时的两手用力

锉削速度一般应在40次/min左右，推出时稍慢，回程时稍快，动作要自然协调。

三、平面锉削

1. 平面的锉法

（1）顺向锉　锉刀运动方向与工件夹持方向始终一致（图4-17），在锉宽平面时，为使整个加工表面能均匀地锉削，每次退回锉刀时应沿横向做适当的移动。

顺向锉的锉纹整齐一致，比较美观，这是最基本的一种锉削方法。

（2）交叉锉　锉刀运动方向与工件夹持方向成30°~40°，并且锉纹交叉（图4-18）。由于锉刀与工件的接触面大，因此锉刀容易被掌握且平稳。同时，从锉痕上可以判断出锉削面的高低情况，以便于不断地修正锉削部位。

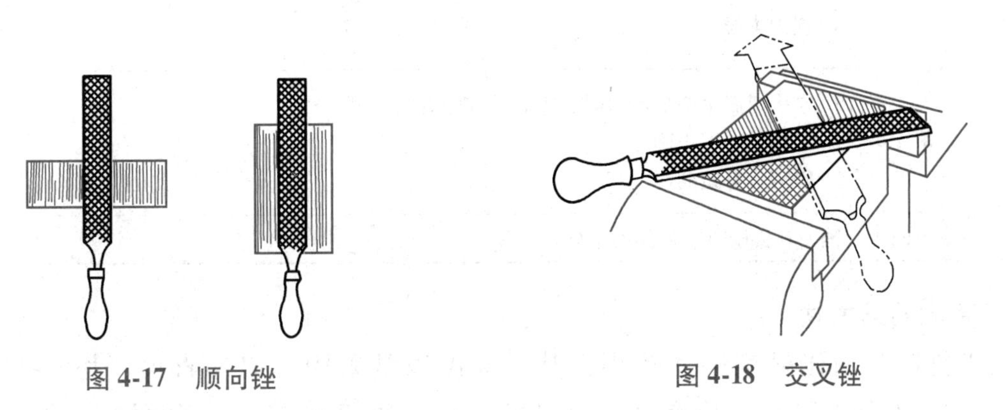

图4-17　顺向锉　　图4-18　交叉锉

交叉锉法一般适用于粗锉，精锉时必须采用顺向锉，使锉痕变直，纹理一致。

（3）推锉　用双手握住锉刀，使锉刀与工件之间作纵向运动（图4-19a）。

推锉法一般用于锉削狭长平面，当用顺向锉锉刀运动有阻碍时也可采用。在锉削平面与曲面的过渡面时，用推锉可获得较好的效果（图4-19b）。

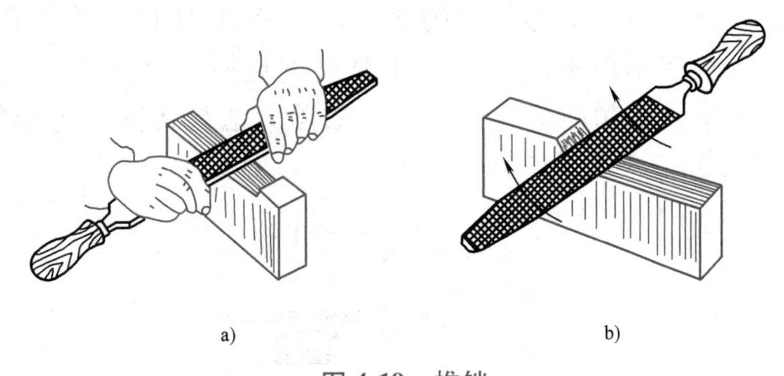

a)　b)

图4-19　推锉

推锉法不能充分发挥手的力量，锉齿切削效率不高，故只适用于加工余量较小时使用。作为初学者应通过反复训练，协调两手的平衡来锉平平面，不应过分依赖于用推锉的方法来锉平平面。

2. 锉平平面的练习要领

用锉刀锉平平面的技巧必须通过反复的、多样性的刻苦练习才能形成。掌握要领的练习，可加快锉削技巧的形成。

1）首先要掌握正确的姿势和动作。

2）做到锉削力的正确和熟练运用，以使锉削时锉刀能始终保持平衡。因此，在操作时注意力要集中，练习过程要用心体会。

3）练习前了解几种平面锉不平的具体原因（表4-2），以便于在练习中分析改进。

表4-2　锉削时平面锉不平的形式和原因

形式	产生的原因
平面中凸	1. 锉削时，双手的用力不能使锉刀保持平衡 2. 锉刀在开始推出时，右手压力太大，锉刀被压下；锉刀推到前面时，左手压力太大，锉刀被压下，造成前后部位多锉 3. 锉削姿势不正确 4. 锉刀本身中凹
对角扭曲或塌角	1. 左手或右手施加压力时，重心偏在锉刀的一侧 2. 工件夹持不正确 3. 锉刀本身扭曲
平面横向中凸或中凹	锉刀在锉削时左右移动不均匀

3. 平面度检验方法

锉削工件时，由于锉削平面较小，其平面度通常采用刀口形直尺（图4-20）通过透光法来检查（图4-21a）。检查时，刀口形直尺应垂直放在工件表面上，并在加工面的纵向、横向、对角方向多处逐一进行，以确定各方向的直线度误差（图4-21b）。如果刀口形直尺与工件平面间透光微弱且均匀，说明该方向是直的；如果透光强弱不一，说明该方向是不直的，光线强的地方比较低，光线弱的地方比较高。对于中凹平面，误差为检查部位的最大值（图4-21c）；对于中凸平面，应在两边以同样厚度的塞尺做插入检查，误差为检查部位中的最大值（图4-21d）。除了用刀口形直尺检查外，还可将工件放置在划线平板上，使用塞尺进行检查（图4-21e）。为避免锉削毛刺对检测结果的影响，检测前应先去毛刺。去除方法是将锉刀与锉削面成45°，推几次即可（图4-22）。

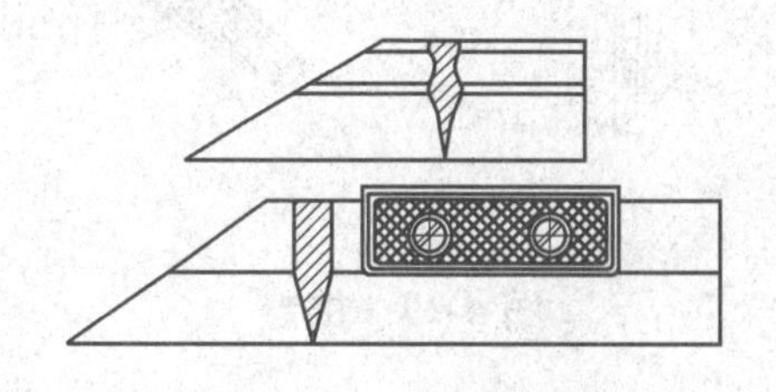

图4-20　刀口形直尺

刀口形直尺在被检查平面上改变位置时，不能在平面上拖动，应提起后再轻放到另一检查位置，否则刀口形直尺的测量棱边容易磨损而降低其精度。

在加工精度不高时，可用钢直尺或锯条来代替刀口形直尺。操作时应注意用其棱边接触工件，以避免接触面过大而影响对误差的判断。

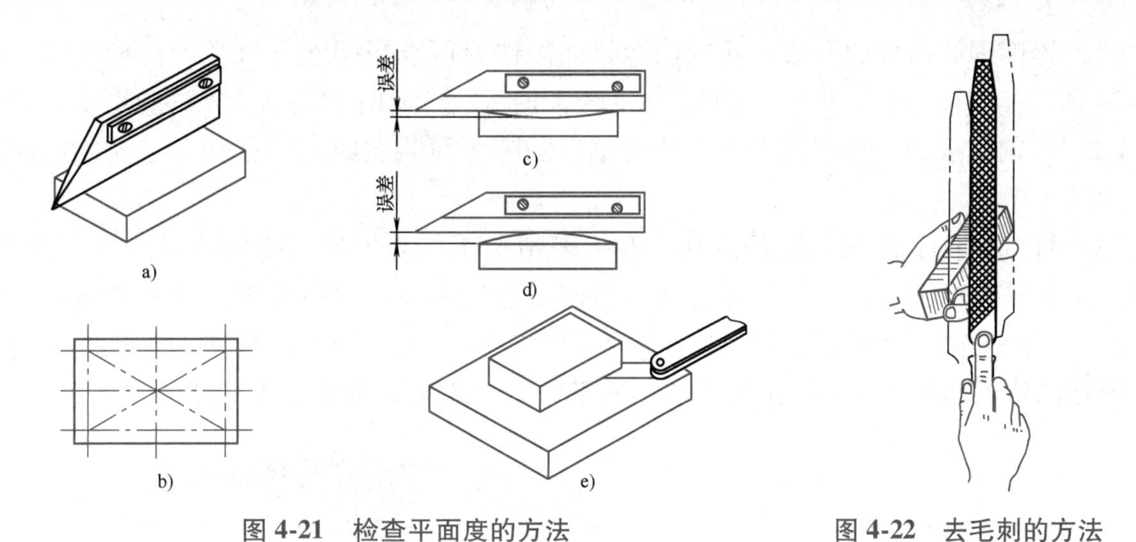

图 4-21 检查平面度的方法

图 4-22 去毛刺的方法

四、曲面锉削

1. 曲面锉削的应用

曲面锉削通常应用于以下几个方面：

1）配键。

2）机械加工较为困难的曲面件，如凹凸曲面模具、曲面样板，以及凸轮轮廓曲面等的加工和修整。

3）增加工件的外形美观性。

2. 曲面锉削方法

最基本的曲面是单一的外圆弧面和内圆弧面，掌握内外圆弧面的锉削方法和技能，是掌握各种曲面锉削的基础。

（1）锉削外圆弧面的方法 锉削外圆弧面所用的锉刀可选用扁锉，锉削时，锉刀要完成两个运动：前进运动和锉刀绕工件圆弧中心线的转动。其方法有两种：

1）顺着圆弧面锉（图 4-23a）。锉削时，锉刀向前，右手下压，左手随着上提。这种方法能将圆弧面锉削光洁圆滑，但锉削位置不易掌握且效率不高，故适用于精锉圆弧面。

2）对着圆弧面锉（图 4-23b）。锉削时，锉刀做直线运动，并不断随圆弧面移动。这种方法锉削效率高，且便于按划线均匀锉近弧线，但只能锉成近似圆弧面的多棱形面，故适用于圆弧面的粗加工。

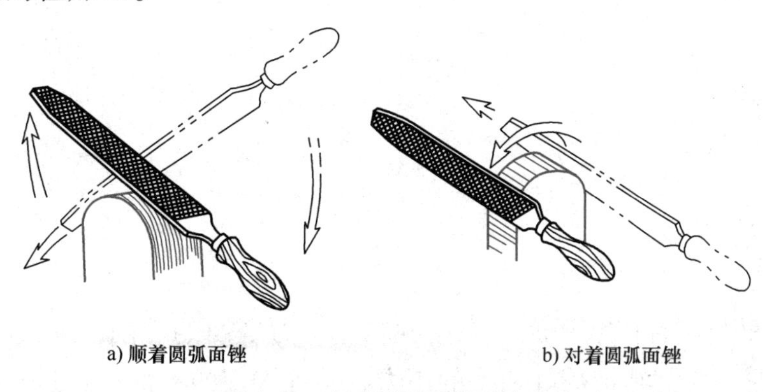

a) 顺着圆弧面锉　　b) 对着圆弧面锉

图 4-23 锉削外圆弧面的方法

（2）锉削内圆弧面的方法　锉削内圆弧面的锉刀可选用圆锉（圆弧半径较小时，如图4-24所示）、半圆锉、方锉（圆弧半径较大时）。锉削时锉刀要同时完成三个运动（图4-25）：前进运动、绕圆弧面中心线转动、随圆弧面向左或向右移动。这样才能保证锉出的弧面光滑、准确。

（3）锉削连接平面与曲面的方法　在一般情况下，应先加工平面，然后加工曲面，以便于曲面与平面圆滑连接。如果先加工曲面后加工平面，则在加工与内圆弧面连接的平面时，会由于锉刀侧面无依靠而产生左右移动，将已加工的曲面损伤，同时连接处也不易锉得圆滑；而在加工与外圆弧面连接的平面时，圆弧不能与平面相切。

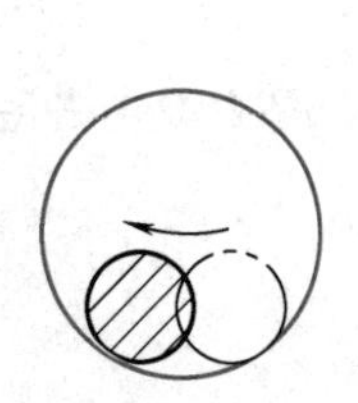

图4-24　用圆锉锉削内圆弧面

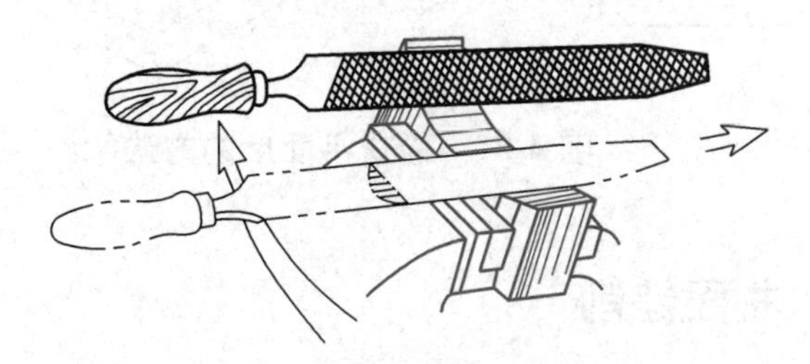

图4-25　锉削内圆弧面的方法

（4）锉削球面的方法　锉削柱形工件端部的球面时，需完成三个运动：前进运动、锉刀绕球面球心的转动和圆周移动运动。锉削时要将直向和横向两种锉削运动结合进行，才能获得要求的球面（图4-26）。

3. 曲面线轮廓度的检查方法

在进行曲面锉削练习时，曲面线轮廓度可用曲面样板或半径样板在不偏离曲面中心的情况下使用塞尺或透光法进行检查（图4-27）。

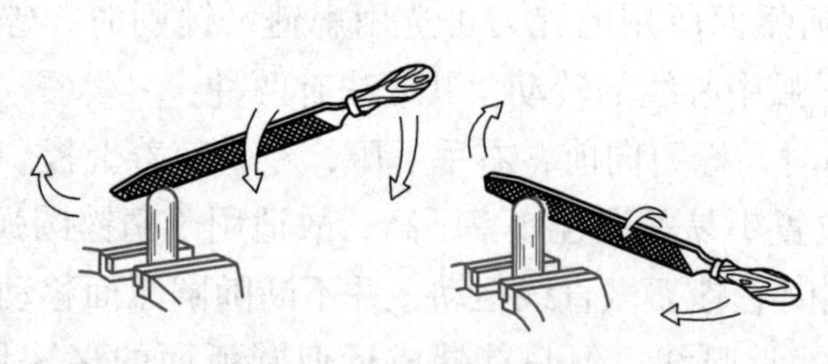

图4-26　锉削球面的方法

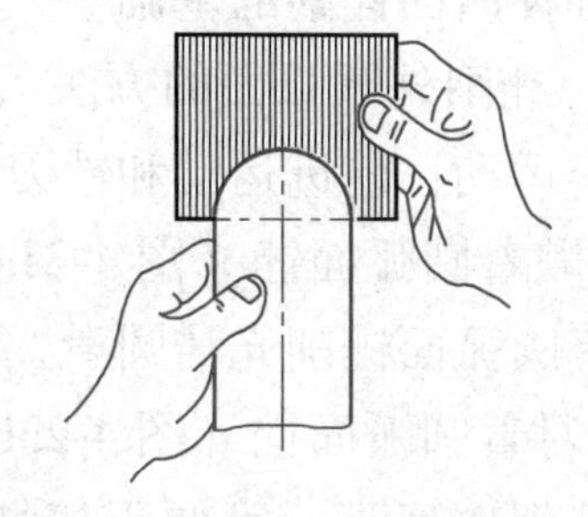

图4-27　用样板检查曲面线轮廓

第四节　锉削训练

一、实训步骤

1）先在宽平面上，后在窄平面上采用顺向锉练习平面的锉削。

2）练习锉削时，关键是把握好两手的用力，保证锉刀的平衡。通过对锉削练习件的检验，发现问题并有针对性地加以纠正。只有经过反复的练习，才可能达到较高的锉削质量。

3）在掌握锉削的基本操作后，可按模块十三的内容做进一步练习。在锉削有尺寸精度要求的平面时，应先检查毛坯尺寸，了解加工余量的大小。

二、锉削时的文明生产和安全生产常识

1）锉刀应平稳地放在钳台上。放置时，锉刀柄不可露在钳台外面，以免碰落到地上砸伤脚或损坏锉刀。

2）没有装锉刀柄的锉刀、锉刀柄已经裂开或没有锉刀柄箍的锉刀不可使用，以免锉削时刺伤手心。

3）锉削时，锉刀柄不能撞击工件，以免刀柄脱落造成事故。

4）锉屑只能用毛刷清除，不能用嘴吹，以免锉屑飞入眼内。锉削时，不能用手摸、擦锉削表面及锉刀。

5）锉刀材质较脆，易折断，不可作为撬棒或锤子使用。

三、锉削注意事项

1）锉削是钳工的一项重要基本操作，正确的姿势是掌握锉削技能的基础，因此必须勤加练习。

2）初次练习，会出现各种不正确的姿势，特别是身体和双手动作不协调。要随时注意，及时纠正，若让不正确的姿势成为习惯，纠正就困难了。

3）在进行平面锉削练习时，要注意操作姿势、动作的正确；两手用力方向、大小变化要正确和熟练。经常检查加工面的平直度情况，以改进双手的用力方式，逐步形成平面锉削的技能、技巧。发现问题要及时纠正，避免盲目的、机械的练习方法。

思考与练习

1. 在现代机械加工技术高度发达的情况下，为什么还要使用锉削加工方法？
2. 为保证较好的锉削质量，在制作锉齿时采取了什么措施？
3. 锉削加工时，如何选用锉刀？
4. 如何进行锉刀的保养？
5. 锉削平面时，为什么经常发生中凸的缺陷？如何避免？
6. 如何正确选用交叉锉、顺向锉和推锉法？

工匠故事

请扫码学习工匠故事。

刘湘宾——矢志奋斗，只争朝夕

模块五 锯削

知识目标

1. 了解锯削的应用。
2. 掌握锯齿角度相关内容。
3. 了解锯条的锯路。

技能目标

1. 能正确选用并安装锯条。
2. 掌握锯削操作方法。
3. 能进行各种材料的锯削。
4. 能进行锯削缺陷分析。
5. 掌握锯削安全文明生产常识。
6. 具备知识技能拓展能力及适应发展的能力。

素养目标

1. 培养敬业、精益、专注、创新的工匠精神。

2. 培养节能环保意识和安全意识；能正确遵守个人和车间安全作业要求，注重个人安全防护。

3. 具备将锯削知识技能应用于具体工作领域的能力，具有一定的分析问题和解决问题的能力。

第一节 锯削概述

一、锯削的概念及特点

锯削是用手锯对原材料或工件进行切断或切槽的加工方法（图 5-1）。锯削可以锯断各种原材料或半成品，锯掉工件上多余部分或在工件上锯槽。锯削具有方便、简单和灵活等特点，只需要手锯、钳台就可以完成操作，不需要专门的机加工设备，特别适用于单件、小批量生产及临时工作场地。

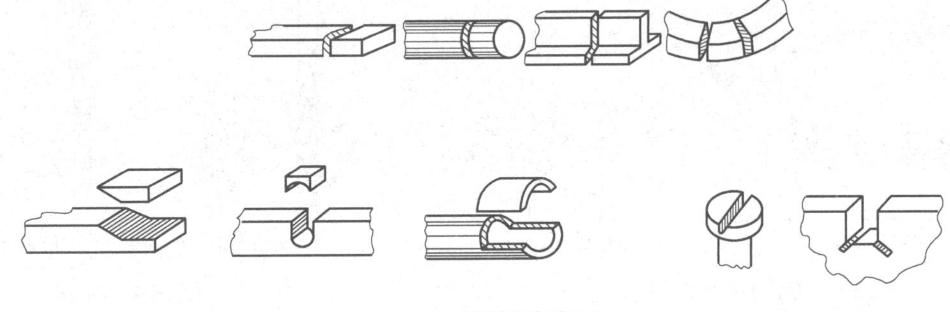

图 5-1 锯削的应用

二、手锯构造

手锯由锯弓和锯条构成。

1. 锯弓

锯弓是用来安装锯条的，有固定式（图 5-2a）和可调式（图 5-2b）两种。固定式锯弓只能安装一种长度的锯条，而可调式锯弓通过调节可以安装几种长度的锯条，并且可调式锯弓的锯柄形状便于用力，所以目前被广泛使用。

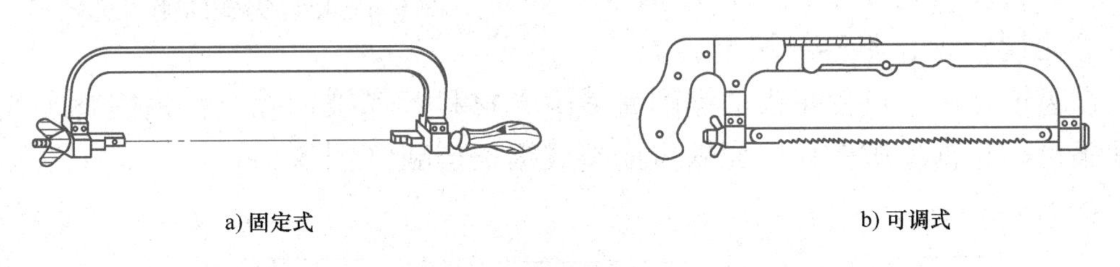

a) 固定式　　b) 可调式

图 5-2 锯弓

手锯构造

锯弓两端都装有夹头，与锯弓的方孔配合，一端是固定的，另一端是活动的。当锯条装在两端夹头的销子上后，旋紧活动夹头上的翼形螺母就可以把锯条拉紧。

2. 锯条

锯条一般用渗碳软钢冷轧而成，也有用碳素工具钢或合金钢制成，并经热处理淬硬。锯条长度是以两端安装孔的中心距来表示的，常用的为 300mm。

（1）锯齿的角度　锯条的切削部分是由许多锯齿组成的（图 5-3a），由于锯削时要求有较高的工作效率，必须使切削部分有足够的容屑空间，故锯齿的后角较大。为保证锯齿具有一定的强度，楔角不宜太小。综合以上要求，其前角 $\gamma=0°$，后角 $\alpha=40°$，楔角 $\beta=50°$（图 5-3b）。

（2）锯路　在制造锯条时，其上的锯齿按一定的规则左右错开，排列成一定的形状，称为锯路。锯路有交叉形（图 5-4a）和波浪形（图 5-4b）等。锯条有了锯路后，可使工件上被锯出的锯缝宽度大于锯条背部的厚度，锯削时锯条不会被卡住；减小锯条与锯缝的摩擦阻力，避免锯条过热而加快磨损。

（3）锯齿粗细及选用　锯齿的粗细是以锯条每 25mm 长度内的齿数来表示的。一般分为粗、中、细三种，使用时应根据所锯材料的软硬和厚薄来选择。

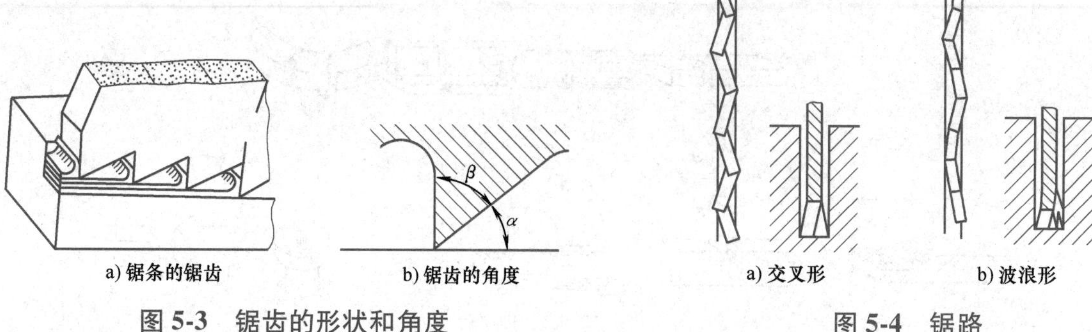

图 5-3　锯齿的形状和角度

图 5-4　锯路

1）粗齿锯条的使用场合。锯削质软（如非铁金属、铸铁、低碳钢和中碳钢等）且较厚的材料时，应选用粗齿锯条，由于粗齿锯条的容屑槽较大，锯削时可防止切屑堵塞容屑槽（图 5-5）。

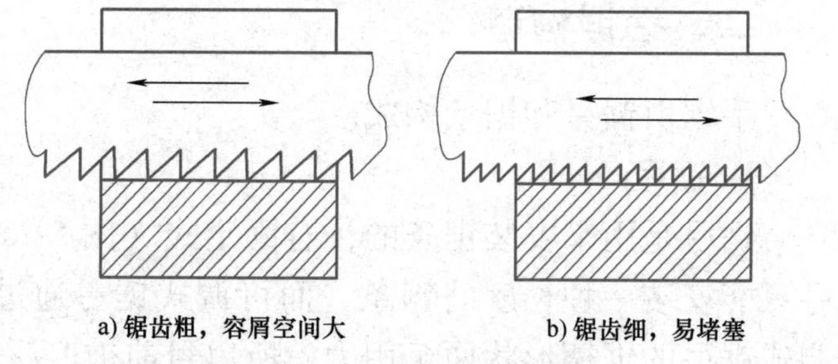

图 5-5　粗齿锯条的使用场合

2）细齿锯条的使用场合。锯削硬材料或薄材料（如工具钢、合金钢、各种管子、薄板料、角钢等）时，应选用细齿锯条，因为硬材料不易锯入，每锯一次产生的切屑较少，不容易堵塞容屑槽，而且锯齿增多后，可使每齿的锯削量减少，材料容易被切除。在锯削管子或薄板时，用细齿锯条可防止锯齿被钩住造成锯齿崩裂或锯条折断（图 5-6）。

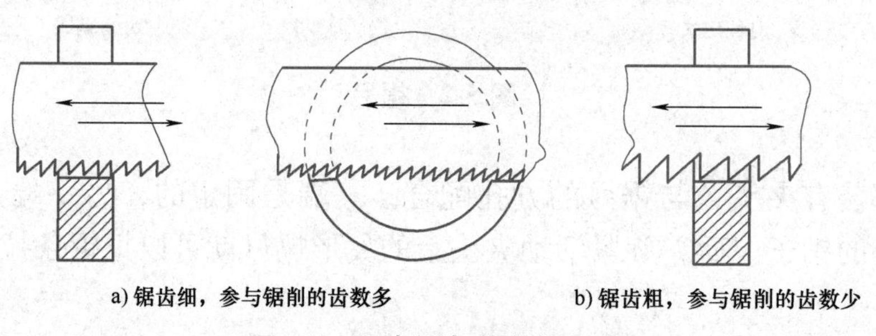

图 5-6　细齿锯条的使用场合

锯齿粗细的一般选择原则为：锯削时，在锯削截面上至少应有三个齿能同时参加锯削，这样才能避免锯齿被钩住和崩裂。具体可参照表 5-1 进行选择。

表 5-1　锯齿的粗细规格及选择

锯条粗细	每 25mm 长度内的齿数	应用
粗	14～18	锯削铜、铝、铸铁、软钢等
中	22～24	锯削中等硬度钢、厚壁的钢管、铜管等
细	32	锯削薄壁管子、薄板材料等
细变中	32～20	一般锯削场合

第二节 锯削方法

一、锯条的安装

手锯在向前推时才起切削作用，因此安装锯条时应使齿尖的方向朝前（图 5-7a），如果装反了（图 5-7b），则锯齿前角为负值，就不能正常锯削了。

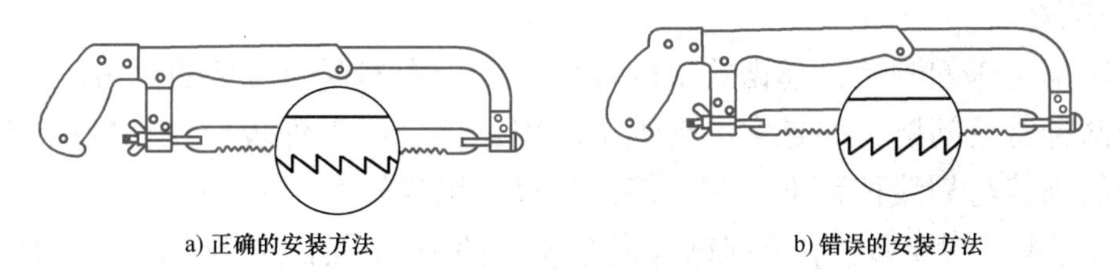

图 5-7 锯条的安装

在调节锯条松紧时，翼形螺母不宜旋得太紧或太松。太紧时，锯条受力太大，失去了应有的弹性，在锯削中用力稍有不当，就会折断；太松则锯削时锯条容易扭曲，也易折断，而且锯出的锯缝容易歪斜。其松紧程度以用手扳动锯条时，感觉硬实即可。

锯条安装后，要保证锯条平面与锯弓中心平面平行，不得倾斜或扭曲。否则，锯削时锯缝极易歪斜。

二、工件的划线及夹持

进行锯削时，一定要先划线，然后按划线位置进行锯削。为提高锯削精度，应贴着所划线条进行锯削，而不应将所划线条锯掉。

工件一般应夹持在台虎钳的左侧，以便操作。锯缝线要与钳口侧面保持平行（即确保锯缝线与铅垂线方向一致），以便于控制锯缝不偏离划线线条。工件伸出钳口不应过长（应使锯缝离开钳口侧面约 20mm），防止工件在锯削时产生振动。

锯削时，工件夹持要牢靠，同时要避免将工件夹变形或夹坏已加工面。

三、锯削方法

1. 手锯握法

右手满握锯柄，拇指压在食指上，左手轻扶在锯弓前端（图 5-8）。

2. 锯削操作

（1）锯削的姿势与动作　锯削时的站立位置和身体的摆动姿势与锉削基本相似，摆动要自然。

（2）锯削时的用力　锯削的推力和压力由右手控制，左手主要配合右手扶正锯弓，压力不要过大。手锯推出时为切削行程，应施加压力，返回行程不切

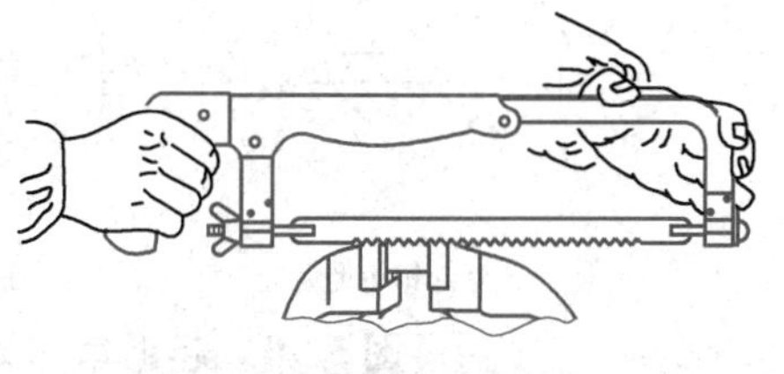

图 5-8 手锯的握法

削，为减少锯条的磨损，不加压力做自然拉回。

工件将要锯断时压力要小。

（3）锯削运动和速度　锯削运动一般采用小幅度的上下摆动式运动，对锯缝要求平直时，必须采用直线运动。

锯削运动的速度一般为 40 次/min 左右。锯削硬材料时要慢些，锯削软材料时要快些。同时，锯削行程应保持速度均匀，返回行程的速度应相对快些。

锯削时要尽量使锯条的全部锯齿都利用到，若只集中在局部部位使用，则锯条寿命将相应缩短，且推锯一次参与锯削的锯齿数少，也影响锯削效率。

3. 起锯方法

起锯是锯削工作的开始，起锯效果的好坏，直接影响锯削质量的优劣。

起锯的两种常见问题：一是常出现锯条跳出锯缝，将工件表面拉伤或引起锯齿崩裂；二是起锯后的锯缝与划线位置不一致，使锯削尺寸出现较大偏差。

起锯有远起锯（图 5-9a）和近起锯（图 5-9b）两种。所谓远起锯和近起锯是指在远离或靠近操作者的棱边上开始下锯。起锯时，左手拇指靠住锯条，使锯条能正确地锯在所需要的位置上，行程要短，压力要小，速度要慢。起锯角 θ 约为 15°。如果起锯角度太大，则起锯不易平稳，尤其是近起锯时，锯齿会被工件棱边卡住，引起锯齿崩裂（图 5-10a）。不过起锯角度也不宜太小，否则由于锯条与工件同时接触的齿数较多，不易切入材料（图 5-10b），锯条还可能打滑而使锯削位置发生偏离，在工件表面锯出锯痕，影响表面质量。对于近起锯，如果较难掌握可采用向后拉手锯作倒向起锯，防止锯齿被工件棱边卡住而引起崩裂。

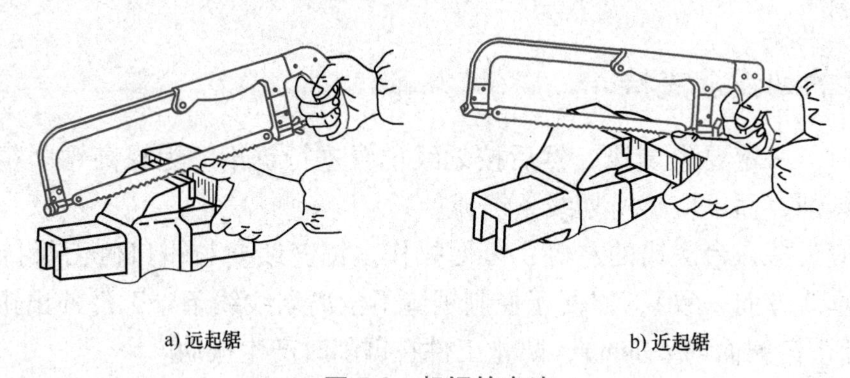

a) 远起锯　　b) 近起锯

图 5-9　起锯的方法

为了起锯平稳和准确，也可用拇指挡住锯条，使锯条保持在正确的位置上起锯（图 5-11）。起锯时施加的压力要小，往复行程要短。有时也可以用锉刀在工件上锉出一个 V 形槽，以帮助起锯。

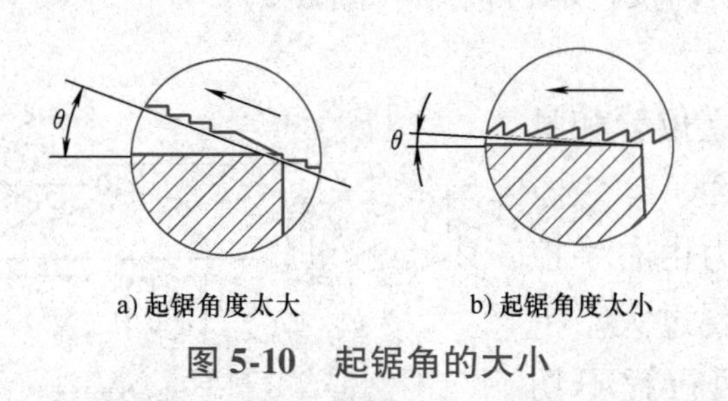

a) 起锯角度太大　　b) 起锯角度太小

图 5-10　起锯角的大小

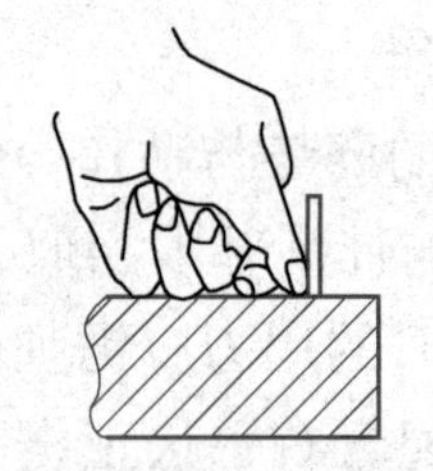

图 5-11　用拇指挡住锯条起锯

4. 各种材料的锯削

（1）管子的锯削 锯削管子前，可划出垂直于管子轴线的锯削线，由于锯削时对划线的精度要求不高，最简单的方法是使用矩形纸条按锯削位置绕在管子外圆上，然后用滑石划出（图 5-12）。锯削时必须把管子夹正。

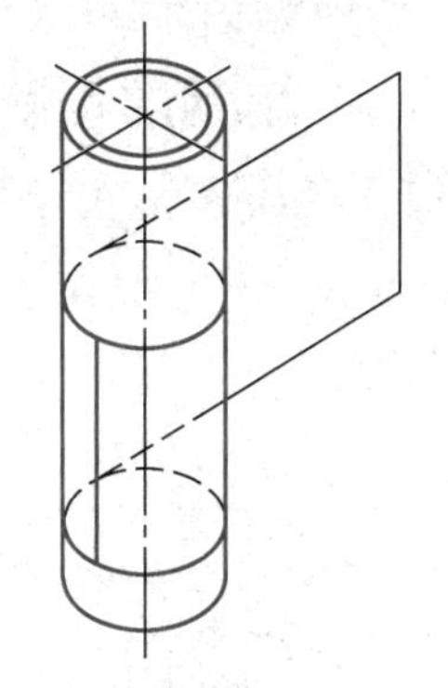
图 5-12 管子的划线

对于薄壁管子和精加工过的管子，应夹持在有 V 形槽的两木衬垫之间，以防将管子夹扁和夹坏表面（图 5-13a）。

锯削薄壁管子时，正确的方法是先在一个方向锯到管子内壁处，然后把管子向推锯的方向转过一定的角度，并连接原锯缝再锯到管子内壁处，如此逐渐改变方向不断转锯，一直到锯断为止（图 5-13b）。不可在一个方向开始连续锯削直到结束，否则锯齿易被管壁钩住而崩裂（图 5-13c）。

（2）棒料的锯削 如果锯削的断面要求平整，则应从开始处连续锯到结束。若锯削的断面要求不高，可以分几个方向锯下，这样由于锯削面变小而容易锯入，可提高工作效率。

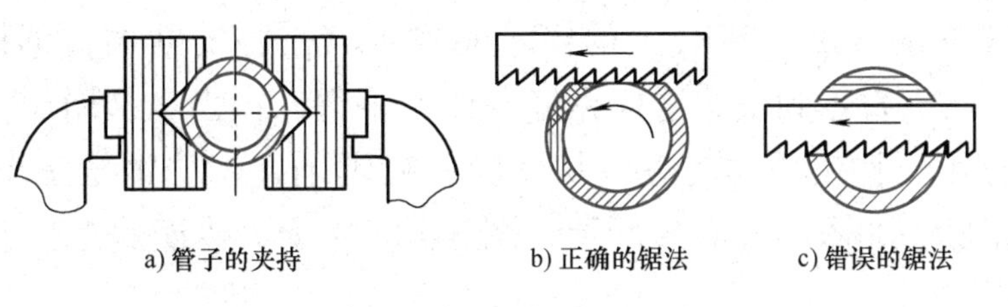

图 5-13 管子的锯削

锯削毛坯时，对其断面质量要求一般不高，为提高锯削效率，可分几个方向锯削，每个方向无须锯到中心，然后将其折断。

（3）深缝的锯削 当锯缝深度超过锯弓的高度时（图 5-14a），应将锯条转过 90°重新装夹，使锯弓转到工件的旁边（图 5-14b），当锯弓横下来其高度仍不够时，也可把锯条装夹成使锯齿朝向锯弓内进行锯削（图 5-14c）。

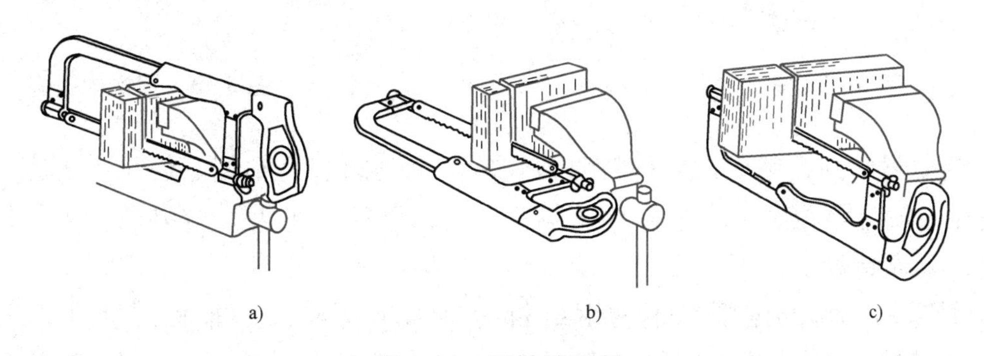

图 5-14 深缝的锯削

（4）薄板的锯削 锯削时尽可能从宽面上锯下去。当只能在板料的窄面锯下去时，可用两块木板夹持板料，将其与木板一起锯下，避免锯齿钩住，同时还可增加板料的刚度，使锯削时不易发生颤动（图5-15a）。

也可以把薄板料直接夹在台虎钳上，用手锯做横向斜锯，使锯齿与薄板接触齿数增加，避免锯齿崩裂（图5-15b）。

（5）扁钢的锯削　应从扁钢的宽面进行锯削（图5-16a），这样锯缝较长，参加锯削的锯齿多，锯削时的往复次数少，锯齿不易被钩住而崩裂。若从扁钢的窄面进行锯削（图5-16b），则锯缝短，参与锯削的锯齿少，使锯齿迅速变钝，甚至造成锯条折断。

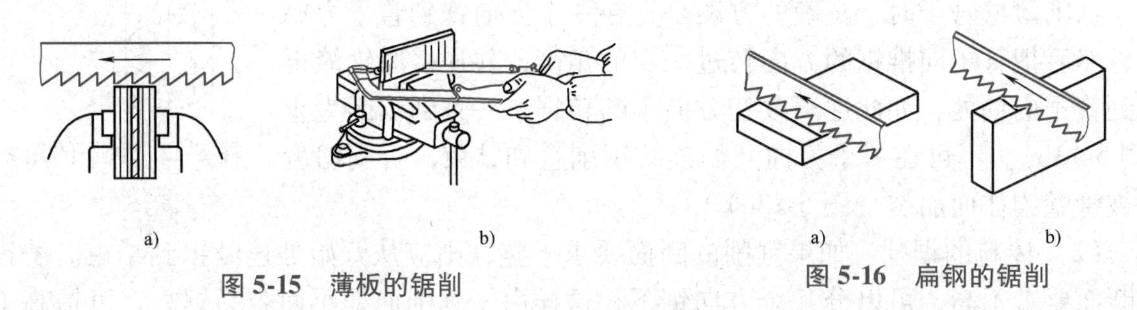

图5-15　薄板的锯削

图5-16　扁钢的锯削

（6）角钢的锯削　角钢的锯削应从宽面进行锯削（图5-17a），锯好角钢的一面后，将其转过一个方向再锯（图5-17b），这样才能得到较平整的断面，锯齿也不易被钩住。若将角钢从一个方向一直锯到底，这样锯缝深而不平整，锯齿也易崩裂（图5-17c）。

（7）槽钢的锯削　槽钢的锯削也应从宽面进行锯削，将槽钢从三个方向锯削，锯削方法与锯削角钢相似，如图5-18a~c所示，图5-18d所示为错误的锯削方法。

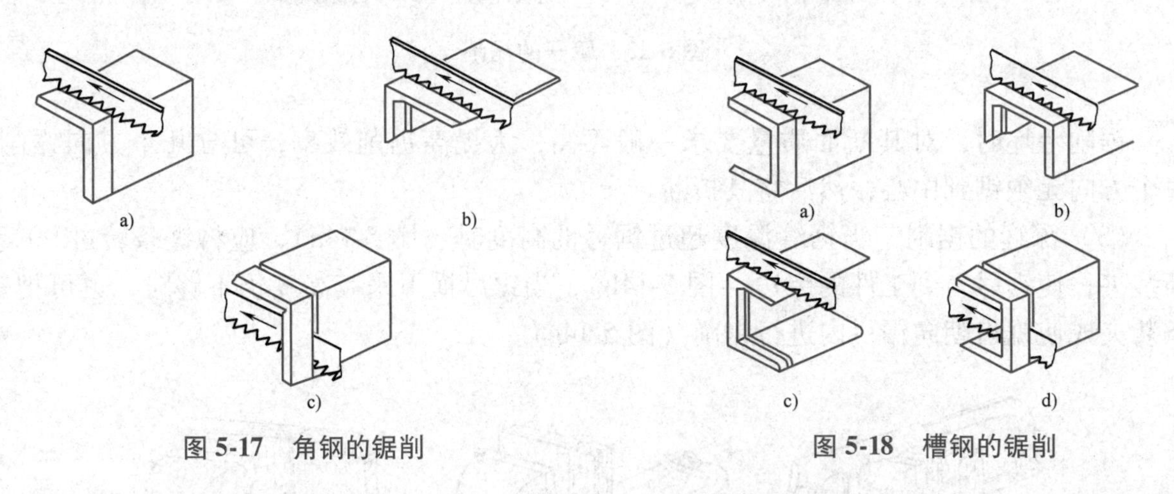

图5-17　角钢的锯削

图5-18　槽钢的锯削

（8）铝质材料的锯削　铝质材料质地较软，锯削时容易粘锯。使用手锯锯削时，采用将锯条在砂轮上等距磨掉几个齿（每隔三个齿，磨掉三个齿）的办法，可使锯削过程更为轻松，以提高效率。

（9）不锈钢材料的锯削　不锈钢材料为难加工材料，并非其硬度高，主要是因为不锈钢的粘附性强，切屑容易粘附在锯齿上，使切削条件恶化，加快锯条变钝的速度。因此，在锯削不锈钢材料时，应减小推锯频率，加大锯削压力。在锯削的同时，使用合适的切削液（如肥皂水）来降低锯削温度、减少摩擦，以获得较好的锯削效果。

第三节　锯削训练

一、锯削练习

为充分利用材料，在进行锯削练习时，可利用以前所做训练的材料或其他废料来进行。在练习时，可将锯削线划得密一些（图 5-19）。锯削时，可在材料的末端留下一段距离不锯断，以便对各锯缝质量进行比较。

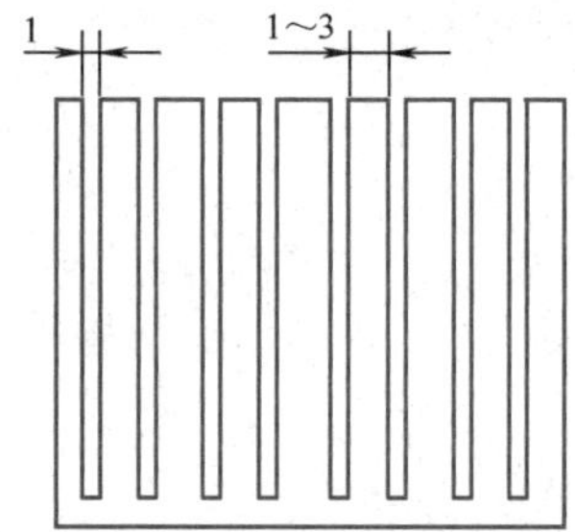

图 5-19　锯削的划线

二、锯缝产生歪斜的原因

1）夹持工件时，锯缝线未能与铅垂线方向一致。

2）锯条安装太松或相对锯弓中心平面倾斜或扭曲。

3）使用锯齿两面磨损不均匀的锯条。

4）锯削压力过大，造成锯条左右偏摆。

5）锯弓未扶正或者用力歪斜，使锯条背部偏离锯缝中心平面，而斜靠在锯削断面的一侧。

三、锯削时产生废品的原因

1. 尺寸锯得过小

划线时，必须留出后续工序的加工余量，否则将会使工件因无加工余量而报废。特别需要注意的是，划完锯削线后一定要检验无误才能下锯，从刚开始练习时就要养成此类良好的习惯。

2. 锯缝歪斜过多

在锯削过程中未对锯缝进行及时纠正，致使锯缝偏离锯削线。

3. 起锯时将工件表面锯坏

当从工件已加工表面起锯时，一定要注意避免锯条从锯缝中跳出拉伤工件表面。

四、锯条折断的原因

1）工件未夹持牢固，锯削时工件松动。

2）锯条装得过松或过紧。

3）锯削压力过大或锯削方向突然偏离锯缝方向。

4）强行纠正歪斜的锯缝，或更换新锯条后仍在原锯缝过猛地锯下。

5）锯条中间局部磨损，当拉长锯削时锯条被卡住而引起折断。

6）中途停止使用时，锯弓未从工件中取出，因意外碰撞而造成锯条折断。

7）工件将要锯断时，没有及时掌握好，使锯弓与台虎钳相撞而折断锯条。

五、锯齿崩裂的原因

1）锯条选择不当，如锯削薄板料、管子时选用粗齿锯条。

2）起锯时，起锯角太大。

3）锯削运动突然摆动过大，使锯齿受到过猛的撞击。

当锯条局部几个齿崩裂后，应及时在砂轮上进行修整，即将相邻的两到三个齿磨低成凹圆弧，并把已断的齿根磨光（图 5-20）。如果不及时处理，会使其后各齿相继崩裂。

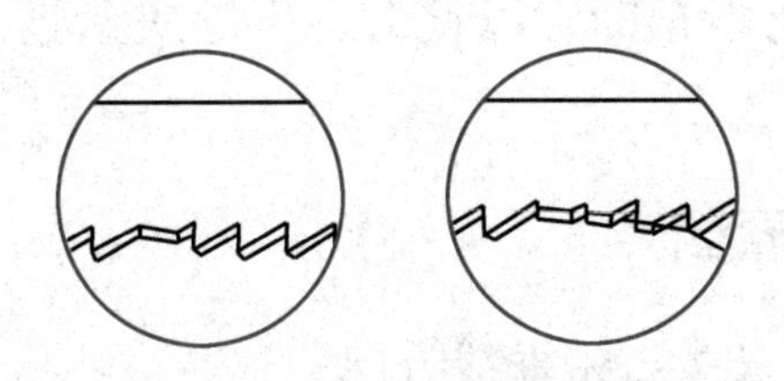

图 5-20　锯齿崩裂后的修整

六、锯削安全知识

1）锯条要装得松紧适当，锯削时不要突然用力过猛，以防止锯条折断，从锯弓上崩出伤人。

2）在锯削过程中需要中途停止时，必须将锯弓从工件上拿下，防止锯条意外折断。

3）工件将要锯断时，压力要小，避免压力过大使工件突然断开，手向前冲造成事故。一般工件快锯断时，要用手扶住工件断开部分，避免掉下砸伤脚。

4）不要近距离观察锯削情况，以防锯条折断时弹出伤人。

七、锯削注意事项

1）锯削时，必须注意工件的装夹及锯条的安装是否正确，并要注意起锯方法和起锯角度的正确，以免一开始锯削就造成废品或锯条损坏。

2）推锯方向要与钳口垂直，以保证锯缝与工件端面垂直。

3）初学锯削时，对锯削速度不易掌握，往往推出速度过快，这样将使锯条很快磨钝，而且人也容易疲劳。同时，也常会出现摆动姿势不自然，摆动幅度过大等错误，应注意及时纠正。

4）要适时注意锯缝的平直情况，及时纠正。如果歪斜过多再做纠正，就不能保证锯削的质量。

5）在锯削钢件时，可加些全损耗系统用油（俗称机油），以减少锯条与锯削面的摩擦并能冷却锯条，延长锯条寿命。

锯削完毕，应将锯弓上张紧的螺母适当放松，但不要拆下锯条，防止锯弓上的零件失散。

思考与练习

1. 锯齿有哪些角度？锯条装反后这些角度有什么变化？对锯削有何影响？
2. 什么是锯路？使用没有锯路的锯条会有什么后果？
3. 锯削时如何夹持工件？
4. 锯削有哪几种起锯方式？起锯时应注意哪些问题？
5. 锯削管子和薄板材料时，为什么锯齿容易崩裂？
6. 锯削时，如何避免锯条的折断？

工匠故事

请扫码学习工匠故事。

徐立平——为铸“利剑”，不畏艰险

模块六 錾削

知识目标

1. 了解錾子的种类及应用。
2. 掌握錾子角度相关内容。
3. 了解锤子的组成及规格。

技能目标

1. 掌握錾削操作方法。
2. 能进行各种对象的錾削。
3. 能进行錾子的刃磨及热处理。
4. 掌握錾削安全文明生产常识。
5. 具备知识技能拓展能力及适应发展的能力。

素养目标

1. 培养敬业、精益、专注、创新的工匠精神。
2. 培养节能环保意识和安全意识；能正确遵守个人和车间安全作业要求，注重个人安全防护。
3. 具备将錾削知识技能应用于具体工作领域的能力，具有一定的分析问题和解决问题的能力。

第一节 錾削概述

一、錾削的概念及特点

1. 錾削

錾削是指用锤子敲击錾子对工件进行切削加工的操作。

2. 錾削的特点

錾削所使用的工具简单，操作方便，但工作效率低，劳动强度大，用于不便采用机械加工方式的场合，例如，去除毛坯的凸缘、毛刺、飞边、浇冒口，分割板料、条料，錾削平面及沟槽等。

錾削是钳工工作中一项较重要的基本技能。通过錾削练习，还可掌握锤击技能，提高锤击的力度和准确性，为装拆机械设备打下扎实的基础。

二、錾削工具

錾削时所用的工具主要是錾子和锤子。

1. 錾子

（1）錾子的材料　錾子是錾削工件的刀具，用碳素工具钢 T7A 或 T8A 锻造成形后再进行刃磨和热处理而成。

（2）錾子的组成　錾子由头部、錾身及切削部分组成（图 6-1）。錾身为八棱形，可防止錾削时錾子转动。头部有一定的锥度，顶端略带球面，锤击时作用力容易通过錾子中心线，使錾子保持平稳。如果錾子顶端为平面，则受力后容易产生偏歪和晃动，影响錾削质量（图 6-2）。

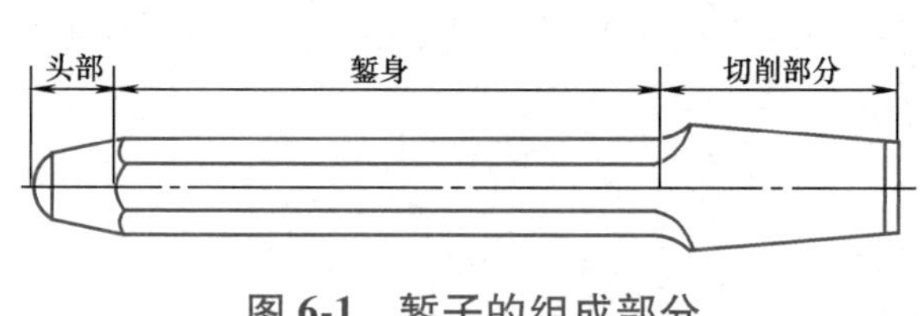

图 6-1　錾子的组成部分

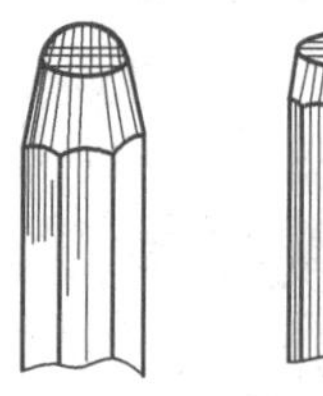

图 6-2　錾子的头部

（3）錾子的分类及应用　常用的錾子有扁錾、尖錾、油槽錾和扁冲錾。

1）扁錾（阔錾，图 6-3a）：切削刃扁平、略带弧形。扁錾主要用来錾削平面、去毛刺和分割板料等。

2）尖錾（狭錾，图 6-3b）：切削刃较短，两侧面从刃口到錾身逐渐狭小，以防止錾槽时两侧面被卡住。尖錾主要用来錾削沟槽及分割曲线板料。

3）油槽錾（图 6-3c）：切削刃很短并呈圆弧形，切削部分呈弧形。油槽錾用于錾削润滑油槽。

4）扁冲錾（图 6-3d）：切削部分截面呈长方形，没有锋利的切削刃。扁冲錾用于打通两个相邻孔之间的间隔。

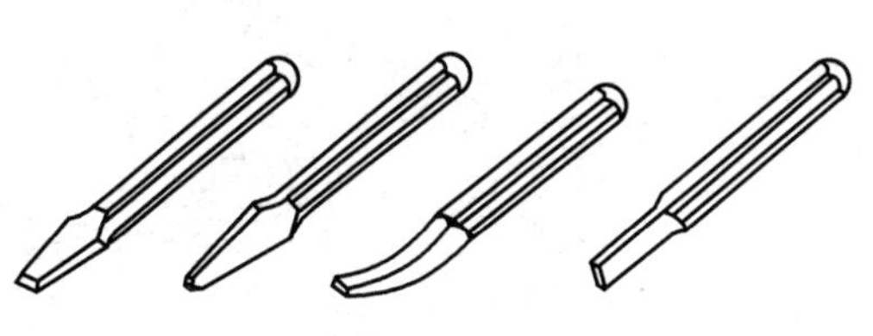

图 6-3　錾子的种类

2. 锤子

（1）锤子的组成　锤子是钳工常用的敲击工具，由锤头、木柄和镶条（斜楔铁）组成，如图 6-4 所示。锤头用碳素工具钢 T7 制成，并经热处理淬硬。锤子的木柄用硬而不脆的木材制成，柄长约为 350mm，安装在锤头内，并用镶条楔紧（图 6-5）。为保证木柄安装在锤头中稳固可靠，装木柄的孔做成椭圆形，且两端（孔口）大、中间小，木柄敲紧在孔中后，端部再楔入镶条，使其不易松动，并可防止锤头脱落造成事故。木柄也做成椭圆形，其作用除了可防止它在锤头孔中发生转动外，握在手中也不易转动，便于牢固地握持，准确地锤击。

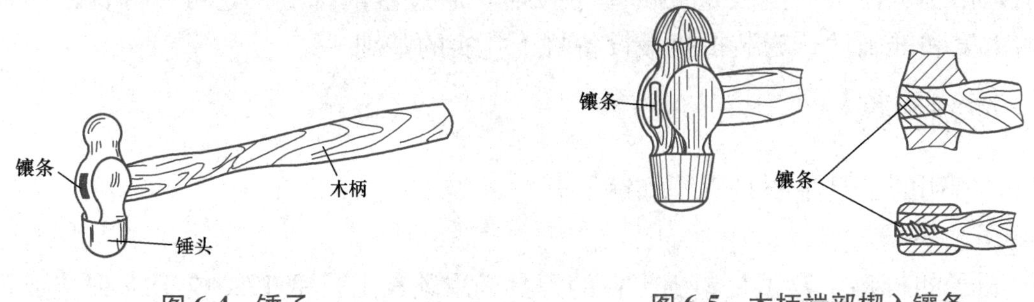

图 6-4　锤子　　　　图 6-5　木柄端部楔入镶条

（2）锤子规格　锤子规格以锤头质量来表示，如 0.46kg、0.69kg、0.92kg 等。在实际应用中通常使用磅（lb）做单位（1lb=0.4536kg）。

第二节　錾削方法

一、錾削姿势

1. 锤子握法

（1）紧握法　五指紧握锤柄，拇指合在食指上，虎口对准锤头方向，木柄尾端露出 15~30mm。在挥锤和錾击过程中，五指始终紧握（图 6-6a）。

（2）松握法　只用拇指、食指紧握锤柄，在挥锤时，其余手指依次放松，锤击时，以相反的顺序收拢握紧（图 6-6b）。

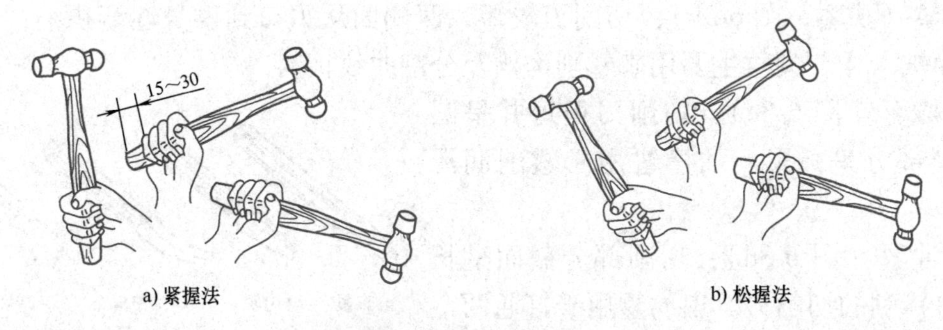

图 6-6　锤子握法

2. 錾子握法

（1）正握法　手心向下，腕部伸直，用中指、无名指握錾；小指自然合拢，食指和大拇指自然伸直松靠，錾子头部伸出约 20mm（图 6-7a）。

（2）反握法　手心向上，手指自然捏住錾子，手掌悬空（图 6-7b）。

3. 站立位置

錾削时的站立位置如图 6-8 所示。身体与台虎钳中心线大致成 45°，身体略前倾，左脚跨前半步，膝盖稍曲，保持自然，右脚站稳伸直，不要过于用力。

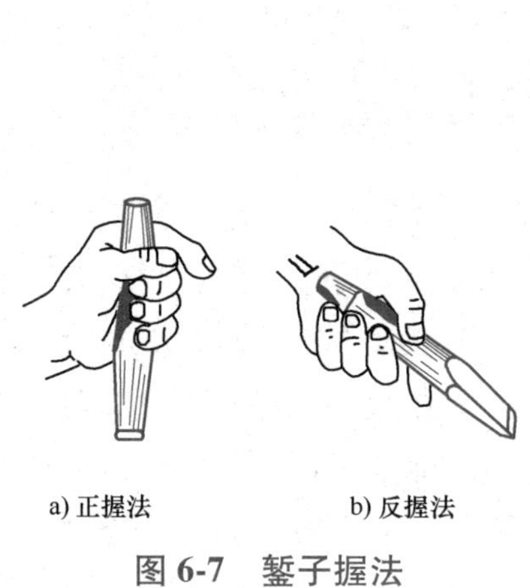

图 6-7　錾子握法

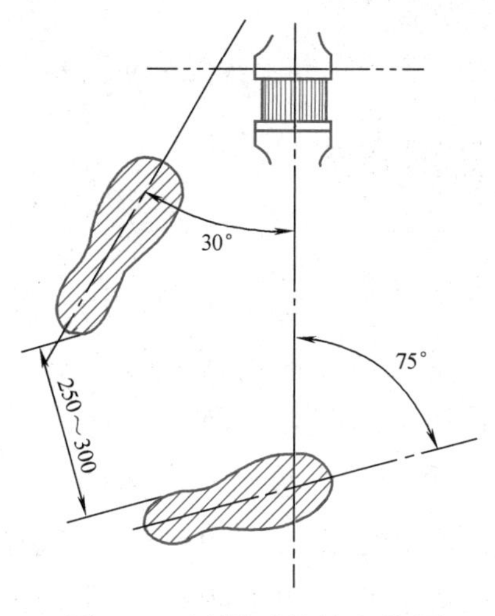

图 6-8　錾削时的站立位置

4. 挥锤方法

挥锤方法有腕挥、肘挥、臂挥三种。

（1）腕挥　腕挥是仅用手腕的动作进行锤击运动，采用紧握法握锤（图 6-9a），一般用于錾削余量较小及錾削开始或结尾处。

（2）肘挥　肘挥是用手腕与肘部一起挥动做锤击运动（图 6-9b），采用松握法握锤，因挥动幅度较大，故锤击力也较大，该方法应用较多。

（3）臂挥　臂挥是手腕、肘和全臂一起挥动（图 6-9c），其锤击力最大，用于需要大力錾削的场合。

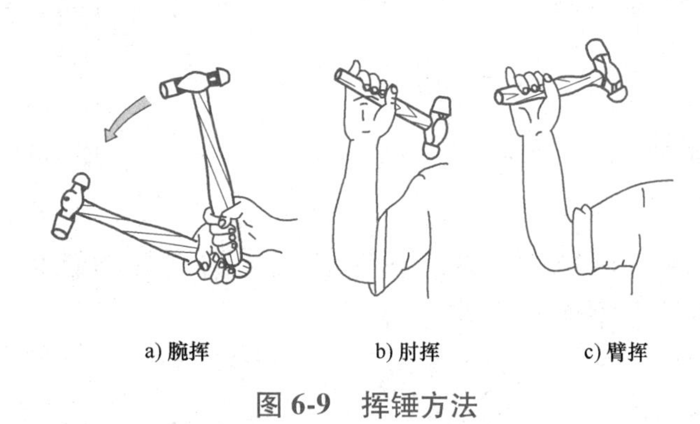

图 6-9　挥锤方法

5. 锤击速度

锤子敲下去应具有加速度，以增加锤击的力量，不要因为怕打着手而迟疑造成锤击速度过慢，影响锤击的力量。锤击时，锤子落点的准确，主要依靠掌握和控制好手的运动轨迹及其位置来实现。

眼睛的视线要对着工件的錾削部位，而不是看着錾子的头部，这样便于随时了解錾削情况。

6. 锤击要领

（1）挥锤　肘收臂提，举锤过肩，手腕后弓，三指微松，锤面朝天，稍停瞬间。

（2）锤击　目视錾刃，臂肘齐下，收紧三指，手腕加劲，锤錾一线，锤走弧形，左脚着力，右腿伸直。

（3）要求　稳（40次/min）、准（命中率高）、狠（锤击有力）。

二、錾削方法

1. 錾削平面

（1）起錾方法　錾削平面选用扁錾，每次錾削余量为0.5～2mm。余量太少，錾子容易滑脱；余量太多，錾削费力且不易錾平。錾削平面时，要掌握好起錾方法。起錾方法有斜角起錾和正面起錾两种。一般可采用斜角起錾，先在工件的边缘尖角处，将錾子放成负角（图6-10a），錾出一个斜面，然后按正常的錾削角度逐步向中间錾削。有时不允许从边缘尖角处起錾（如錾槽），而必须采用正面起錾。起錾时，可先在切削刃抵紧起錾部位后，把錾子头部向下倾斜至与工件端面基本垂直（图6-10b），再轻敲錾子，使用此方法起錾过程容易顺利完成。该方法使錾子容易切入材料，而不会产生滑脱、弹跳等现象，且便于掌握錾削余量。

（2）窄平面与宽平面的不同錾削方法　在錾削较窄的平面时，錾子的切削刃最好与錾削前进方向倾斜一个角度（图6-11），使切削刃与工件有较大的接触面，錾子就容易掌握稳定，不致因左右摇晃而造成錾削的表面高低不平。

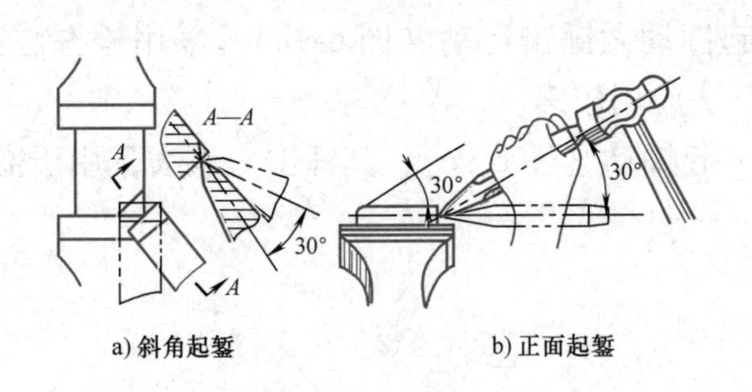

图6-10　起錾方法

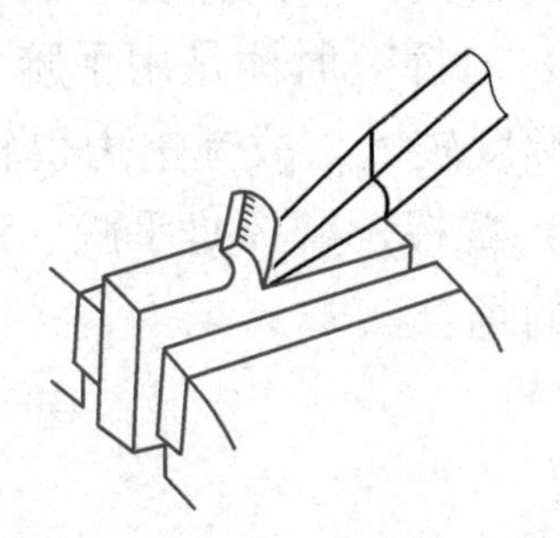

图6-11　錾窄平面

与上述方法相反，当錾削宽平面时，由于切削面的宽度超过錾子切削刃的宽度，錾子切削部分两侧受工件的卡阻而使操作十分费力，錾削表面也不容易平整，因此一般应先用尖錾间隔开槽，再用扁錾錾去剩余部分（图6-12）。

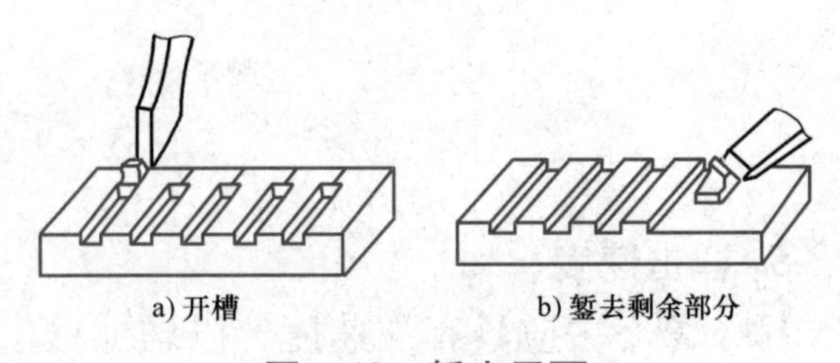

图6-12　錾宽平面

（3）錾削动作　錾削时的切削角度，一般应使后角$\alpha_o=5°\sim8°$（图6-13a）。后角过大，錾子易向工件深处扎入（图6-13b）；后角过小，錾子易在錾削部位滑脱（图6-13c）。

在錾削过程中，一般每錾削两三次后，可先将錾子退回一些，做一次短暂的停顿，然后将切削刃顶住錾削处继续錾削。这样，既可随时观察錾削表面的平整情况，又可使手臂肌肉有节奏地得到放松。

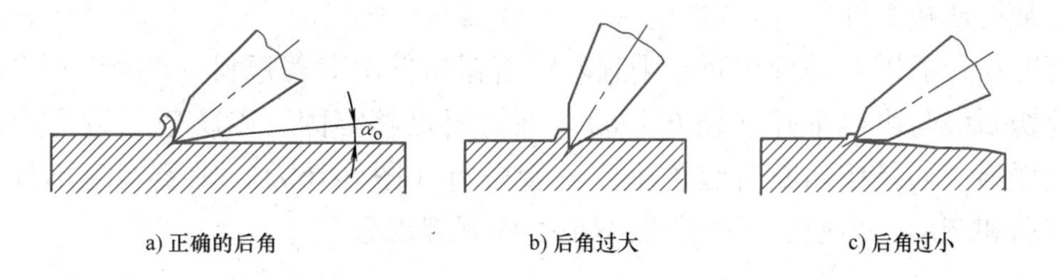

图 6-13 錾削时后角对錾削质量的影响

（4）尽头的錾削方法 当錾削快到尽头时，要防止工件边缘的崩裂（图 6-14a），尤其是錾铸铁、青铜等脆性材料时更应注意。一般情况下，当錾削到离尽头 10mm 左右时，必须调头去錾削余下的部分（图 6-14b），可有效防止崩裂。

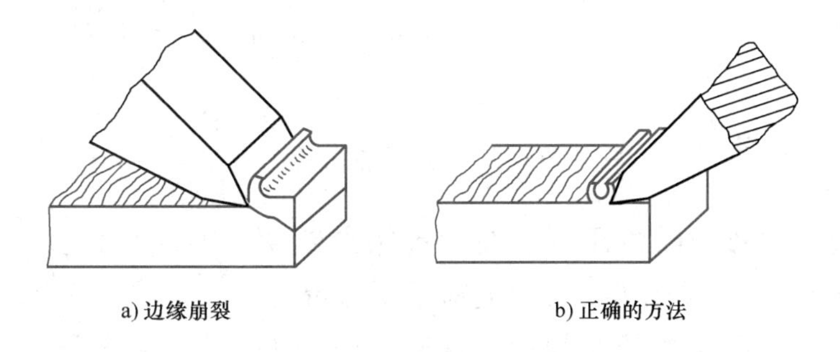

图 6-14 錾削靠近工件尽头操作

2. 錾削油槽

錾削油槽首先要根据图样上油槽的断面形状，把油槽錾的切削部分刃磨准确。在平面上錾削油槽时，錾削方法基本上与錾削平面一样，如图 6-15a 所示；在曲面上錾削油槽时，錾子的倾斜角度要随着曲面而变动，如图 6-15b 所示，目的是使切削时的后角保持不变，因为切削刃在曲面上的位置改变时，切削平面的位置也随之而改变，如果錾子倾斜角度不变，则錾削时的后角就会改变，致使錾削质量受到影响。

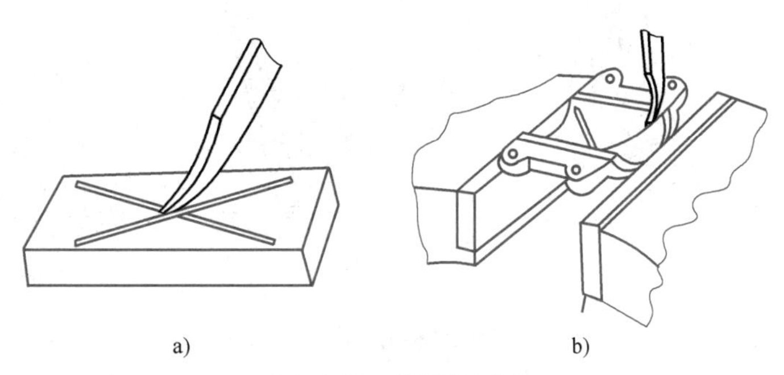

图 6-15 錾削油槽

因为油槽錾削好后不再进行精加工，必要时仅做一些修整，所以錾削油槽要掌握好尺寸和表面粗糙度。

3. 錾切板料

在缺乏机械设备或不方便使用机械设备的场合下，有时要依靠錾子切断板料或分割出形状较复杂的薄板工件。

板料可夹在台虎钳上进行切断。用扁錾沿着钳口并斜对着板料（约 45°）自右向左錾切，板料的切断线与钳口平齐（图 6-16a）。夹持要足够牢固，以防錾切过程中板料松动而使切断线歪斜。如果在切断时錾子垂直对着板料（图 6-16b），则錾切时不仅费力，而且板料的振动和变形，会使切断处产生不平整或撕裂现象。

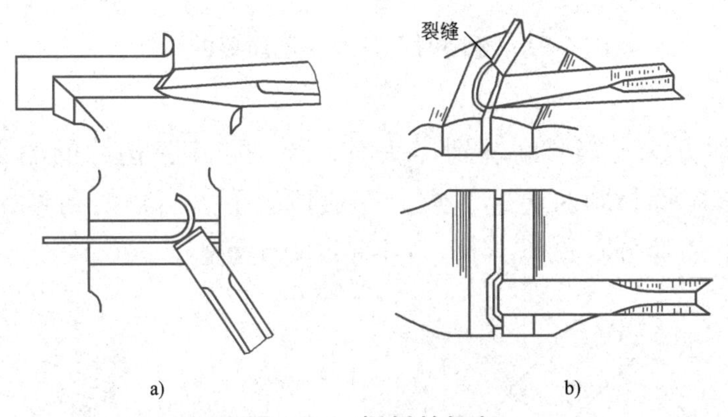

图 6-16　板料的切断

对于较大的板料或錾切曲线而不能在台虎钳上錾切时，可在铁砧上进行切断（图 6-17）。板料下面要垫上废旧的软铁材料，以免损伤錾子切削刃。此时，錾子的切削刃应磨成适当的弧形，使前后錾痕便于连接整齐（图 6-18a），否则容易造成錾痕的错位（图6-18b）。当錾切直线段时，錾子切削刃的宽度可宽些（用扁錾）；当錾切曲线段时，刃宽应根据其曲率半径大小而定，使錾痕能与曲线基本一致。錾切时，应由前向后排錾。开始时，錾子应放斜些，然后逐步放垂直（图 6-18c、d），依次錾切。

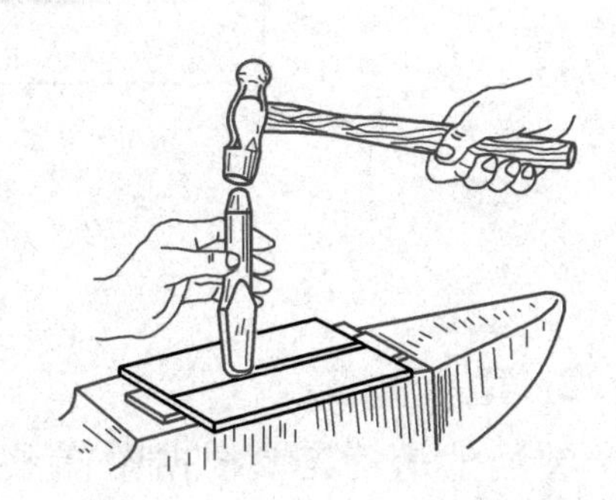

图 6-17　在铁砧上切断板料

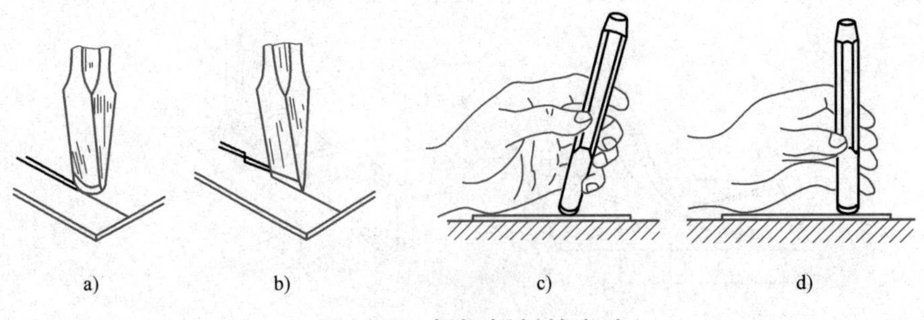

图 6-18　錾切板料的方法

对于较厚的板料，为减轻劳动强度，可先按轮廓线钻出密集的排孔，再用扁錾、尖錾或扁冲錾逐步切断（图 6-19）。

三、錾子的刃磨

錾子切削部分的好坏直接影响錾削的质量和工作效率，因此要按正确的形状刃磨，并使切削刃锋利、光滑平整。

1. 錾子楔角的选择

錾子两个切削面间的夹角称为楔角 β_o（图 6-20）。楔角的大小对錾削效果有直接影响，一般楔角越小，錾削越省力。但楔角过小，会造成切削刃薄弱，容易崩刃；楔角过大时，錾切费力，錾切表面也不容易平整。通常要根据被加工材料的软硬来决定楔角的大小。錾削较软的金属，楔角可取 30°~50°；錾削较硬的金属，楔角可取 60°~70°；一般硬度的钢件或铸铁，楔角可取 50°~60°。

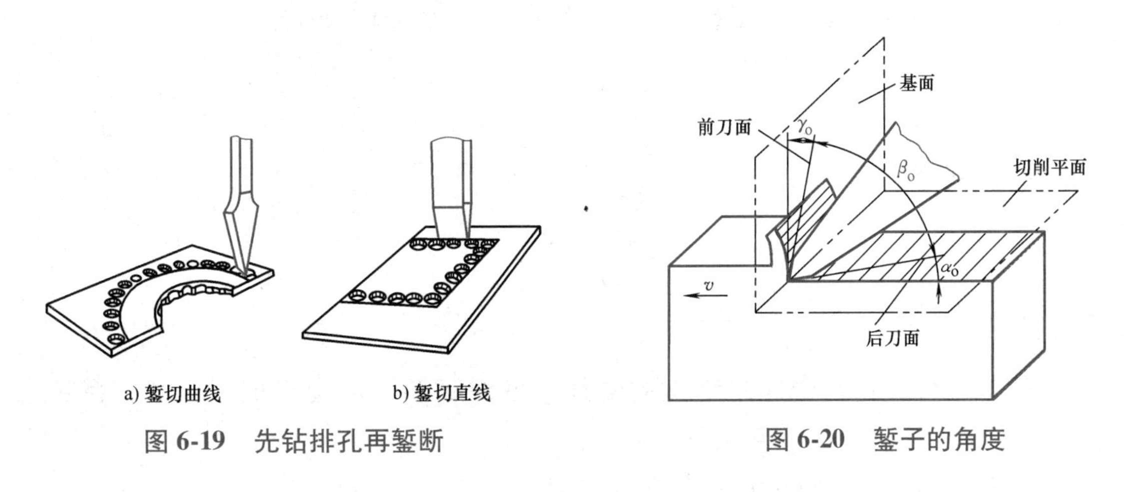

图 6-19 先钻排孔再錾断

图 6-20 錾子的角度

2. 其他要求

切削刃要与錾子的几何中心线垂直，且应在錾子的对称平面上。扁錾切削刃略呈弧形，保证在平面上錾去微小的凸起部分时，切削刃两端的尖角不会损伤平面的其他部分。

3. 刃磨方法

开动砂轮机后必须观察砂轮的旋转方向是否正确（砂轮朝向操作者一面应向下转），并要等到旋转速度稳定后才可使用。刃磨錾子时应站在砂轮机的斜侧位置，不能正对砂轮的旋转方向。双手握住錾子，在砂轮的边缘上进行刃磨。刃磨时，必须使錾子的切削刃高于砂轮水平中心线，以免切削刃扎入砂轮。切削刃在砂轮全宽上做左右平稳移动（图 6-21），这样容易磨平，而且砂轮的损耗也均匀，可延长砂轮寿命。刃磨时压力要适当、平稳、均匀，并要控制錾子的方向和位置，保证磨出所需的楔角值。刃磨时，加在錾子上的压力不宜过大，并要经常蘸水冷却，以防切削刃退火。

4. 錾子的热处理

（1）淬火 加热切削刃部分 15~20mm 处至暗红色（750~780℃）后，垂直浸入冷水 5~6mm，并缓慢移动，以加速冷却（图 6-22），同时使淬硬部分与未淬硬部分不致有明显的界线，避免錾子在此处断裂。

（2）回火 当淬火至錾子水面以外部分为黑红色时，取出后利用自身余热进行回火，擦去氧化皮观察切削刃颜色变化，扁錾呈紫色，尖錾呈棕黄色，再次将錾子放入水中冷却。

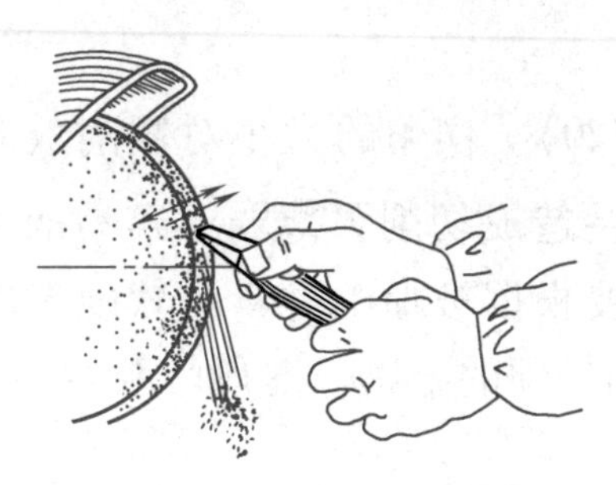

图 6-21 錾子的刃磨

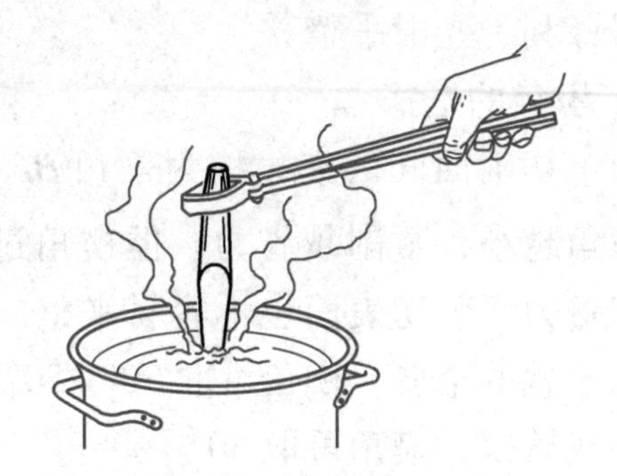

图 6-22 錾子的淬火

第三节 錾削训练

一、实训步骤

1）将錾削工件夹持在台虎钳钳口的中部，工件底部可用废料加以衬垫，避免悬空。由于錾削力较大，一定要将工件夹紧。

2）练习时，按 40 次/min 的频率进行錾削。

二、锤击注意事项

要及时纠正锤击的错误姿势，不能让不正确的姿势成为习惯，否则以后再纠正就比较困难了。下面所列的是几种常见的错误姿势，在练习时必须注意避免。

1）握持锤柄时握得过紧、过短，挥锤速度太快。

2）挥锤时，锤子不是向后挥而是向上举，或挥动幅度太小，使锤击无力。

3）挥锤时，由于手指、手腕、肘部动作不协调，造成锤击力小，且易疲劳。

4）锤子锤击力的作用方向与錾子轴线方向不一致，使锤子偏离錾子，容易敲到手上。

5）锤击时，不靠腕、肘的挥动，而是单纯用手臂向前推，动作不自然，锤击力也小。

6）站立位置和身体姿势不正确，身体向后仰或向前倾。

7）锤击时因过于紧张，面部出现不自然的表情。

三、錾削安全知识

1）錾削工件在台虎钳中必须夹紧，錾削面一般高于钳口 10~15mm 为宜。在进行錾削练习时，为避免损伤钳口，可将两块板料夹成阶梯形，以下面的板料为导向进行錾削训练。

2）发现锤子木柄有松动或损坏时，要立即装牢或更换；木柄上不能沾油，以免使用时打滑。

3）錾削时，要防止切屑飞出伤人，前面应对着防护网。

4）切削刃应保持锋利，头部毛刺要及时磨去。

5）錾屑不得用手擦或用嘴吹，而应用毛刷清除。

6）掌握正确使用台虎钳的方法，夹紧时，不应在台虎钳的手柄上加套管子扳紧或用锤子敲击台虎钳手柄，工件要夹紧在钳口中央。錾削时，应注意使作用力朝向固定钳身，避免造成丝杠和螺母螺纹的损坏。

7）锤子放置在钳台上时，锤柄不可外露，以免无意碰掉锤子砸伤脚面。

8）刃磨錾子时，对砂轮施加的压力不能太大。发现砂轮表面跳动严重时，应及时检修。

9）不能用棉纱裹住錾子进行刃磨。

思考与练习

1. 錾子的种类有哪些？各应用在什么场合？
2. 锤子的木柄为何采用椭圆形的截面形状？
3. 什么是錾子的前角、后角和楔角？它们对錾削各产生怎样的影响？
4. 錾子在淬火时应注意哪些问题？

工匠故事

请扫码学习工匠故事。

刘丽——过硬功夫，源自“铁人”

模块七 钻孔

知识目标

1. 了解钻孔的特点。

2. 掌握标准麻花钻切削角度相关内容。

技能目标

1. 能进行标准麻花钻的刃磨。

2. 能进行麻花钻的装拆及钻孔工件的装夹。

3. 能正确选择钻孔切削用量。

4. 能正确选用钻削切削液。

5. 能正确使用各种钻床。

6. 掌握钻孔安全文明生产常识。

7. 具备知识技能拓展能力及适应发展的能力。

素养目标

1. 培养敬业、精益、专注、创新的工匠精神。

2. 培养节能环保意识和安全意识；能正确遵守个人和车间安全作业要求，注重个人安全防护。

3. 具备将钻孔知识技能应用于具体工作领域的能力，具有一定的分析问题和解决问题的能力。

第一节 钻孔概述

一、钻孔的概念

用麻花钻在实体上加工孔的操作称为钻孔。钻孔是钳工的主要工作内容之一。在装备制造业中，从制造一个零件到最后组装成机器，几乎都离不开钻孔。任何一台机器，没有孔是无法装配在一起的。

用钻床钻孔时，工件装夹在钻床工作台上固定不动，麻花钻装在钻床主轴上，一面旋转（即主运动），一面沿麻花钻轴线向下做直线运动（即进给运动），如图7-1所示。

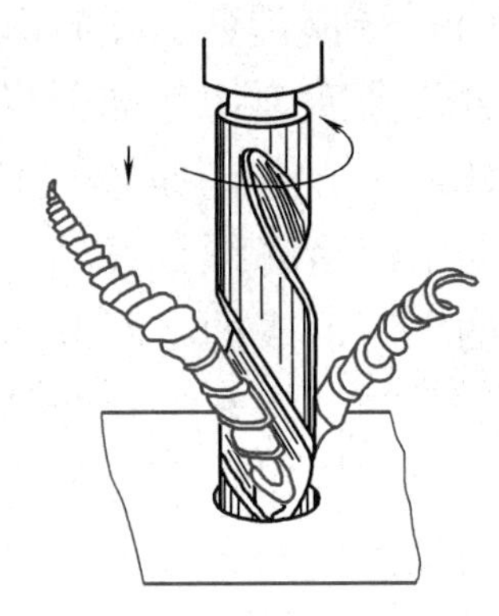

图 7-1　在钻床上钻孔

二、钻孔的特点

钻孔时，由于麻花钻的刚性和精度都较差，加之是深入工件内部加工，散热和排屑都比较困难，故加工精度不高，尺寸公差等级为IT10~IT11，表面粗糙度值为 Ra12.5~50μm。钻孔只能加工精度要求不高的孔或作为孔的粗加工。

第二节　麻花钻

一、麻花钻的材料

麻花钻一般用高速钢制成，淬火后硬度达到62~68HRC。

二、麻花钻的构成

麻花钻由柄部、颈部及工作部分组成。图 7-2a 所示为锥柄麻花钻，图 7-2b 所示为直柄麻花钻。

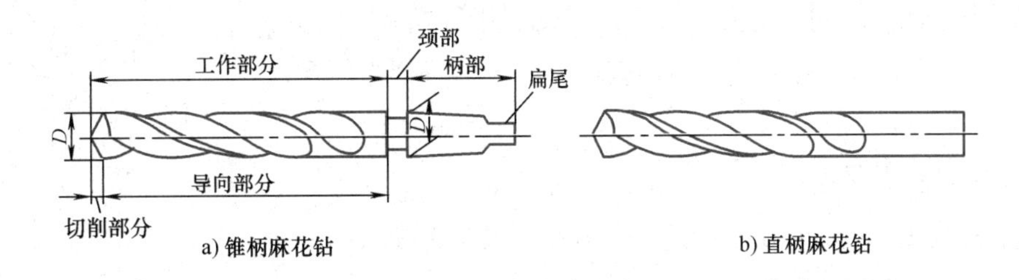

图 7-2　麻花钻的组成

1. 柄部

柄部是麻花钻的夹持部分，用以夹持定心和传递动力，有锥柄和直柄两种。一般直径小于 13mm 的麻花钻采用直柄的形式，直径大于 13mm 的采用锥柄的形式。

2. 颈部

颈部是在磨制麻花钻时供砂轮退刀用的。一般麻花钻的规格、材料和商标也刻印在此处。

3. 工作部分

麻花钻的工作部分又分导向部分和切削部分。

（1）导向部分　导向部分用来保持麻花钻工作时的正确方向。在麻花钻重磨时，导向部分逐渐变为切削部分投入切削工作。导向部分有两条螺旋槽，作用是形成切削刃及容纳和排出切屑，便于切削液沿着螺旋槽输入。小麻花钻的螺旋槽是用铣削的方法形成的，而大麻花钻的螺旋槽是用扭制的方法形成的。为减少麻花钻与孔壁间的摩擦，将麻花钻的导向面铣得很窄，形成两条沿螺旋槽边上分布的突起的窄边，称为棱边。为进一步减少摩擦，将棱边直径磨成倒锥。

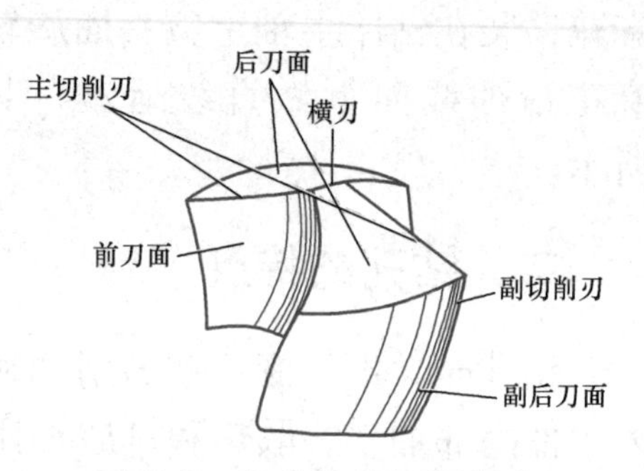

图 7-3　麻花钻的切削部分

（2）切削部分　麻花钻的切削部分有两个刀瓣（图 7-3），两个螺旋槽的表面是前刀面，切屑沿其排出。切削部分顶端的两个曲面是后刀面，与工件的切削表面相对。

麻花钻的棱边是与已加工表面（孔壁）相对的表面，称为副后刀面。

前刀面与后刀面的交线称为主切削刃，两个后刀面的交线称为横刃，前刀面与副后刀面的交线称为副切削刃。

标准麻花钻的切削部分由五刃（两条主切削刃、两条副切削刃和一条横刃）六面（两个前刀面、两个后刀面和两个副后刀面）组成。

三、麻花钻的规格

麻花钻的规格用其直径表示，常见规格数值见表 7-1。

四、标准麻花钻的切削角度

为分析麻花钻的切削角度，先确定表示切削角度的辅助平面：基面、切削平面、主截面和柱截面的位置。

1. 麻花钻的辅助平面

图 7-4 所示为麻花钻主切削刃上任意一点的基面、切削平面和主截面的相互位置，三者互相垂直。

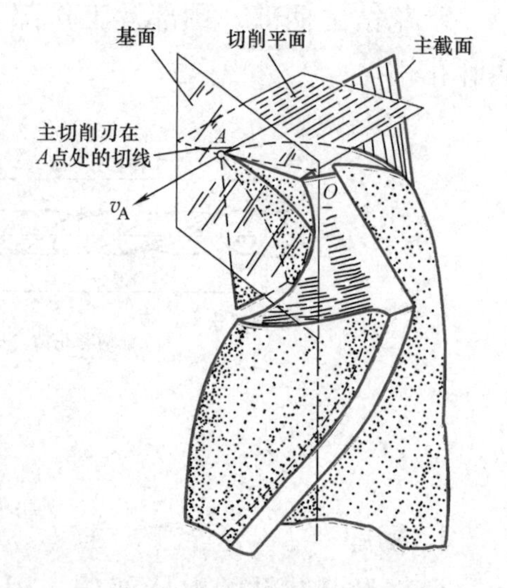

图 7-4　麻花钻的辅助平面

（1）切削平面　切削刃上任意一点的切削平面是由该点的切削速度方向和这点上切削刃的切线所构成的平面。

麻花钻主切削刃上任意一点的切削速度方向是以该点到钻心的距离为半径，钻心为圆心所作圆周的切线方向，也就是该点与钻心连线的垂直方向。标准麻花钻钻刃上任一点的切线就是钻刃本身。

（2）基面　切削刃上任意一点的基面是通过该点，与该点切削速度方向垂直的平面，即通过该点与钻心连线的径向平面。由于麻花钻两主切削刃不通过钻心，而是平行并错开一个钻心厚度的距离，因此麻花钻主切削刃上各点的基面是不同的。

（3）主截面 切削刃上任意一点的主截面是通过主切削刃上任意一点并垂直于切削平面和基面的平面。

（4）柱截面 切削刃上任意一点的柱截面是通过主切削刃上任意一点作与麻花钻轴线平行的直线，该直线绕麻花钻轴线旋转所形成的圆柱面的切面。

表 7-1 麻花钻的规格表（直径） （单位：mm）

4.50	7.80	10.80	14.80	18.00	21.90	26.50	32.00	37.30	42.50	47.90
4.70	7.90	10.90	14.90	18.30	22.00	26.60	32.50	37.50	42.70	48.00
4.80	8.00	11.00	15.00	18.40	22.30	26.90	32.60	37.60	42.90	48.50
4.90	8.10	11.20	15.10	18.50	22.40	27.00	32.70	37.80	43.00	48.60
5.00	8.20	11.30	15.20	18.60	22.50	27.60	32.90	37.90	43.30	48.70
5.10	8.30	11.40	15.30	18.80	22.60	27.70	33.00	38.00	43.50	48.90
5.20	8.40	11.50	15.40	18.90	22.70	27.80	33.40	38.50	43.80	49.00
5.30	8.50	11.70	15.50	19.00	22.80	27.90	33.50	38.60	44.00	49.50
5.40	8.60	11.80	15.60	19.10	22.90	28.00	33.60	38.70	44.40	49.60
5.50	8.70	11.90	15.70	19.20	23.00	28.10	33.70	38.90	44.50	49.70
5.70	8.80	12.00	15.80	19.30	23.50	28.30	33.80	39.00	44.60	49.90
5.80	8.90	12.10	15.90	19.40	23.60	28.50	33.90	39.20	44.70	50.00
5.90	9.00	12.30	16.00	19.50	23.70	28.60	34.00	39.50	44.80	50.50
6.00	9.10	12.40	16.20	19.60	23.90	28.80	34.40	39.60	44.90	51.00
6.20	9.20	12.50	16.30	19.70	24.00	29.00	34.50	39.70	45.00	52.00
6.30	9.30	12.70	16.40	19.90	24.10	29.20	34.60	39.80	45.10	53.00
6.40	9.40	12.90	16.50	20.00	24.30	29.30	34.80	39.90	45.50	54.00
6.50	9.50	13.00	16.60	20.30	24.50	29.60	35.00	40.00	45.60	55.00
6.60	9.60	13.20	16.70	20.40	24.60	30.00	35.20	40.30	45.70	56.00
6.70	9.70	13.30	16.80	20.50	24.70	30.50	35.50	40.50	45.90	57.00
6.80	9.80	13.50	16.90	20.60	24.80	30.70	35.60	40.80	46.00	58.00
6.90	9.90	13.70	17.00	20.70	24.90	30.80	35.70	41.00	46.20	60.00
7.00	10.00	13.80	17.10	20.80	25.00	30.90	35.80	41.40	46.40	62.00
7.10	10.10	13.90	17.20	20.90	25.30	31.00	35.90	41.50	46.50	65.00
7.20	10.20	14.00	17.30	21.00	25.50	31.30	36.00	41.60	46.70	68.00
7.30	10.30	14.30	17.40	21.20	25.60	31.40	36.50	41.70	46.90	70.00
7.40	10.40	14.40	17.50	21.50	25.90	31.50	36.60	41.90	47.00	72.00
7.50	10.50	14.50	17.60	21.60	26.00	31.60	36.70	42.00	47.50	75.00
7.60	10.60	14.60	17.70	21.70	26.10	31.70	36.80	42.20	47.60	78.00
7.70	10.70	14.70	17.90	21.80	26.40	31.80	37.00	42.40	47.80	80.00

2. 标准麻花钻的切削角度（图 7-5）

（1）前角 γ_o　在主截面内，前刀面与基面之间的夹角称为前角。

由于麻花钻的前刀面是一个螺旋面，沿主切削刃各点倾斜方向不同，因此主切削刃各点前角的大小是不相等的。近外缘处前角最大，可达 30°，自外缘向中心逐渐减小，接近横刃处的前角为-30°。

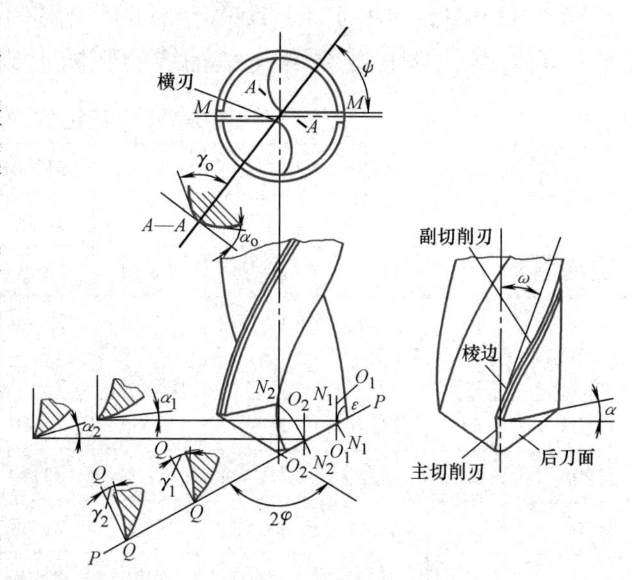

图 7-5　标准麻花钻的切削角度

前角大小决定着切除材料的难易程度和切屑在前刀面上的摩擦阻力大小。前角越大，切削越省力。

（2）后角 α_o　在柱截面内，后刀面与切削平面之间的夹角称为后角。

需要注意的是，主切削刃上各点的后角须刃磨得不相等。外缘处后角较小，越接近钻心后角越大。直径为 15～30mm 的麻花钻，外缘处的后角为 9°～12°，钻心处的后角为 20°～26°。

（3）顶角 2φ　为了能扎入工件，麻花钻的头部必须呈尖形，因此而形成顶角。顶角又称锋角或钻尖角，是两主切削刃在其平行平面 MM 上的投影之间的夹角。

顶角的大小影响主切削刃上轴向力的大小，顶角越小，则轴向力越小，标准麻花钻的顶角 $2\varphi=118°\pm2°$。

（4）横刃斜角 ψ　横刃斜角是横刃与主切削刃在麻花钻端面内的投影之间的夹角。它是在刃磨麻花钻时自然形成的，其大小与后角、顶角大小有关。当后角磨得偏大时，横刃斜角就会减小，而横刃的长度会增大。标准麻花钻的横刃斜角为 50°～55°。

五、麻花钻的缺点

1）横刃较长，横刃处的前角为负值，在切削过程中，横刃处于挤刮状态，使轴向力增大，同时钻孔时定心不好，麻花钻容易发生抖动。

2）主切削刃上各点的前角大小不一样，使其切削性能有所不同。靠近钻心处的前角大小是一个很大的负值，切削条件很差，并处于刮削状态。

3）麻花钻的棱边较宽，又没有副后角，因此靠近切削部分的一段棱边与孔壁的摩擦比较严重，容易发热和磨损。

4）主切削刃外缘处的刀尖角较小，前角很大，刀齿薄弱，而此处的切削速度又最高，故产生的切削热最多，磨损极为严重。

5）主切削刃长且全宽参与切削，切削刃各点切屑流出的速度相差很大，切屑卷曲成很宽的螺旋卷，所占体积大，容易在螺旋槽内堵住，排屑不顺利，切削液也不易加注到切削刃上。

六、麻花钻的刃磨

1. 两手握法

右手握住麻花钻的头部，左手握住麻花钻的柄部（图 7-6a）。

2. 麻花钻与砂轮的相对位置

麻花钻轴线与砂轮圆柱素线在水平面内的夹角等于麻花钻顶角 2φ 的一半，被刃磨侧的主切削刃处于水平位置。

3. 刃磨动作

将主切削刃在略高于砂轮水平中心平面处先接触砂轮，右手缓慢地使麻花钻绕自身的轴线由下向上转动，同时施加适当的刃磨压力，以使整个后刀面都被磨到（图 7-6b）。左手配合右手做缓慢的同步下压运动，刃磨压力逐渐加大，这样便于磨出后角。为保证麻花钻近中心处磨出较大后角，还应做适当的右移运动。刃磨时，两手动作的配合要协调、自然。按此不断反复，两后刀面经常轮换，直至达到刃磨要求。

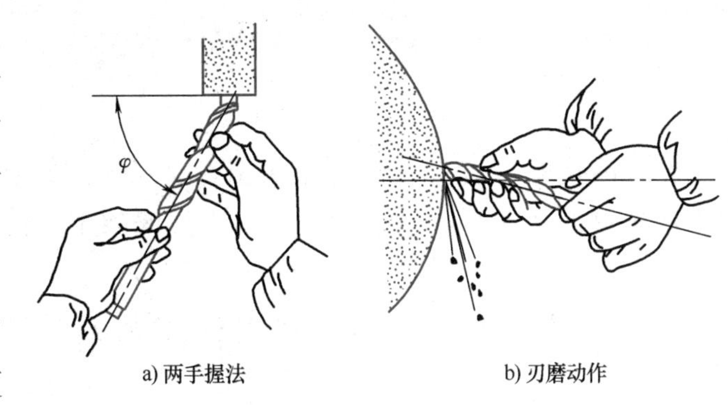

图 7-6　刃磨麻花钻时手的握法

4. 麻花钻冷却

麻花钻刃磨压力不宜过大，并要经常蘸水冷却，防止因过热退火而降低硬度。

5. 刃磨要求

（1）标准麻花钻的角度要求

1）顶角 2φ 为 118°±2°。

2）外缘处的后角 α_o 为 10°～14°。

3）横刃斜角 ψ 为 50°～55°。

（2）两主切削刃长度及和麻花钻轴线组成的两个 φ 角要相等　图 7-7 所示为刃磨得正确与不正确的麻花钻加工孔的情况。图 7-7a 所示为正确的情况，图 7-7b 所示为两个 φ 角磨得不对称的情况，图 7-7c 所示为主切削刃长度不一致的情况，图 7-7d 所示为两个 φ 角不对称，主切削刃长度也不一致的情况。刃磨不正确的麻花钻在钻孔时都将使钻出的孔扩大或歪斜，同时，由于两主切削刃所受的切削力不平衡，造成麻花钻晃动，磨损加剧。

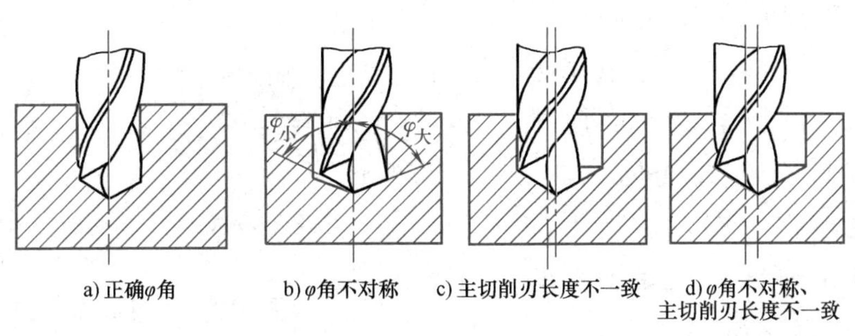

图 7-7　麻花钻刃磨对孔加工的影响

（3）后刀面　两个后刀面要刃磨光滑。

第三节　钻孔的方法

一、划线

根据钻孔的位置尺寸要求，划出孔位的十字中心线，并准确地打上样冲眼，这样可使横刃预先落入样冲眼的锥坑中，钻孔时麻花钻就不易偏离中心。

为便于钻孔时检查，可划出检查圆或检查方框（图 7-8）。

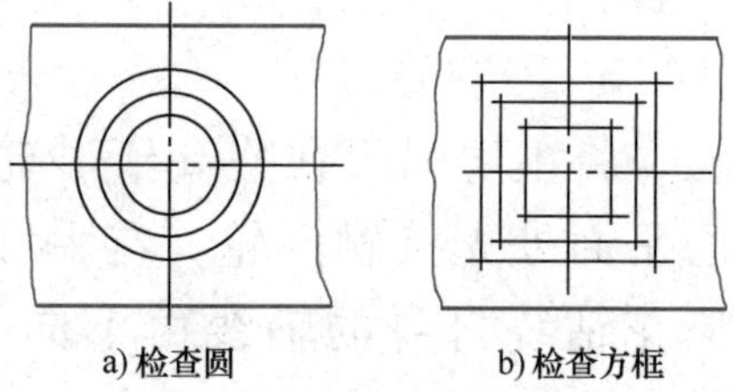

图 7-8　孔位检查线

二、工件的装夹

钻孔中的事故大都是由于工件的装夹方法不正确造成的，因此钻孔时要根据工件的不同形状，以及钻削力的大小、钻孔的直径等情况，采用不同的装夹方法进行定位和夹紧，以保证钻孔的质量和安全。

1. 平口钳装夹（图 7-9a）

此方法适用于平整的工件。装夹时，应使工件表面与麻花钻垂直。

2. V 形铁装夹（图 7-9b）

此方法适用于圆柱形工件。装夹时，应使麻花钻轴线垂直通过 V 形铁的对称平面，保证钻出孔的中心线通过工件轴线。

3. 压板装夹（图 7-9c）

此方法适用于较大工件且钻孔直径在 10mm 以上的情况。在使用该方法夹紧时，压板厚度与压紧螺栓直径的比例要适当，以免造成压板弯曲变形而影响压紧力。压紧螺栓应尽量靠近工件，垫铁应比工件压紧表面高度稍高，以保证对工件有较大的压紧力，避免工件在钻孔过程中移动。当工件压紧表面为已加工表面时，要用衬垫进行保护，防止压出印痕。

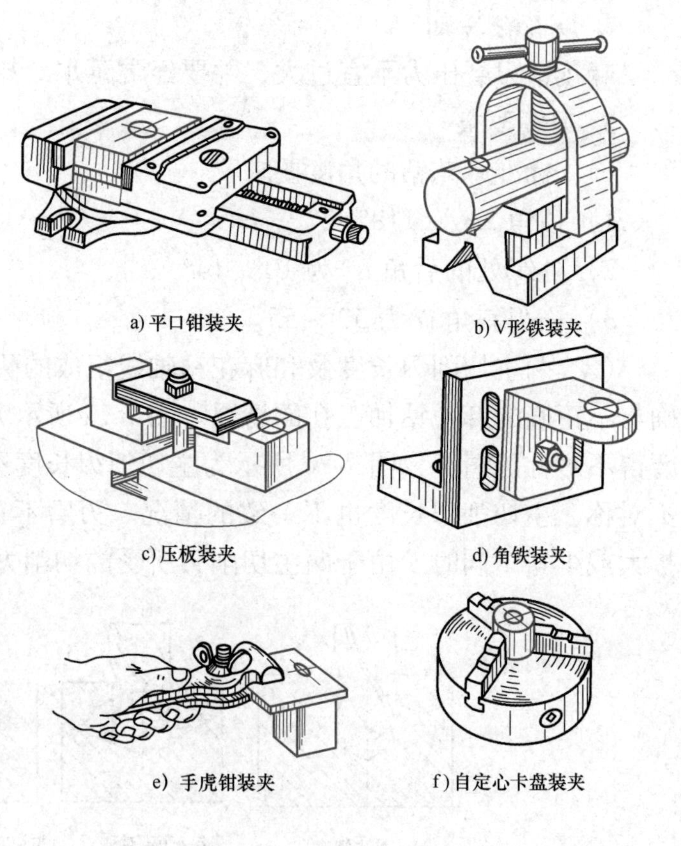

图 7-9　工件装夹方法

4. 角铁装夹（图 7-9d）

此方法适用于底面不平或加工基准在侧面的工件。由于钻孔时的轴向钻削力作用在角铁的安装平面之外，故角铁必须用压板固定在钻床工作台上。

5. 手虎钳装夹（图 7-9e）

此方法适用于小型工件或薄板件的小孔加工。

6. 自定心卡盘装夹（图 7-9f）

此方法适用于圆柱工件端面的钻孔。

三、麻花钻的装拆

1. 直柄麻花钻的装拆

直柄麻花钻使用钻夹头夹持，先将麻花钻柄部塞入钻夹头的三只卡爪内，夹持长度不能小于 15mm，然后利用钻夹头钥匙旋转钻夹头外套，使环形螺母带动三只卡爪移动，做夹紧或放松动作（图 7-10）。

2. 锥柄麻花钻的装拆

锥柄麻花钻钻头用柄部的莫氏锥体直接与钻床主轴连接。连接时，必须将麻花钻锥柄及主轴锥孔擦拭干净，且使矩形舌部的长向与主轴上的腰形孔中心线方向一致，利用加速冲击连接（图 7-11a），当麻花钻锥柄小于主轴锥孔时，可加过渡套（图 7-11b）连接。为拆卸过渡套内的麻花钻或钻床主轴上的麻花钻，可用斜铁敲入过渡套或钻床主轴上的腰形孔内，斜铁带圆弧的一边要放在上面，利用斜铁斜面的向下分力，使麻花钻与过渡套或钻床主轴分离（图 7-11c）。

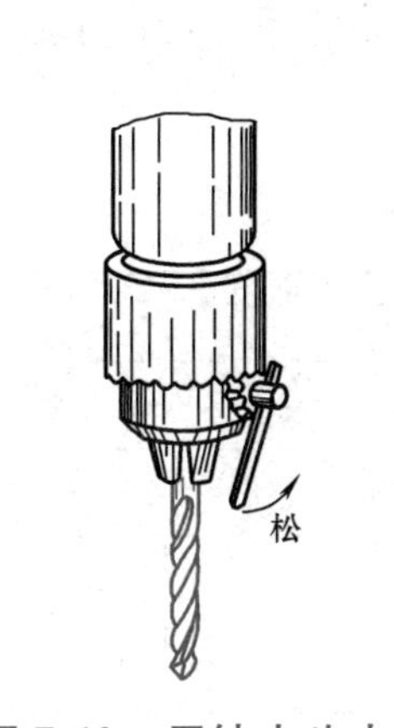

图 7-10　用钻夹头夹持

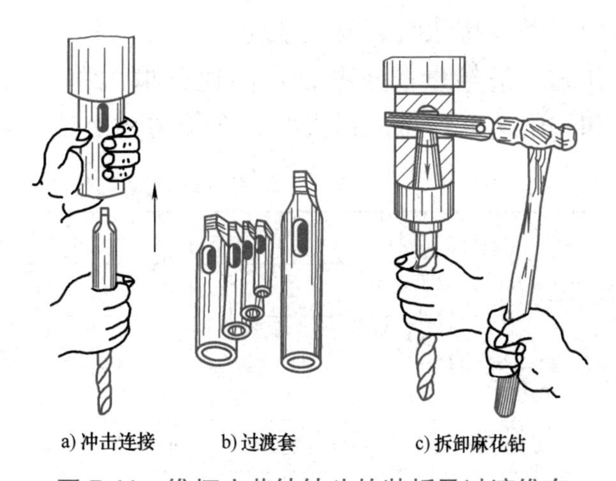

图 7-11　锥柄麻花钻钻头的装拆及过渡锥套

3. 麻花钻的装夹要求

麻花钻在钻床主轴上应装接牢固，且在旋转时径向跳动应尽可能小。

四、钻孔切削用量和切削液的选择

1. 切削用量的选择

钻孔时的切削用量是指麻花钻在钻削时的切削速度、进给量和背吃刀量的总称。选择切削用量的目的是在保证加工精度和表面质量，保证麻花钻合理的刀具寿命的前提下，提高生产率；同时不允许超过机床的功率和机床、刀具、工件、夹具等的强度和刚度。

钻孔时的切削速度是钻削时麻花钻直径上一点的线速度，单位为 m/s。可由下式计算：

$$v=\frac{\pi Dn}{1000}$$

式中 D——麻花钻直径（mm）；

n——麻花钻的转速（r/min）。

工程中常用转速的单位是 m/min。由于钻床上一般标示的是转速，因此在实际应用中转速更直观一些。

钻孔时的进给量是麻花钻每转一周向下移动的距离，单位为 mm/r。钻孔时的背吃刀量等于麻花钻的半径。

在钻孔时，由于背吃刀量已由麻花钻直径所定，因此选择切削用量只需考虑切削速度和进给量。对钻孔的生产率来说，切削速度和进给量的影响是相同的。对麻花钻的使用寿命而言，切削速度比进给量的影响大，因为切削速度对切削温度和摩擦的影响最大，明显地影响麻花钻的使用寿命。对钻孔的表面质量而言，一般情况下，进给量比切削速度的影响要大，因为进给量直接影响已加工表面的残留面积（尚未切除的材料面积），而残留面积越大，表面质量也越差。

综合以上影响因素，钻孔时选择切削用量的基本原则是：在允许范围内，尽量先选较大的进给量，当进给量受到表面质量和麻花钻刚度的限制时，再考虑选较大的切削速度。高速钢麻花钻在碳钢上钻孔的切削用量见表 7-2，在其他材料上的钻孔可以此为参照。当加工条件特殊时，需按表进行一定的修正或按试验确定。根据实际经验，用小麻花钻钻孔时，进给量取小些，切削速度取大些，大麻花钻则相反；在软材料上钻孔时，进给量和切削速度均可取得大些，在硬材料上钻孔则相反。

表 7-2 高速钢麻花钻在碳钢上钻孔的切削用量

进给量/(mm/r)	麻花钻直径/mm						
	2	4	6	10	14	20	24
	切削速度/(m/min)						
0.05	46	—	—	—	—	—	—
0.10	26	42	40	—	—	—	—
0.15	—	31	36	38	—	—	—
0.20	—	—	28	33	38	—	—
0.25	—	—	—	20	34	35	37
0.30	—	—	—	27	31	31	34
0.35	—	—	—	—	28	29	31
0.40	—	—	—	—	26	27	29
0.50	—	—	—	—	—	—	26

2. 切削液的选择

在钻削过程中，由于切屑的变形和麻花钻与工件的摩擦所产生的切削热，严重地降低了麻花钻的切削能力，甚至引起麻花钻退火，同时对工件的钻孔质量也有一定的影响。为了提高生产率，延长麻花钻的使用寿命和保证钻孔质量，除采取其他方法以外，在钻孔时注入充分的切削液也是一项重要的措施。注入切削液有利于切削热的传导、限制积屑瘤的生长和防止已加工表面的硬化；同时，由于切削液能注入麻花钻的前刀面与切屑之间，以及麻花钻的后刀面与切削表面之间，形成吸附性的润滑油膜，起到减小摩擦的作用，从而降低了钻削阻力和钻削温度，提高了麻花钻的切削能力和孔壁的表面质量。

钻削钢、铜、铝合金及铸铁等工件材料时，一般都可用3%~8%的乳化液，以起到充分的冷却作用。在高强度材料上钻孔时，因麻花钻前刀面承受较大的作用力，要求切削液有足够的强度，以减少摩擦和切削阻力，故可在切削液内增加硫、二硫化钼等成分，如硫化切削油。在钻削精度和表面质量要求较高的孔时，应选用主要起润滑作用的切削液，如菜油、猪油等。钻削各种材料所用的切削液见表7-3。

表7-3 钻削各种材料所用的切削液

工件材料	切削液
各类结构钢	3%~5%乳化液，7%硫化乳化液
不锈钢、耐热钢	3%肥皂加2%亚麻油水溶液，硫化切削油
纯铜、黄铜、青铜	不用或用5%~8%乳化液
铸铁	不用或用5%~8%乳化液，煤油
铝合金	不用或用5%~8%乳化液，煤油，煤油与菜油的混合油
有机玻璃	5%~8%乳化液，煤油

注：表中百分数为质量分数。

五、钻孔

1. 起钻

在钻孔时，先使麻花钻对准钻孔中心起钻出一浅坑，观察钻孔位置是否正确，并要不断校正，使浅坑与检验圆同心或处于检验方框的正中。同时根据试钻情况及时进行调整，以保证钻孔的位置精度。调整方法如下：如偏位较少，可在起钻的同时用力将工件向偏位的反方向推移，达到逐步校正；如偏位较多，可在校正方向上打上几个样冲眼或用錾子錾出几条槽（图7-12）。

2. 手动进给操作

当起钻达到钻孔的位置要求后，即可开始正式钻孔。进给时，进给力不可过大，以免钻孔轴线歪斜（图7-13）。

钻小直径或深孔时，进给力要小，并要经常退钻排屑，以免切屑阻塞而扭断麻花钻。钻孔将穿时，应减少轴向进给力，防止麻花钻折断或使工件随着麻花钻转动造成事故。

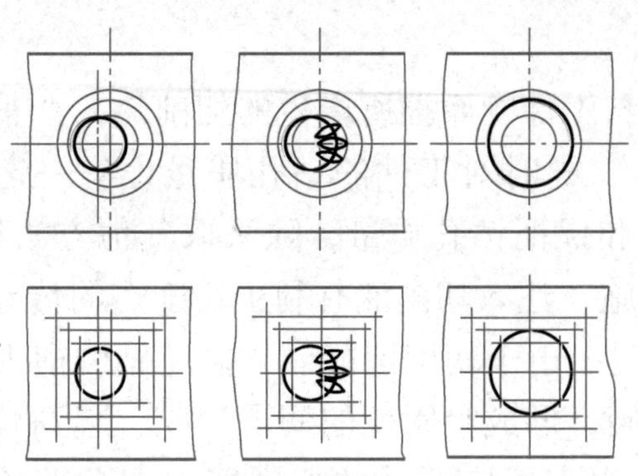

图 7-12 用錾槽来校正起钻偏位的孔

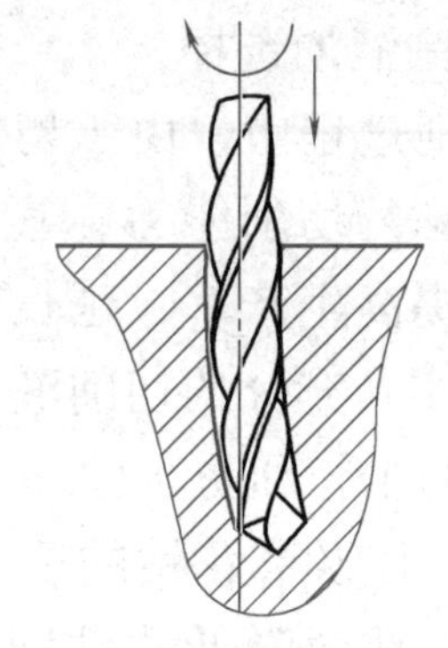

图 7-13 钻孔时轴线的歪斜

3. 在斜面上钻孔的方法

用普通麻花钻在斜面上钻孔，由于单边受力会使麻花钻偏斜而钻不进工件，一般可采用以下几种方法。

1）先用中心钻钻一个较大的锥度窝后（图 7-14a）再钻孔。

2）将钻孔斜面置于水平位置装夹，在孔中心锪一浅窝（图 7-14b），然后把工件倾斜装夹，把浅窝钻深一些，最后将工件置于正常位置装夹再钻孔。

3）在斜度较大的斜面上钻孔时，可用与孔径相同的立铣刀先铣一个平面再钻孔（图 7-14c）。

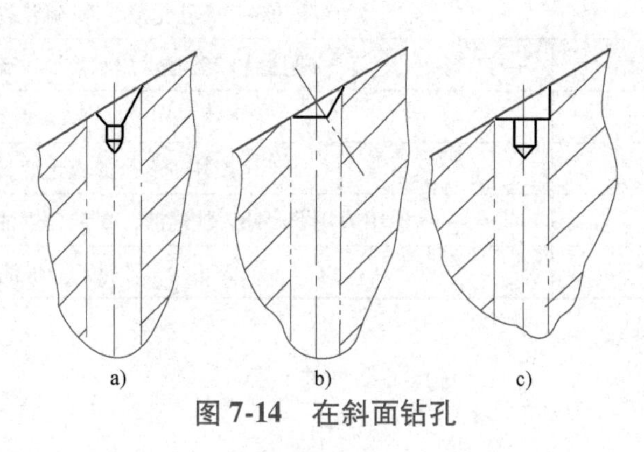

图 7-14 在斜面钻孔

第四节 钻床简介

钻孔除了可在钻床上进行外，还可使用手电钻（图 7-15）。手电钻通常用于加工直径较小（一般在 6mm 以内），工作场地要求较灵活的场合。钻床一般用于加工直径不大、精度要求较低的孔。在钻床上除了钻孔外，还可进行扩孔、铰孔、锪孔和攻螺纹等加工，钳工主要使用钻床来进行孔加工。

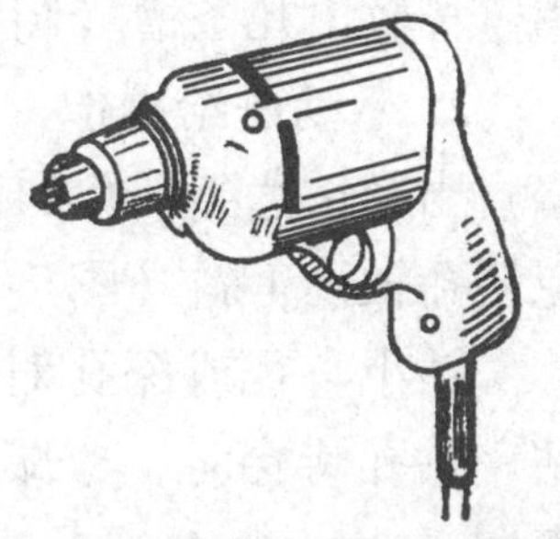

图 7-15 手电钻

一、钻床的分类

钻床的主要类型有台式钻床、立式钻床、摇臂钻床等。

1. 台式钻床

台式钻床简称台钻，是一种小型钻床，一般用来钻直径不超过 12mm 的孔。图 7-16 所示为常用的台钻，具有小巧灵活、结构简单、使用方便的特点。其主要组成部分及作用如下。

（1）主轴　通过钻夹头将主轴的旋转运动传给麻花钻。

（2）头架　固定主轴等其他部件。

（3）塔轮　塔轮上有不同直径的轮槽，通过带传动，可将电动机的固定转速进行变速，使主轴得到不同的转速。

（4）旋转摇把　通过旋转摇把可将头架进行升降，使之停留在立柱上合适的位置。

（5）转换开关　变换电动机的转向。

（6）电动机　为钻床主轴提供动力来源。

（7）电动机调节螺钉　调节电动机与钻床主轴的距离。

（8）立柱　将头架固定在底座上，同时起到固定电动机的作用。

（9）锁紧手柄　将头架固定在立柱的某一位置，避免产生左右偏转及上下移动。

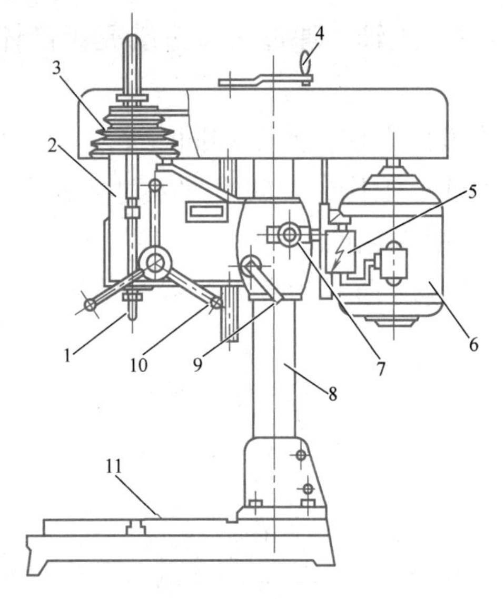

图 7-16　常用的台钻

1—主轴　2—头架　3—塔轮　4—旋转摇把　5—转换开关　6—电动机　7—电动机调节螺钉　8—立柱　9—锁紧手柄　10—进给手柄　11—底座

（10）进给手柄　使主轴产生进给运动，完成钻孔加工过程。

（11）底座　起支承和固定作用，同时作为工作台放置加工对象。底座上有若干条 T 形槽，用来装夹工件或夹具。

钻孔时，由于工件的高度不一，常常要预先将台钻的头架调整到适当的高度。对于有旋转摇把的钻床，可先松开锁紧手柄，然后通过旋转摇把进行调整。有的钻床没有旋转摇把，可用如下方法进行调整：选择适当高度的支承物体支承于主轴下方，并扳动进给手柄，使主轴顶紧支承物体，然后松开锁紧手柄。如需升高头架，可按进给方向扳动进给手柄，主轴便在支承物体的反作用力下带动头架一起升高；如需降低头架，则反向松开进给手柄，使头架下降。待调整到合适高度时，将锁紧手柄锁紧即可。

2. 立式钻床

立式钻床简称立钻，其最大钻孔直径有 25mm、35mm、40mm 和 50mm 等几种规格。立钻可以自动进给，功率较大，结构比较完善，可获得较高的生产率和较高的加工精度。此外，由于其变速范围较大，因此适用于不同材料的刀具在不同材料的工件上的加工。图 7-17 所示为常用的立式钻床。其主要组成部分及作用如下。

（1）切削液泵　在切削加工时提供切削液进行冷却及润滑。

（2）进给变速手柄　调节主轴的不同进给速度。

（3）主轴正、反转控制手柄　改变主轴的旋转方向。

（4）变速手柄　调节主轴的不同转速。

（5）主电动机　为钻床主轴提供动力来源。

（6）主轴变速箱　通过齿轮组将电动机的固定转速进行变速，使主轴得到不同的转速。

（7）进给箱　使主轴产生不同的进给运动，并可上下升降。

（8）进给手柄　使主轴进行手动进给或机动进给。

（9）主轴　通过钻夹头或莫氏锥体将主轴的旋转运动传给切削刀具，从而进行各种孔加工。

（10）立柱　支承和固定主轴变速箱，并使进给箱和工作台沿其上的导轨运动。

（11）工作台　放置加工对象或夹具，并可沿立柱上下升降。

3. 摇臂钻床

图 7-18 所示为常用的摇臂钻床。其主要组成部分及作用如下。

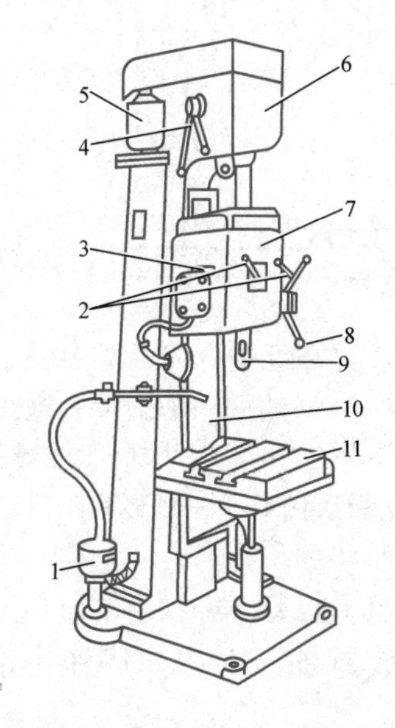

图 7-17　常用的立式钻床

1—切削液泵　2—进给变速手柄　3—主轴正、反转控制手柄　4—变速手柄　5—主电动机　6—主轴变速箱　7—进给箱　8—进给手柄　9—主轴　10—立柱　11—工作台

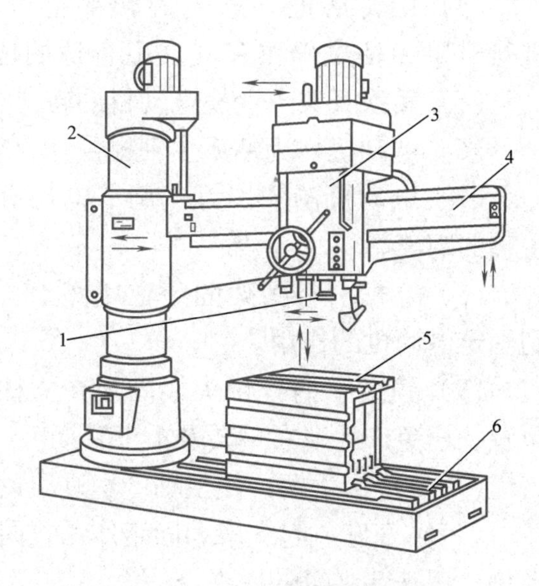

图 7-18　常用的摇臂钻床

1—主轴　2—立柱　3—主轴箱　4—摇臂　5—工作台　6—机座

（1）主轴　主轴夹持切削刀具，并带动刀具产生旋转主运动。由于在摇臂钻床上加工的孔通常都比较大，因此使用的麻花钻一般都是锥柄麻花钻。

（2）立柱　立柱可以使摇臂上下移动并绕其转动。

（3）主轴箱　调节主轴的转速和转向。

（4）摇臂　支承主轴箱，同时可使主轴箱在摇臂的一定范围内移动，使主轴达到加工位置而工件保持不动。

（5）工作台　放置加工对象或夹具。

（6）机座　起支承和固定作用，可安装工作台或加工对象。

二、钻床型号

常用的钻床，主要有 Z4012、Z5125、Z3040 等，其中，“Z”表示钻床（读作

“钻”），“40”表示台式钻床，“51”表示方柱立式钻床，“30”表示摇臂钻床，“12”“25”“40”分别表示最大加工直径为12mm、25mm、40mm。

第五节 钻孔训练

一、钻孔实训步骤

1. 麻花钻的刃磨

按麻花钻刃磨要求进行刃磨练习。

2. 钻孔练习

首先练习钻床空车操作并做钻床钻速、主轴头架和工作台升降等的调整练习，然后在实训件上进行划线、钻孔，达到规定要求。

二、钻孔注意事项

1）麻花钻的刃磨技能是钻孔操作的重点和难点之一，必须不断练习，做到刃磨的姿势、动作的规范及麻花钻几何形状和角度的正确。

2）用钻夹头装夹麻花钻时要用钻夹头钥匙，不可用扁铁或锤子敲击，以免损坏钻夹头，影响钻床主轴精度。装夹工件时，必须做好装夹面的清洁工作。

3）钻孔时，手动进给压力应根据麻花钻的工作情况进行控制，在操作时应注意掌握。

4）麻花钻用钝后必须及时修磨锋利。

5）注意操作安全。

6）熟悉钻孔时常出现的问题及其产生的原因（表7-4），以便在练习时加以注意。

表7-4 钻孔时常出现的问题及其产生原因

出现问题	产生原因
孔径大于规定尺寸	1. 麻花钻两切削刃长度不等，高低不一致 2. 钻床主轴径向偏摆或工作台未锁紧，有松动 3. 麻花钻本身弯曲或装夹不好，使麻花钻有过大的径向跳动
孔壁粗糙	1. 麻花钻不锋利 2. 进给量太大 3. 切削液选用不当或供应不足 4. 麻花钻过短、排屑槽堵塞
孔位偏移	1. 工件划线不正确 2. 麻花钻横刃太长，定心不准，起钻偏位而没有找正
孔歪斜	1. 工件上与孔垂直的平面与主轴不垂直或钻床主轴与工作台面不垂直 2. 安装工件时，安装接触面上的切屑未清除干净 3. 工件装夹不牢，钻孔时产生歪斜，或工件有砂眼 4. 进给量过大使麻花钻产生弯曲变形

（续）

出现问题	产生原因
钻孔呈多角形	1. 麻花钻后角太大 2. 麻花钻两主切削刃长短不一，角度不对称
麻花钻工作部分折断	1. 麻花钻用钝后仍继续钻孔 2. 钻孔时，未经常退钻排屑，使切屑在麻花钻螺旋槽内阻塞 3. 孔将钻通时没有减小进给量 4. 进给量过大 5. 工件未夹紧，钻孔时产生松动 6. 在钻黄铜一类软金属时，麻花钻后角太大，前角没有修磨小，造成扎刀
切削刃迅速磨损或碎裂	1. 切削速度太高 2. 没有根据工件材料硬度来刃磨合适的麻花钻角度 3. 工件表面或内部硬度高或有砂眼 4. 进给量过大 5. 切削液不足

三、钻孔的安全知识

1）钻孔时不能戴手套，衣服袖口必须扎紧，女生戴工作帽时头发不能外露。

2）钻孔时，应先空运转试车，待运转平稳后再进行钻孔加工。开动钻床时，应注意钻夹头钥匙或斜铁是否仍在主轴上。

3）工件必须夹紧，一般不可用手直接拿着工件钻孔，防止发生事故（图7-19）。孔将钻穿时，要尽量减少进给力。

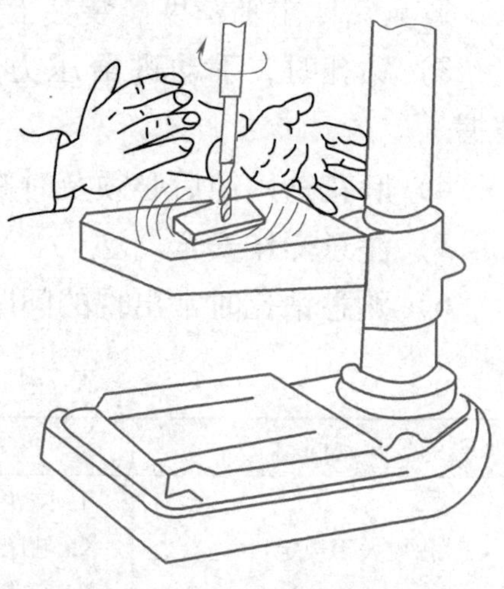

图7-19　工件旋转造成事故

4）钻通孔时，必须使麻花钻能通过工作台面上的让刀孔或在工件下面垫上垫铁，以免损坏工作台面。

5）钻孔时，不能用手、棉纱或嘴吹等方式清除切屑，必须使用毛刷清除切屑。

6）操作者头部不准与旋转主轴靠得太近，停车时应让主轴自然停止，不可用手制动或反向制动。

7）严禁在主轴旋转时装拆工件，变速、检验工件必须停机进行。

8）在平口钳上夹紧或松开工件时要注意安全，避免平口钳掉下砸脚。

9）清洁钻床或加注润滑油时，必须切断电源。

10）使用完毕后，必须将机床外露滑动面及工作台面擦拭干净，并经常检查润滑供油情况。

11）摇臂钻床的摇臂回转范围内不得有障碍物，工作前，摇臂必须夹紧。摇臂和工作台上不得放置其他物品。使用完毕后，应将摇臂降低到最低位置，主轴箱靠近立柱并夹紧。

思考与练习

1. 试述麻花钻各组成部分的名称及其作用。
2. 标准麻花钻切削角度有哪些？试述其定义方法。
3. 标准麻花钻在结构上有哪些缺点？对切削有何不利影响？
4. 钻削夹具有哪些？各适用于什么场合？
5. 台式钻床、立式钻床和摇臂钻床的结构和用途有哪些不同？

工匠故事

请扫码学习工匠故事。

模块八 其他孔加工

知识目标

1. 了解扩孔钻的特点。
2. 了解锪钻的种类和特点。
3. 掌握铰刀的种类和特点。

技能目标

1. 能进行扩孔加工。
2. 能进行锪孔加工。
3. 能进行铰孔加工。
4. 掌握孔加工安全文明生产常识。
5. 具备知识技能拓展能力及适应发展的能力。

素养目标

1. 培养敬业、精益、专注、创新的工匠精神。
2. 培养节能环保意识和安全意识；能正确遵守个人和车间安全作业要求，注重个人安全防护。
3. 具备将孔加工知识技能应用于具体工作领域的能力，具有一定的分析问题和解决问题的能力。

第一节 扩孔

一、扩孔

1. 扩孔的概念

扩孔是用扩孔钻对工件上已有的孔进行扩大加工，如图 8-1 所示。

扩孔时，背吃刀量 a_p 按下式计算：

$$a_p = \frac{D-d}{2}$$

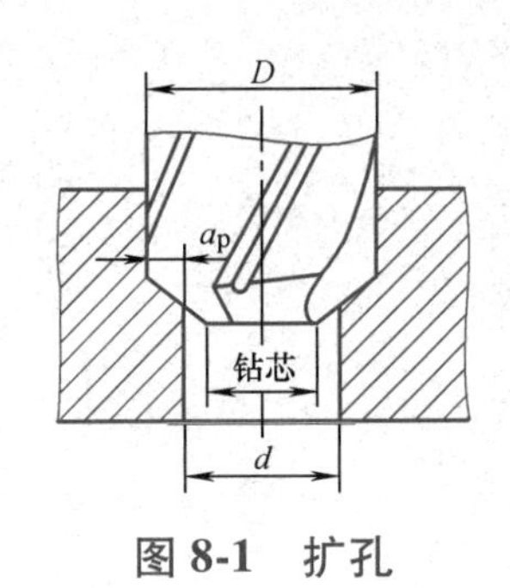

图 8-1　扩孔

式中　D——扩孔后直径（mm）；

　　d——预加工孔直径（mm）。

2. 扩孔的特点

1）背吃刀量 a_p 较钻孔时大大减小，切削阻力小，切削条件大大改善。

2）避免了横刃切削所引起的不良影响。

3）切屑体积小，排屑容易。

二、扩孔钻

1. 扩孔钻的结构

由于扩孔条件大大改善，所以扩孔钻的结构与麻花钻相比较有较大区别，如图 8-2 所示。

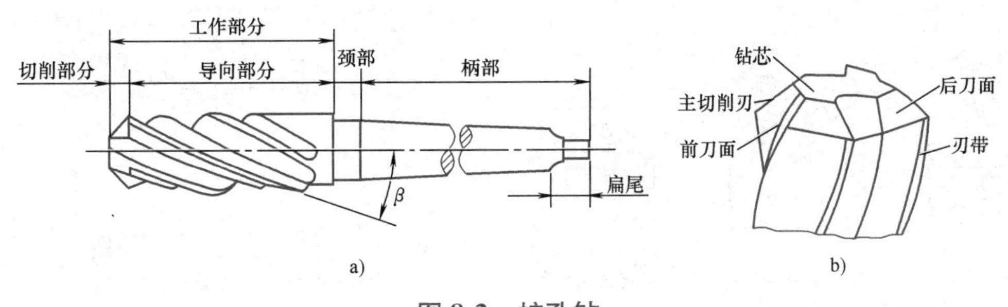

图 8-2　扩孔钻

2. 扩孔钻的特点

1）扩孔钻因中心不切削，没有横刃，切削刃只做成靠边缘的一段。

2）因扩孔时产生的切屑体积小，无须有大容屑槽结构，因而扩孔钻可以加粗钻芯，提高刚度，使切削平稳。

3）由于切削槽较小，扩孔钻可做出较多刃齿，增强导向作用。一般整体式扩孔钻有三四个齿。

4）因切削深度较小，切削角度可取较大值，使切削省力。

3. 扩孔的应用

扩孔的加工质量比钻孔好，一般尺寸公差等级可达 IT9～IT10，表面粗糙度值可达 $Ra6.3\sim25\mu m$，常作为孔的半精加工及铰孔前的预加工。

实际生产中，一般用麻花钻代替扩孔钻使用。扩孔钻只用于成批大量生产。

第二节　锪孔

一、锪孔

1. 锪孔的概念

在孔口表面用锪钻（或改制的麻花钻）加工出一定形状的孔或表面称为锪孔。

2. 锪孔的形式和作用

锪孔形式有锪柱形埋头孔（图 8-3a），锪锥形埋头孔（图 8-3b），锪孔端平面（图 8-3c）。

锪孔的作用主要是在工件的连接孔端锪出柱形或锥形埋头孔，用埋头螺钉埋入孔内把有关零件连接起来，使外观整齐，结构紧凑；将孔口端面锪平，并与孔中心垂直，能使连接螺栓（或螺母）的端面与连接件保持良好接触。

二、锪钻的种类和特点

1. 柱形锪钻

锪圆柱形埋头孔（柱坑）用的柱形锪钻如图 8-4 所示。

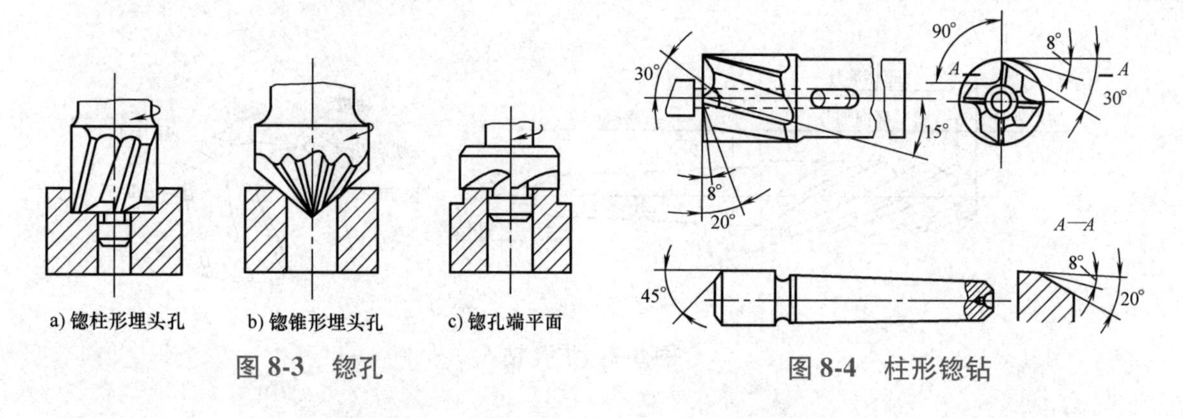

图 8-3　锪孔　　图 8-4　柱形锪钻

柱形锪钻的端面切削刃起主切削刃作用，螺纹槽斜角就是它的前角（$\gamma=\omega=15°$）。后角 $\alpha=8°$。外圆上的切削刃是副切削刃，起修光孔壁的作用，副后角 $\alpha_1=8°$。锪钻前有导柱，导柱直径与已经加工好的孔采用 f7 间隙配合，以保证良好的定心和导向。这种导柱是装卸式的，在刃磨锪钻端面切削刃时比较方便。导柱与锪钻可以制成一体（图 8-3a）。

标准锪钻虽有多种规格，但从经济角度考虑，适用于成批大量生产，不少场合可用标准麻花钻改制成柱形锪钻（图 8-5a）。其导柱直径与已有的孔采用 f7 间隙配合。端面切削刃在锯片砂轮上磨出后，后角 $\alpha=8°$。由于导柱部分有两条螺旋槽，槽口容易把工件上的小孔刮伤，因此最好把两条螺纹槽的锋口倒钝。用麻花钻改制的不带导柱的锪钻（图 8-5b）加工柱形埋头孔时，必须先用标准麻花钻扩出一个台阶孔用于导向，再用平底锪钻锪至深度尺寸（图8-6），这种锪钻还可用于锪平底不通孔。

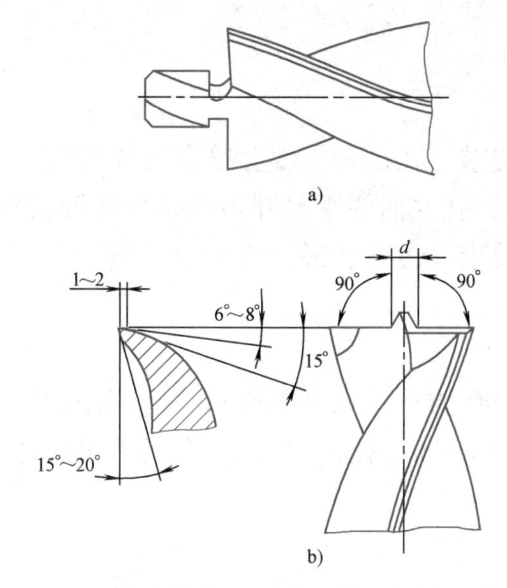

图 8-5　用麻花钻改制的不带导柱的锪钻

2. 锥形锪钻

锪锥形埋头孔（锥坑）用的锥形锪钻如图 8-7 所示。

锥形锪钻的锥角（2φ）按工件锥形埋头孔的要求不同，有 60°、75°、90°、120°四种，其中 90°的用得最多。锥形锪钻的直径为 12~60mm，齿数为 4~12 个。为了改善钻尖处的容屑条件，每隔一齿将此处的切削刃切去一块。锥形锪钻的前角为 0°，后角为 6°~8°。

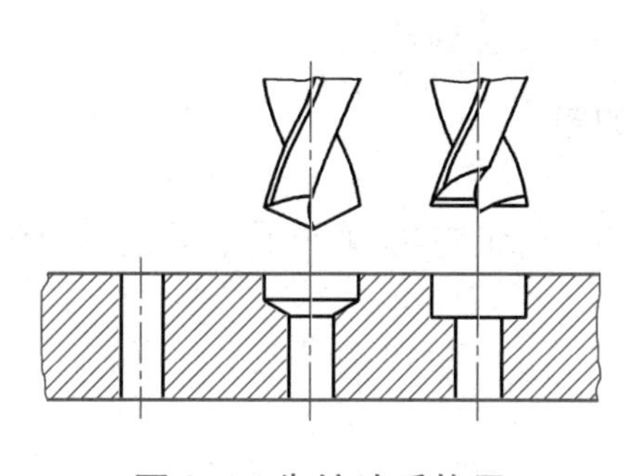

图 8-6　先扩孔后锪平

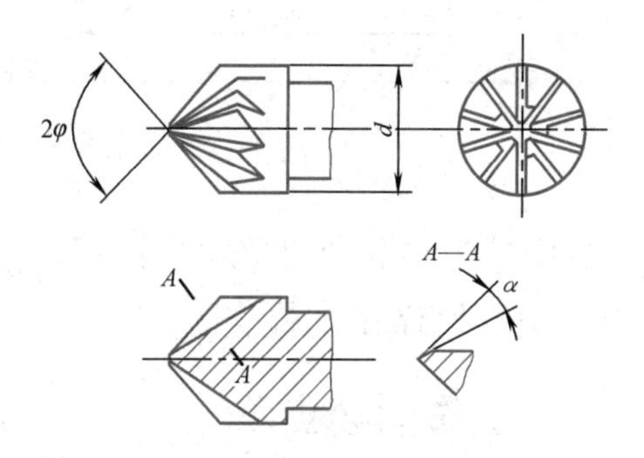

图 8-7　锥形锪钻

锥形锪钻也常用麻花钻改成（图 8-8），2φ 磨成所需的大小，后角要磨得小些，在外缘处的前角也磨得小些，两切削刃要磨得对称。这样锪出的锥坑表面才能光滑，否则容易产生振痕。

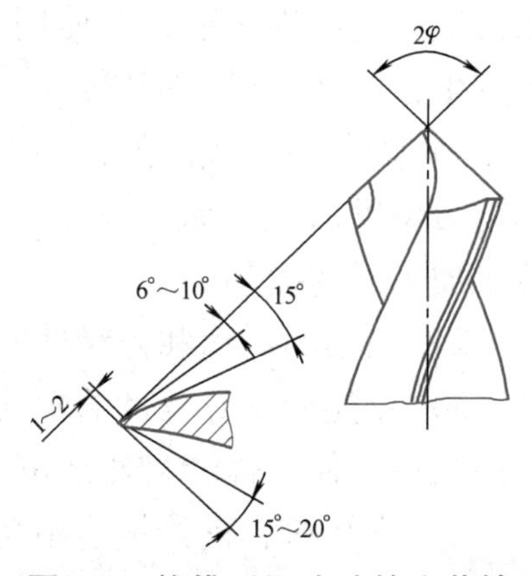

图 8-8　锪锥形埋头孔的麻花钻

3. 端面锪钻（平刮钻）

专门用来锪平孔口端面的锪钻为端面锪钻，如图 8-3c 所示。

端面锪钻的端面刀齿为切削刃，前端导柱用来导向和定心，以保证孔端面与孔中心线的垂直度。

三、锪孔训练

1. 锪孔的要求

（1）锪柱形埋头孔的要求　孔径和深度要符合图样规定（一般在内六角螺钉装入后，应低于工件平面约 0.5mm），孔底面要平整并与原螺栓孔轴线垂直，加工表面无振痕。

（2）锪锥形埋头孔的要求　锥角和最大直径（或深度）要符合图样规定，加工表面无振痕。

2. 实训步骤

1）用麻花钻练习刃磨 90°锥形锪钻和平底钻，达到使用要求。

2）按图 8-9 划线，钻 4×ϕ8mm 孔，然后锪 90°锥形埋头孔，深度按图样要求，并用 M6 螺钉做试配检查。

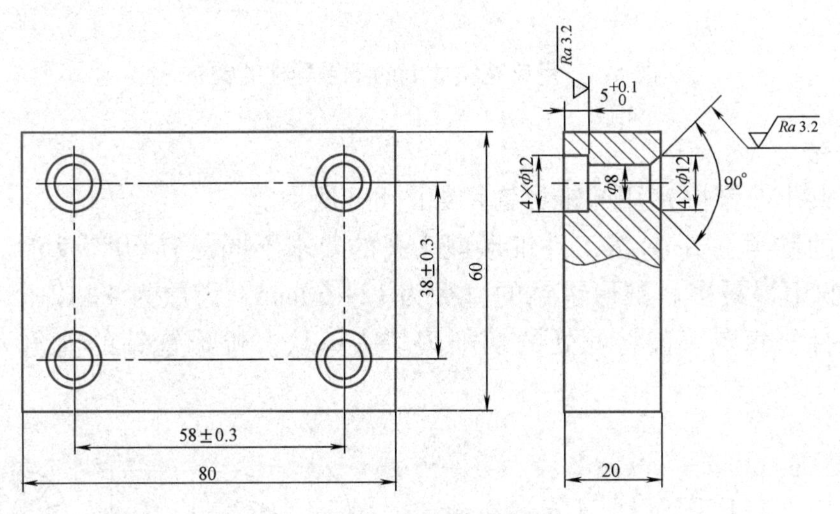

图 8-9　锪钻练习图

3）用专用柱形锪钻在工件的另一面锪出 4×ϕ12mm 柱形埋头孔，深度按图样要求，并用 M6 内六角螺钉做试配检查。

四、锪孔工作的要点

锪孔方法与钻孔方法基本相同，锪孔存在的主要问题是由于刀具振动而使锪孔的端面或锥面上出现振痕，在使用麻花钻改制的锪钻时，振痕尤为严重。为了避免这种现象的发生，应注意以下事项：

1）用麻花钻改制的锪钻工作部分的长度要尽量短，以减小振动。刃磨时，要保证两切削刃位置高低一致、角度对称。先在砂轮上修磨再用油石修光，可使切削均匀平稳，减少加工时的振动。

2）锪钻的后角和外缘处的前角要适当减小，以防产生扎刀现象。

3）要先调整好工件的螺栓通孔与锪钻的同轴度，再将工件夹紧。调整时，可旋转主轴做试钻，使工件能自然定位。工件夹紧要稳固，以减少振动。

4）锪孔时，进给量为钻孔的 2~3 倍，切削速度为钻孔速度的 1/3~1/2。精锪时，往往利用停车后钻床主轴的惯性来锪孔，以减少振动而获得光滑的表面。由于锪钻的轴向力较小，因此手动进给压力不宜过大，并要均匀。

5）为控制锪孔深度，在锪孔前可用钻床上的深度标尺和定位螺母调整定位。

6）锪钢件时，因切削热量大，应在导柱和切削表面加润滑油。

第三节　铰孔

一、铰孔

1. 铰孔的概念

用铰刀对已经粗加工的孔进行的精加工称为铰孔。

2. 铰孔的特点

由于铰刀的切削刃数量多（6~12 个）、导向性好、尺寸精度高且刚性好，因此其加工工件的尺寸公差等级一般可达 IT7~IT9（手铰甚至可达 IT6），表面粗糙度值为 $Ra0.8$~$3.2\mu m$ 或更小。

二、铰刀的种类和特点

铰刀的种类很多，钳工常用的有以下几种。

1. 按使用方法不同分类

按使用方法可将铰刀分为手铰刀和机铰刀。手铰刀（图 8-10a）用于手工铰孔，柄部为直柄，工作部分较长；机铰刀（图 8-10b）多为锥柄，可装在钻床、车床或镗床上进行铰孔。

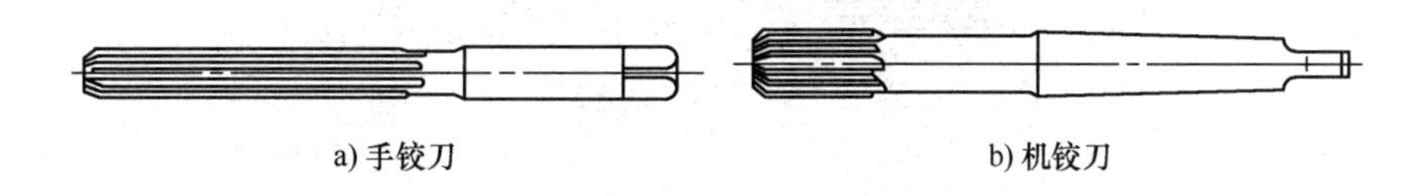

图 8-10　铰刀

为了获得较高的铰孔质量，一般手铰刀的齿距在圆周上不是均匀分布的（图 8-11a）。

采用不等齿距切削刃的铰刀有以下优点：

1）铰削时，切削刃碰到孔壁上粘留的切屑或材料中的硬点时，铰刀就会产生退让，于是各切削刃就要在孔壁上切出轴向凹痕。如果铰刀齿距相同，则切削刃每转到此处就要重复产生退让，这样将使凹痕越来越严重。而如果采用不等齿距的铰刀，则切削刃就不会重复地切入已有的凹痕中，能将高点切除。

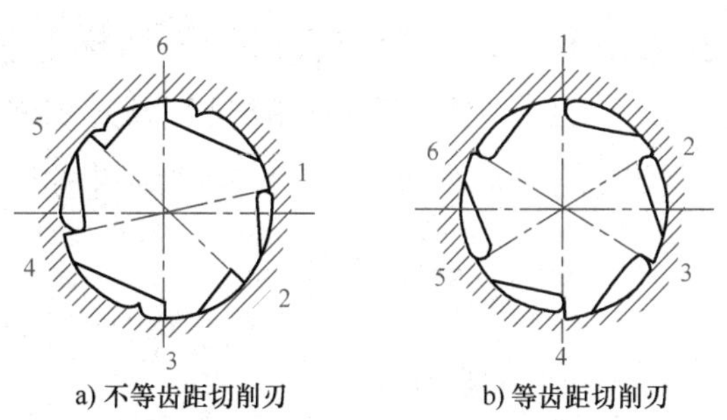

图 8-11　铰刀切削刃的分布

2）手工铰孔操作时，铰杠每次旋转的角度和方位基本上是一定的。每次铰削停歇时，容易使各切削刃在孔壁上撞出凹痕。如果铰刀的齿距相同，则会重复产生这种现象，采用不等齿距切削刃的铰刀则可避免这一点。为了测量方便，不等齿距切削刃的手铰刀，其相对两齿还是在一条直线上。

机铰刀工作时，由于其锥柄与机床连接在一起，因此不会产生如手铰刀工作时的情况，为了制造方便，都做成切削刃等距分布的（图 8-11b）。

2. 按铰刀用途不同分类

按使用方法可分为圆柱形铰刀和圆锥形铰刀。圆柱形铰刀是用来铰圆柱形孔的，有固定式和可调式（图 8-12）两种。可调式铰刀在刀体上开有六条斜底直槽，具有同样斜度的刀条嵌在槽里，利用前后两个螺母压紧刀条的两端。调节两端的螺母可使刀条沿斜槽移动，即可改变铰刀的直径，以适应加工不同孔径的要求。目前，工具厂生产的标准可调节手铰刀的直径范围为 6~54mm，适用于修配、单件生产的情况下铰削通孔，以及铰削非标准尺寸孔。

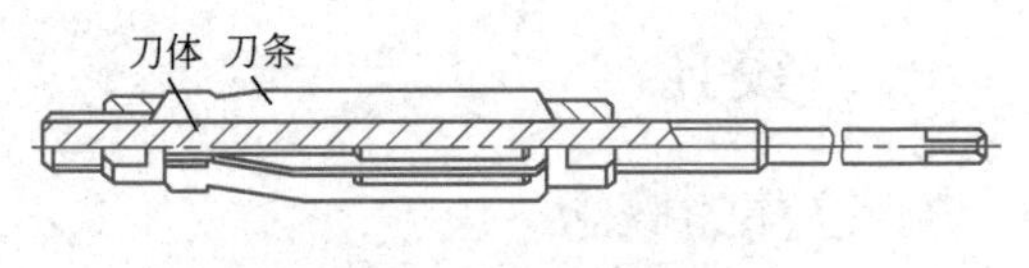

图 8-12 可调式铰刀

圆锥形铰刀（图 8-13）是用来铰圆锥形孔的，常用的锥铰刀有以下四种。

（1）1∶10 锥铰刀 用以加工联轴器上的锥孔，锥度为 1∶10。

（2）莫氏锥铰刀 用以加工 0~6 号莫氏锥孔，锥度近似于 1∶20。

（3）1∶30 锥铰刀 用以加工套式刀具上的锥孔，锥度为 1∶30。

（4）1∶50 锥铰刀 用以加工圆锥形定位销孔，锥度为 1∶50。

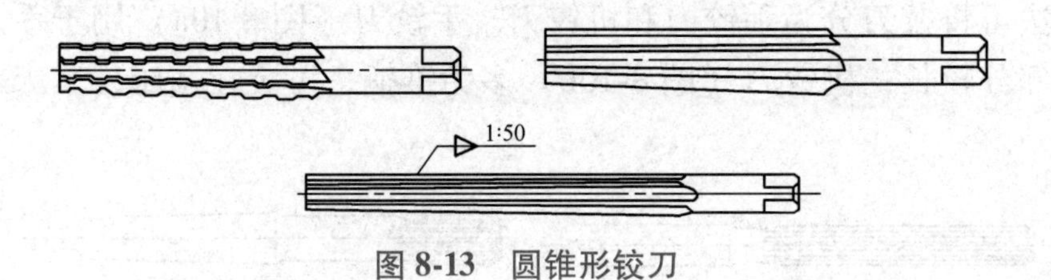

图 8-13 圆锥形铰刀

3. 按铰刀的刀齿不同分类

按铰刀的刀齿不同可将铰刀分为直齿铰刀和螺旋齿铰刀。直齿铰刀最为常见，螺旋铰刀（图 8-14）多用于铰有缺口或带槽的孔，其特点是铰孔时不会被槽边钩住且切削平稳，铰出的孔表面光滑，不会像直齿铰刀那样产生纵向刀痕。铰刀的螺旋槽方向一般是左旋，以避免铰削时因铰刀的正向转动而产生自动旋进的现象，而且容易将铰下的切屑推出孔外。

图 8-14 螺旋铰刀

三、铰孔方法

1. 铰削用量的选择

铰削用量包括铰削余量、切削速度（机铰时）和进给量。其大小对铰削过程中的摩擦、切削力、切削热，以及积屑瘤的生成等有很大的影响，并直接影响加工的精度和表面粗糙度。

（1）铰削余量（直径余量） 铰削余量是指上道工序（钻孔或扩孔）完成后留下的直径方向的加工余量。铰削余量是否合适，对铰出孔的表面粗糙度和精度影响很大。如余量太大，每个刀齿切削负荷增大，变形增大，切削热增加，铰刀直径胀大，被加工表面呈撕裂状态，尺寸精度降低，表面粗糙度值增大，而且加剧了铰刀的磨损；铰孔余量太小，不能去掉上道工序留下的刀痕，表面粗糙度值达不到要求。同时，当余量太小时，铰刀的啃刮很严重，增加了铰刀的磨损。

选择铰削余量时，应考虑到孔径大小、材料软硬、尺寸精度、表面粗糙度要求及铰刀的类型等诸因素的综合影响，具体数值可参照表 8-1 选取。在一般情况下，对 IT9、IT8 级的孔可一次铰出；对 IT7 级的孔，应分粗铰和精铰；对直径大于 20mm 的孔，可先钻孔，再扩孔，然后进行铰孔。

表 8-1 铰削余量

铰刀直径	铰削余量/mm
≤6	0.05～0.1
>6～18	一次铰：0.1～0.2 二次铰精铰：0.1～0.15
>18～30	一次铰：0.2～0.3 二次铰精铰：0.1～0.15
>30～50	一次铰：0.3～0.4 二次铰精铰：0.15～0.25

注：二次铰时，粗铰余量可取一次铰余量的较小值。

（2）机铰铰削速度 v 的选择 机铰时，为了获得较小的表面粗糙度值，必须避免产生积屑瘤，减少切削热及变形，因此应取较小的切削速度。用高速钢铰刀铰钢件时，铰削速度为 4～8mm/min；铰铸铁件时，铰削速度为 6～8mm/min；铰铜件时，铰削速度为 8～12mm/min。

（3）机铰进给量 f 的选择 铰钢件及铸铁件时，f 可取 0.5～1mm/r；铰铜、铝件时，f 可取 1～1.2mm/r。进给量过大时，铰刀容易磨损，同时还影响加工质量。若进给量过小时，则很难切下金属材料，形成对材料的挤压，使其产生塑性变形和表面硬化，切削刃撕去大片切屑，使孔壁粗糙，并加快铰刀的磨损。

2. 铰削的操作方法

1）在手铰起铰时，可用一只手通过铰孔轴线施加进刀压力，另一只手转动铰杠。正常铰削时，两手用力要均匀、平稳地旋转，铰刀不得摇摆，不得有侧向压力。同时适当加压，使铰刀均匀地进给，以保证铰刀正确引进和获得较小的表面粗糙度值，并避免孔口成喇叭形或将孔径扩大。

2）在铰孔或退出铰刀时，铰刀均不能反转，以防止切屑嵌入刀具后刀面与孔壁间，将孔壁划伤。

3）铰刀排屑性能很差，须经常取出清屑，以免铰刀被卡住。

4）机铰时，应使工件一次装夹进行钻、铰工作，以保证铰刀中心线与底孔中心线一致。铰孔完毕后，要先退出铰刀再停车，以防孔壁拉出痕迹。

5）铰尺寸较小的圆锥孔时，可先按小端直径并参照圆柱孔精铰余量标准留取余量钻出圆柱孔，然后用锥铰刀铰削即可。对尺寸和深度较大的锥孔，为减小铰削余量，铰孔前可先钻出阶梯孔（图 8-15），再用铰刀铰削。在铰削的最后阶段，要注意用相配的锥销来试配，以防将孔铰大。试配之前要将铰好的孔擦洗干净。锥销放进孔内用手按紧时，其头部应高于工件平面 3~5mm（图 8-16a），然后用铜锤轻轻敲紧（图 8-16b）。图 8-16c 所示为锥孔偏小，图 8-16d 所示为锥孔偏大。

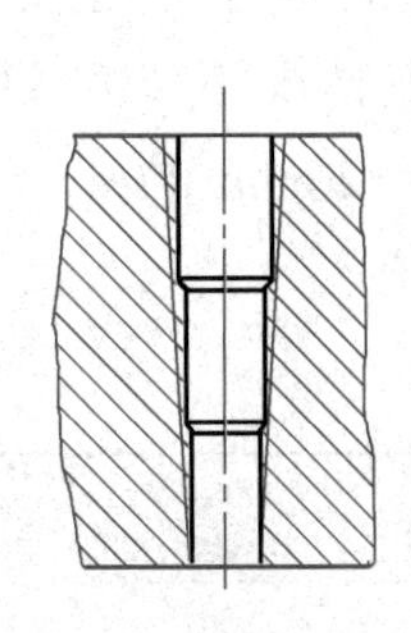

图 8-15　钻出阶梯孔

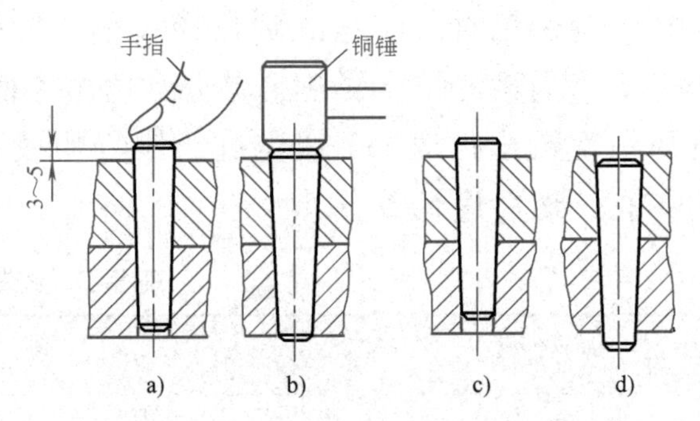

图 8-16　用锥销检查铰孔尺寸

6）对薄壁零件的夹紧力不要过大，以免将孔夹扁，在铰削后产生椭圆形。

7）铰刀是精加工刀具，要保护好切削刃，避免碰撞，切削刃上如有毛刺或切屑粘附，可用油石小心地磨去。使用完毕后要擦拭干净，涂上全损耗系统用油（俗称机油），放置时要保护好切削刃，以防与硬物碰撞而受损伤。

8）熟悉铰孔时常见问题及其产生原因（表 8-2），以便在练习时加以注意。

3. 切削液的选用

铰削时的切屑一般都很细碎，容易粘附在切削刃上，甚至夹在孔壁与铰刀之间，将已加工表面刮毛，使孔径扩大。切削过程中产生的热量积累过多，容易引起工件和铰刀的变形，从而缩短铰刀的使用寿命，增加产生积屑瘤的机会。因此，在铰削过程中必须采用适当的切削液，借以冲掉切屑和带走热量。

表 8-2　铰孔时常见问题及其产生原因

常见问题	产生原因
加工表面粗糙度大	1. 铰孔余量太大或太小 2. 铰刀的切削刃不锋利、刃口崩裂或有缺口 3. 未使用切削液或使用不适当的切削液 4. 铰刀退出时反转，手铰时铰刀旋转不平稳 5. 切削速度太高，产生积屑瘤或切削刃上粘有切屑 6. 容屑槽内切屑堵塞
孔呈多角形	1. 铰削余量太大，铰刀振动 2. 铰孔前钻孔不圆，铰刀发生弹跳现象
孔径缩小	1. 铰刀磨损 2. 铰铸铁时使用煤油作为切削液 3. 铰刀已钝

（续）

常见问题	产生原因
孔径扩大	1. 铰刀中心线与底孔中心线不同轴 2. 手铰时，两手用力不均匀 3. 铰削钢件时，未加切削液 4. 进给量或铰削余量过大 5. 机铰时，钻床主轴摆动太大 6. 切削速度太高，铰刀热膨胀 7. 操作粗心，选择的铰刀直径大于要求尺寸 8. 铰锥孔时，没有及时用锥销检查

铰孔时切削液的选择见表 8-3。

表 8-3　铰孔时切削液的选择

加工材料	切削液
钢	1. 10%~20%乳化液 2. 铰孔要求高时，采用 30%菜油加 70%肥皂水 3. 铰孔的要求更高时，可用茶油、柴油等
铸铁	1. 不用 2. 煤油，但会引起孔径缩小，最大缩小量达 0.02~0.04mm 3. 低浓度的乳化液
铝	煤油
铜	乳化液

四、铰孔训练

1）在实训件上按图 8-17 要求划出各孔位置加工线。

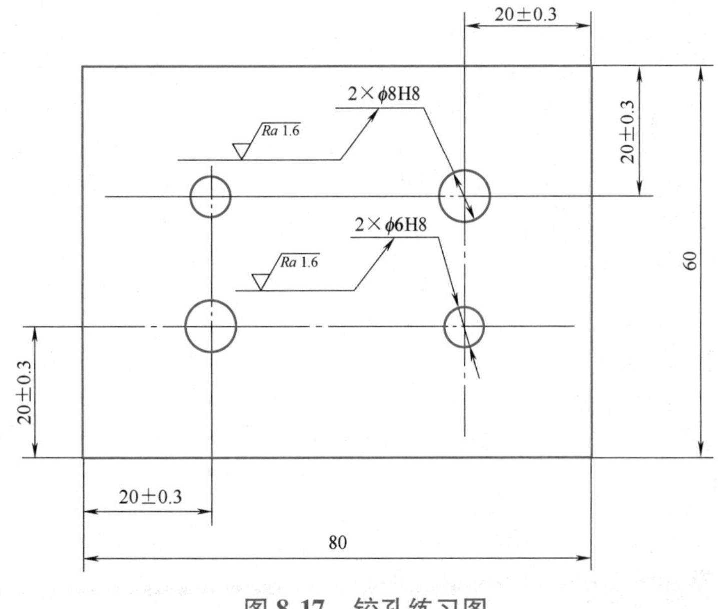

图 8-17　铰孔练习图

2）钻各孔。考虑应有的铰孔余量，选定各孔铰孔前的麻花钻规格，刃磨后试钻得到正确尺寸后按图钻孔，并对孔口进行 C0.5mm 倒角。

3）铰各圆柱孔，用相应的圆柱销配检。

思考与练习

1. 与钻孔相比，扩孔在切削性能上有哪些优点？
2. 锪孔有何作用？
3. 手铰刀的齿距为什么要做成不等分的？
4. 铰孔余量为什么不能太大或太小？

工匠故事

洪家光——言传身教，匠心筑梦

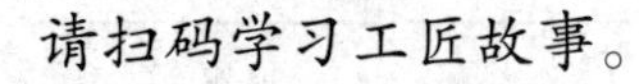

请扫码学习工匠故事。

模块九 攻螺纹和套螺纹

知识目标

1. 了解螺纹相关内容。
2. 了解螺纹的种类。
3. 掌握丝锥、板牙相关内容。

技能目标

1. 会进行攻螺纹底孔直径和套螺纹圆杆直径的计算。
2. 掌握攻螺纹的加工方法。
3. 掌握套螺纹的加工方法。
4. 掌握攻螺纹、套螺纹的质量分析方法。
5. 掌握钻孔、攻螺纹和套螺纹的安全文明生产常识。
6. 具备知识技能拓展能力及适应发展的能力。

素养目标

1. 培养敬业、精益、专注、创新的工匠精神。

2. 培养节能环保意识和安全意识；能正确遵守个人和车间安全作业要求，注重个人安全防护。

3. 具备将攻螺纹、套螺纹知识技能应用于具体工作领域的能力，具有一定的分析问题和解决问题的能力。

第一节 螺纹基本知识

一、螺纹的形成

1. 螺旋线

螺旋线是沿着圆柱或圆锥表面运动的点的轨迹，该点的轴向位移和相应的角位移成定比（图 9-1）。

2. 螺纹

螺纹是在圆柱或圆锥表面上，沿着螺旋线所形成的具有规定牙型的连续凸起（图 9-2、图 9-3）。凸起是指螺纹两侧面间的实体部分，又称为牙。在圆柱表面上所形成的螺纹称为圆柱螺纹（图 9-2a、图 9-3a）。在圆锥表面上所形成的螺纹称为圆锥螺纹（图 9-2b、图 9-3b）。

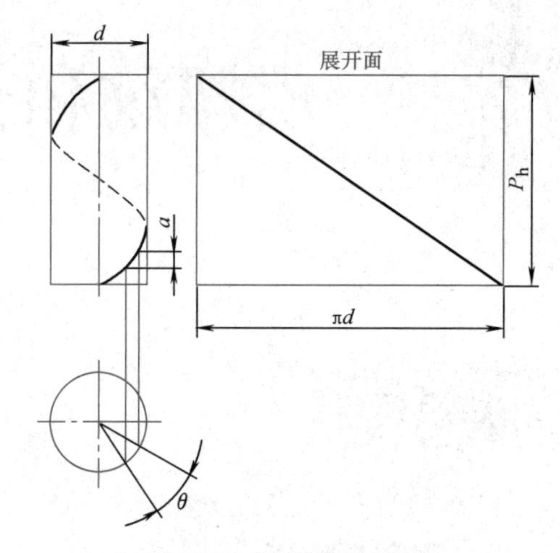

图 9-1　螺旋线的形成

螺纹种类

二、螺纹种类

螺纹的种类较多，可按不同的标准进行分类。

1. 按螺纹所处的位置分类

按螺纹所处的位置可分为外螺纹和内螺纹。在圆柱或圆锥外表面上所形成的螺纹称为外螺纹（图 9-2）；在圆柱或圆锥内表面上所形成的螺纹称为内螺纹（图 9-3）。

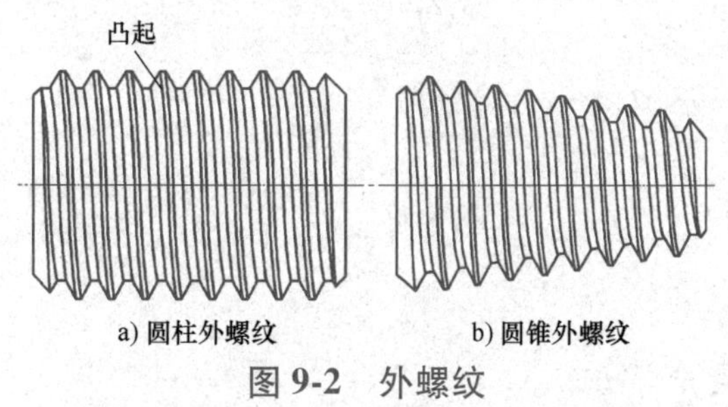

图 9-2　外螺纹

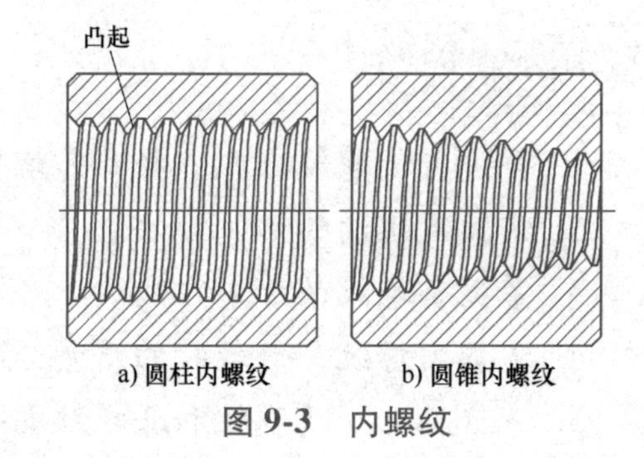

图 9-3　内螺纹

2. 按螺纹的旋向分类

按螺纹的旋向可分为右旋螺纹和左旋螺纹。沿顺时针方向旋转时旋入的螺纹称为右旋螺纹；沿逆时针方向旋转时旋入的螺纹称为左旋螺纹。

螺纹的旋向可以用右手法则来判定（图 9-4）。伸展右手，掌心对着自己，四指并拢与螺杆的轴线平行并指向旋入方向，若螺纹的旋向与拇指的指向一致则为右旋螺纹，反之则为左旋螺纹。

3. 按螺旋线的数目不同分类

按螺旋线的数目可分为单线螺纹和多线螺纹。沿一条螺旋线形成的螺纹称为单线螺纹；沿两条或两条以上的螺旋线形成的螺旋称为多线螺纹。图 9-4a 所示为单线右旋螺纹，图 9-4b 所示为双线左旋螺纹，图 9-4c 所示为三线右旋螺纹。

4. 按螺纹牙型不同分类

按螺纹牙型可分为三角形螺纹（图 9-5a）、矩形螺纹（图 9-5b）、梯形螺纹（图 9-5c）和锯齿形螺纹（图 9-5d）。

5. 按螺纹的用途不同分类

按螺纹的用途可分为连接螺纹和传动螺纹。

三、螺纹的加工

在钳工工作中，用丝锥加工工件内螺纹的操作称为攻螺纹，俗称攻丝；用板牙加工工件外螺纹的操作称为套螺纹，俗称套丝。钳工主要是使用手工方法进行螺距不大的三角形螺纹的加工。由于螺纹连接件是标准件，因此在实际中需要进行加工的通常是内螺纹，只有在自制件中才会涉及外螺纹的加工。

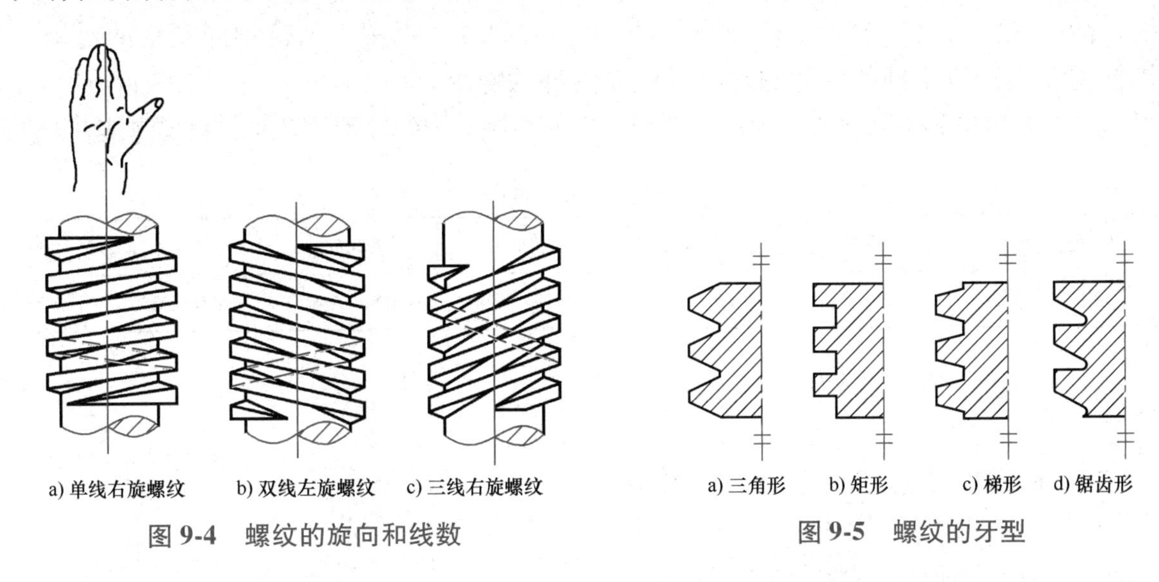

图 9-4　螺纹的旋向和线数　　　　图 9-5　螺纹的牙型

第二节　攻螺纹

一、攻螺纹的工具

1. 丝锥

丝锥是加工内螺纹的工具，由工作部分、柄部等组成（图 9-6）。

（1）工作部分　工作部分包括切削部分、校准部分。切削部分磨出锥角，在攻螺纹时有较好的引导作用。校准部分具有完整的齿形，用来校准已切出的螺纹，并引导丝锥沿轴向前进。

（2）柄部　柄部包括圆柱部分和方榫。其中方榫用于夹持丝锥，传递切削转矩。

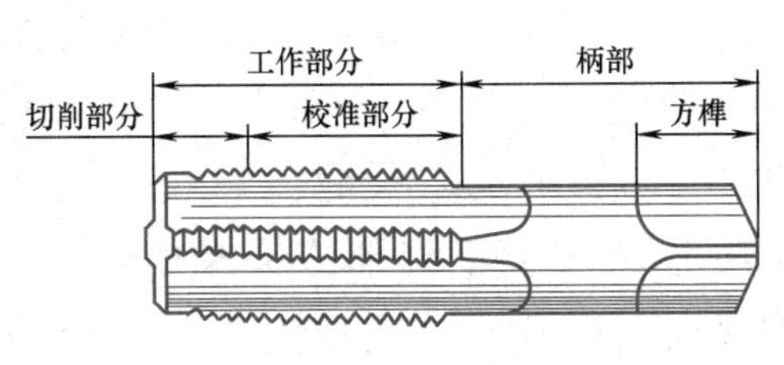

图 9-6　丝锥的组成

2. 丝锥的分类

（1）按加工螺纹的种类分类

1）普通三角形螺纹丝锥，其中 M6~M24 的丝锥为两只一套，小于 M6 和大于 M24 的丝锥为三只一套。两只一套的丝锥分别称为头锥和二锥；三只一套的丝锥分别称为头锥、二锥和三锥。头锥的切削部分较长，锥角较小，以便切入；二锥、三锥的切削部分相对较短，锥角较大。

2）圆柱管螺纹丝锥，为两只一套。

3）圆锥管螺纹丝锥，所有尺寸均为单只。

（2）按加工方法分类　可分为手用丝锥和机用丝锥。

3. 铰杠

铰杠是用来夹持丝锥的工具，有普通铰杠（图 9-7）和丁字铰杠（图 9-8）两类。

各类铰杠又有固定式和活动式两种。固定式铰杠（图 9-7a）常用来攻 M5 以下的螺纹，活动式铰杠（图 9-7b、c）可以调节夹持孔尺寸，以用于夹持不同规格的丝锥。丁字铰杠主要用于攻工件凸台旁的螺纹或机体内部的螺纹。

铰杠长度应根据丝锥尺寸大小来选择，以便控制一定的攻螺纹转矩，可参考表 9-1 选用。

表 9-1 铰杠长度选择

活动铰杠规格	150mm	230mm	280mm	380mm	580mm	600mm
适用丝锥范围	M5～M8	M8～M12	M12～M14	M14～M16	M16～M22	M24 以上

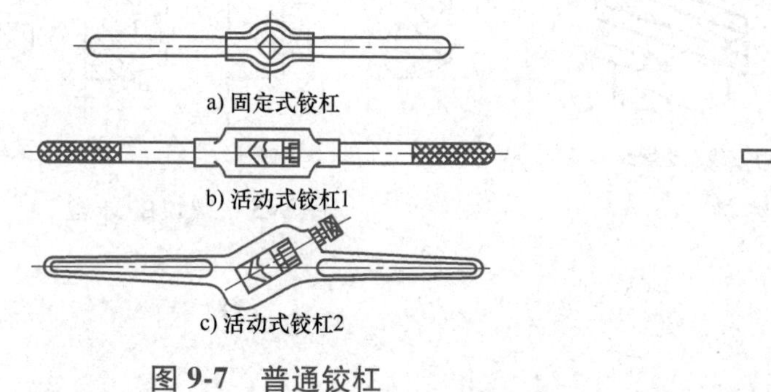

图 9-7 普通铰杠

图 9-8 丁字铰杠

二、螺纹底孔直径的确定

用丝锥攻螺纹时，每个切削刃一方面在切削金属，另一方面也在挤压金属，因而会产生金属凸起并向牙尖流动的现象（图 9-9），这一现象在加工韧性材料时尤为显著。若攻螺纹前钻孔直径与螺纹小径相同，螺纹牙型顶端与丝锥刀齿根部没有足够的空隙，被丝锥挤出的金属会卡住丝锥甚至将其折断，因此底孔直径应比螺纹小径略大，这样挤出的金属流向牙尖正好形成完整螺纹，又不易卡住丝锥。但是，若底孔直径钻得太大，又会使螺纹的牙型高度不够，降低强度。所以确定底孔直径的大小要根据工件的材料性质、螺纹直径的大小来考虑。其方法可查表，也可使用经验公式来进行计算。

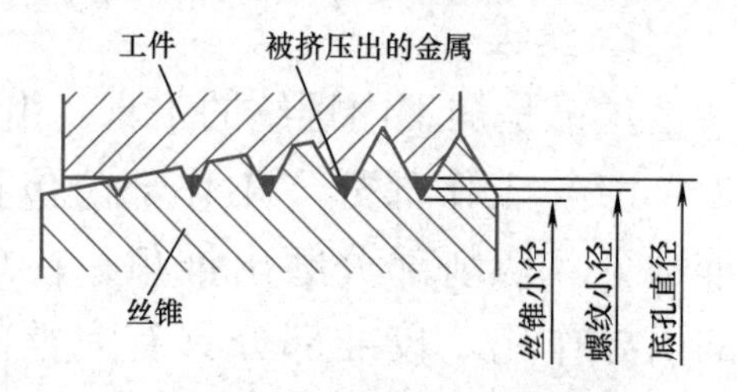

图 9-9 攻螺纹时的挤压现象

1. 普通螺纹底孔直径的确定

普通螺纹底孔直径的确定公式如下：

脆性材料 $D_{底}=D-1.05P$

韧性材料 $D_{底}=D-P$

式中 $D_{底}$——底孔直径（mm）；

D——螺纹大径（mm）；

P——螺距（mm）。

为方便实际应用，表 9-2 将常用普通螺纹的螺距列举出来，在使用时可通过查表确定。

表 9-2　常用螺纹螺距表（GB/T 193—2003）　　（单位：mm）

公称直径	粗牙螺纹螺距	细牙螺纹螺距
3	0.5	0.35
4	0.7	0.5
5	0.8	0.5
6	1	0.75
8	1.25	1/0.75
10	1.5	1.25/1/0.75
12	1.75	1.5/1.25/1
16	2	1.5/1
20	2.5	2/1.5/1
24	3	2.5/1.5/1

注：表中使用“/”隔开的数字为同一公称直径的不同螺距。

2. 不通孔螺纹的钻孔深度

钻不通孔螺纹的底孔时，由于丝锥的切削部分不能攻出完整的螺纹，因此钻孔深度至少要等于需要的螺纹深度加上丝锥切削部分的长度，这段长度大约等于螺纹大径的0.7倍。

因此有下列公式：

$$L=l+0.7D$$

式中　L——钻孔的深度（mm）；

l——需要螺纹深度（mm）；

D——螺纹大径（mm）。

三、攻螺纹的方法

1）划线，钻底孔。

2）将螺纹底孔倒角，通孔螺纹两端都需要倒角。倒角直径可略大于螺孔大径，以使丝锥开始切削时容易切入，并可防止孔口出现挤压出的凸边。

3）用头锥起攻。起攻时，可用一只手的手掌按住铰杠中部，沿丝锥轴线用力加压，另一只手配合沿顺时针方向旋进（图 9-10）；或两只手握住铰杠两端均匀施加压力，并将丝锥顺向旋进（图 9-11）。应保证丝锥中心线与孔中心线重合，没有歪斜。在丝锥攻入 1~2 圈后，应该及时从前后、左右两个方向用直角尺进行检查（图 9-12），并不断找正至要求。

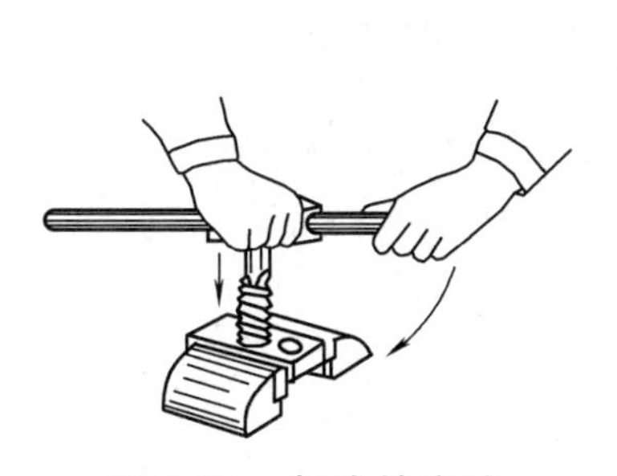

图 9-10　起攻的方法

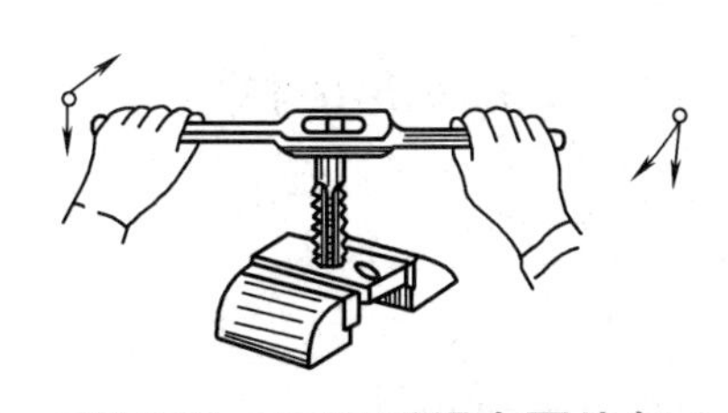

图 9-11　两只手用力要均匀

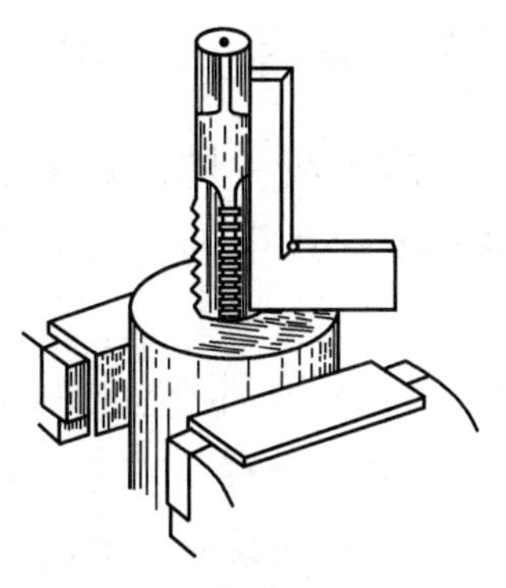

图 9-12　检查攻螺纹垂直度

4）当丝锥的切削部分全部进入工件时，就不需要再施加压力，而靠丝锥做自然旋进切削。两只手均匀用力，并要经常倒转 1/4~1/2 圈，使切屑碎断后容易排屑，避免因切屑阻塞而将丝锥卡住。

5）攻螺纹时，必须以头锥、二锥、三锥的顺序攻削，使用时顺序不能弄错，以合理分担切削量。在较硬的材料上攻螺纹时，可将各丝锥轮流替换使用，以减小切削部分负荷，防止丝锥折断。

6）攻不通孔螺纹时，可在丝锥上做好深度标记，并注意经常退出丝锥排屑，清除留在孔内的切屑。

7）攻螺纹时，应加切削液润滑，以减小切削阻力，降低加工螺纹孔的表面粗糙度值和延长丝锥寿命。

第三节 套螺纹

一、套螺纹的工具

1. 板牙

板牙是加工外螺纹的工具（图 9-13）。

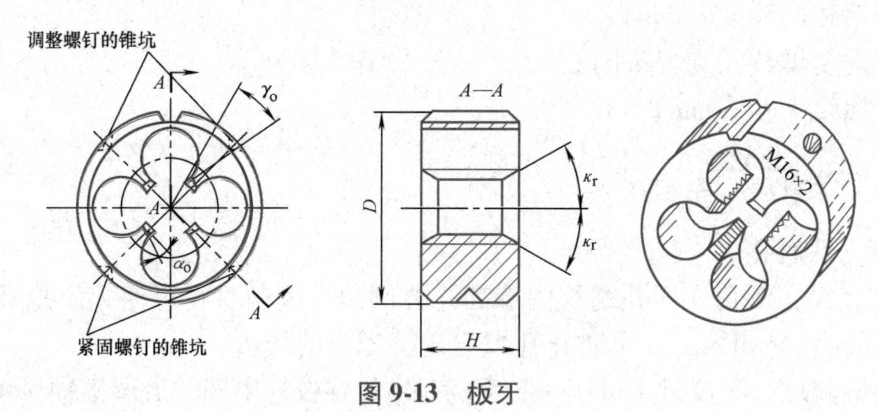

图 9-13 板牙

2. 铰杠

铰杠是用来夹持板牙的工具（图 9-14）。

二、套螺纹时圆杆直径的确定

与攻螺纹一样，套螺纹的切削过程中也有挤压作用，因此圆杆直径要小于螺纹大径。圆杆直径可用下列经验公式计算确定。

$$d_{杆}=d-0.13P$$

式中 $d_{杆}$——圆杆直径（mm）；

d——螺纹大径（mm）；

P——螺距（mm）。

为了使板牙起套时容易切入工件并做正确的引导，圆杆端部要倒角（图 9-15）。其倒角的最小直径可略小于螺纹小径，以避免螺纹端部出现锋口和卷边。

三、套螺纹的方法

1）套螺纹时的切削力矩较大，而工件为圆杆，一般要用 V 形块或厚铜衬作为衬垫，才能保证工件可靠地夹紧。

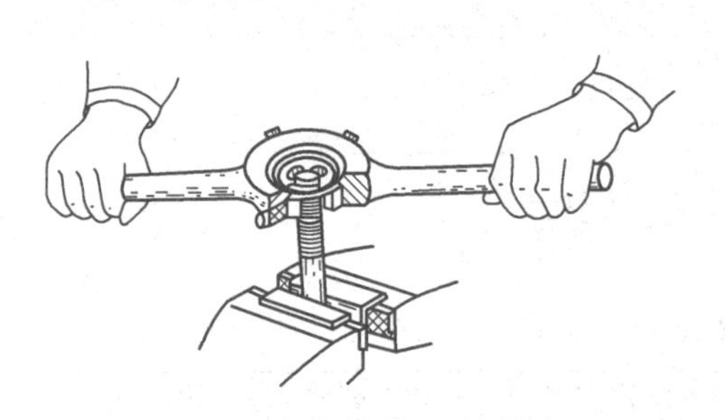

图 9-14　夹持板牙的铰杠

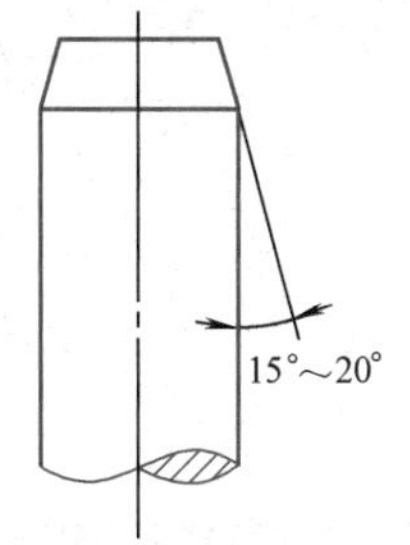

图 9-15　套螺纹时圆杆的倒角

2）起套方法与攻螺纹起攻方法一样，用一只手的手掌按住铰杠中部，沿圆杆轴向施加压力，另一只手配合沿顺时针方向切进，转动要慢，压力要大，并保证板牙端面与圆杆轴线的垂直度，不能歪斜。在板牙切入圆杆 2~3 牙时，应及时检查其垂直度并准确找正。

3）正常套螺纹时，不要加压，让板牙自然引进，以免损坏螺纹和板牙，并经常倒转以断屑。

4）套螺纹时，要加切削液，以降低加工螺纹的表面粗糙度值和延长板牙寿命。

第四节　攻螺纹和套螺纹训练

一、攻螺纹练习

攻螺纹时，可按图 9-16 所示进行练习。

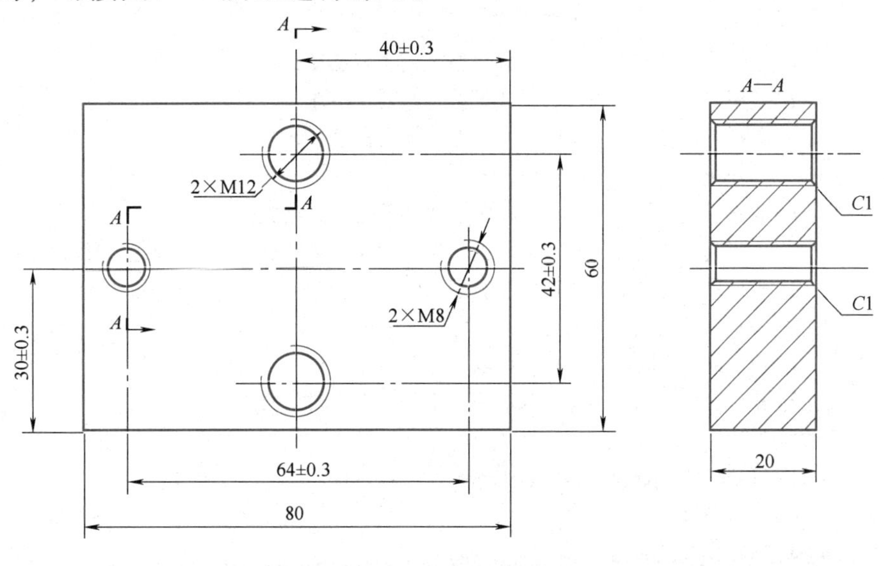

图 9-16　攻螺纹练习图

二、套螺纹练习

套螺纹时，可按图 9-17 所示进行练习，具体数值可参照表 9-3。

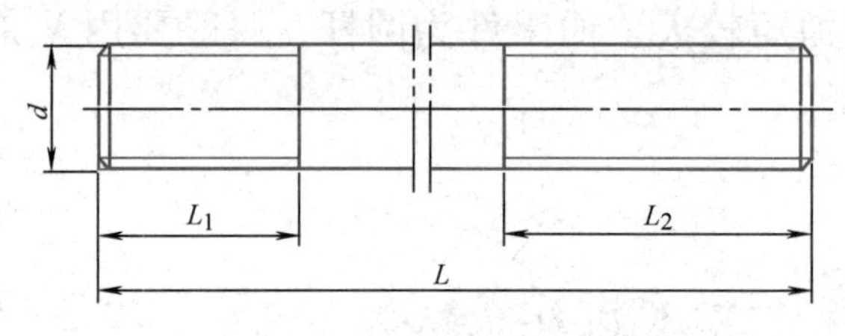

图 9-17　套螺纹练习图

表 9-3　套螺纹练习参数　（单位：mm）

序号	d	L	L_1	L_2
1	M8	100	20	30
2	M10	150	20	40

三、攻螺纹和套螺纹的注意事项

1）正确计算攻螺纹的底孔直径和套螺纹的圆杆直径。

2）起攻、起套时，要及时从前后和左右两个方向进行垂直度的找正，这是保证攻、套螺纹质量的重要一环。

3）起攻、起套的正确性，以及攻、套螺纹时能控制双手用力均匀和掌握好用力限度，是攻、套螺纹的基本功之一，必须用心掌握。

4）熟悉攻螺纹和套螺纹时常出现的问题及其产生原因（表 9-4），以便在练习时加以注意。

表 9-4　攻螺纹和套螺纹时常出现的问题及其产生原因

出现问题	产生原因
螺纹乱牙	1. 攻螺纹时底孔直径太小，起攻困难，左右摆动，孔口乱牙 2. 换用二、三锥时强行找正或没旋合好就往下攻 3. 圆杆直径过大，起套困难，左右摆动，杆端乱牙
螺纹滑牙	1. 攻不通孔的较小螺纹时，丝锥已攻到孔底仍继续旋转 2. 攻强度低或小孔径螺纹，丝锥已切出螺纹仍继续加压或攻完后连同铰杠做自由的快速转出 3. 未加适当切削液及攻螺纹、套螺纹时未倒转断屑，切屑堵塞将螺纹啃坏
螺纹歪斜	1. 攻、套螺纹时位置不正，起攻、起套时未进行垂直度检查 2. 孔口、杆端倒角不良，双手用力不均，切入时歪斜
螺纹形状不完整	1. 攻螺纹底孔直径太大或套螺纹圆杆直径太小 2. 圆杆不直 3. 板牙经常摆动

（续）

出现问题	产生原因
丝锥折断	1. 底孔太小 2. 攻入时丝锥歪斜或歪斜后强行找正 3. 没有经常倒转断屑和排屑或不通孔已攻到底，还继续用力 4. 使用铰杠不当 5. 丝锥刀齿爆裂或磨损过多仍强行向下攻入 6. 工件材料过硬或夹有硬点 7. 两手用力不均或用力过猛

5）从螺纹孔中取出折断丝锥的方法：在取出断丝锥前，应先把孔口中的切屑和丝锥碎屑清除干净，以防轧在螺纹与丝锥之间而阻碍丝锥的退出。

① 用尖錾或冲头抵在断丝锥的容屑槽中顺着退出的切线方向轻轻敲击，必要时再顺着旋进方向轻轻敲击，使丝锥在多次正反方向的敲击下产生松动。这种方法仅适用于断丝锥尚露出于孔口或接近孔口时。

② 在断丝锥上焊上一个六角螺钉，然后用扳手扳动六角螺钉而使断丝锥退出。

③ 用乙炔火焰使丝锥退火，然后用麻花钻钻一个不通孔。此时麻花钻直径应比底孔直径略小，钻孔时要对准中心，防止将螺纹钻坏。钻好孔后，打入一个扁形或方形冲头，再用扳手旋出断丝锥。

④ 用电火花加工设备将断丝锥熔掉。

思考与练习

1. 螺纹的种类有哪些？
2. 钳工加工螺纹的方法有哪些？
3. 为什么攻螺纹的底孔直径比螺纹小径要大？
4. 在进行攻、套螺纹的操作时有哪些注意事项？
5. 为什么要对攻螺纹的底孔和套螺纹的圆杆进行倒角？
6. 攻螺纹时，怎样防止丝锥折断？

工匠故事

请扫码学习工匠故事。

张路明——追求卓越，永无止境

模块十 刮削与研磨

知识目标

1. 掌握刮削的原理。
2. 了解刮削的特点及应用。
3. 了解刮削工具相关内容。
4. 掌握研磨的原理。
5. 了解研磨的特点及应用。
6. 了解研磨工具相关内容。

技能目标

1. 能进行刮削操作。
2. 能进行刮刀的刃磨。
3. 能正确选用研磨剂。
4. 能进行研磨操作。
5. 掌握刮削、研磨的安全文明生产常识。
6. 具备知识技能拓展能力及适应发展的能力。

素养目标

1. 培养敬业、精益、专注、创新的工匠精神。

2. 培养节能环保意识和安全意识；能正确遵守个人和车间安全作业要求，注重个人安全防护。

3. 具备将刮削、研磨知识技能应用于具体工作领域的能力，具有一定的分析问题和解决问题的能力。

第一节 刮削

一、刮削及应用

1. 刮削的概念

用刮刀在工件表面刮去一层很薄的金属，以提高工件加工精度的操作称为刮削。刮削是精加工的一种方法，表面粗糙度值可达 $Ra1.6\mu m$ 以下。

2. 刮削的原理

刮削是在工件与校准工具或与其相配合的工件之间涂上一层显示剂，经过对研，使工件上较高的部位显示出来，然后用刮刀进行微量刮削，刮去部位较高的金属层。同时，刮刀对工件还有推挤和压光的作用，这样反复地显示和刮削，就能使工件的加工精度达到预定的要求。

3. 刮削的特点及应用

（1）刮削的特点

1）刮削切削量小，切削力小，产生热量小，装夹变形小，不存在车、铣、刨等机械加工中不可避免的振动、热变形等因素，因此能获得很高的尺寸精度、形状和位置精度、接触精度、传动精度和很小的表面粗糙度值。

2）刮刀对工件表面采用负前角切削，有推挤和压光作用，使工件表面光洁，组织致密。

3）刮削后的工件表面形成了比较均匀的微浅凹坑，创造了良好的储油条件，改善了相对运动零件之间的润滑情况。

（2）刮削的应用　刮削工作是一种比较古老的加工方法，也是一项繁重的体力劳动。但是它所用的工具简单，并且不受工件形状、位置，以及设备条件的限制，加之具有以上所述的特点，因此在机械制造及工具、量具制造或修理工作中，仍然是一种重要的手工作业。

刮削主要用于以下场合：

1）零件的形状和位置精度要求较高。

2）互配件配合精度要求较高。

3）装配精度要求较高。

4）零件需要得到美观的表面。

4. 刮削的余量

由于刮削每次只能刮去很薄的一层金属，刮削操作的劳动强度又很大，因此工件在机械加工后留下的刮削余量不宜太大，一般为0.05~0.4mm，具体数值根据工件刮削面积大小而定。刮削面积大，由于加工误差也大，故所留余量应大些；反之，则余量可小些。合理的刮削余量见表10-1。当工件刚性较差，容易变形时，刮削余量可比表10-1中略大些，可由经验确定。只有具有合适的余量，才能经过反复刮削来达到尺寸精度、形状和位置精度。一般来说，工件在刮削前的加工精度（直线度和平面度）应不低于公差中规定的9级精度。

表10-1　刮削余量　　（单位：mm）

平面的刮削余量					
平面宽度	平面的长度				
	100~500	500~1000	1000~2000	2000~4000	4000~6000
100以下	0.10	0.15	0.20	0.25	0.30
100~500	0.15	0.20	0.25	0.30	0.40

（续）

孔的刮削余量			
孔径	孔长		
	100 以下	100~200	200~300
80 以下	0.05	0.08	0.12
80~180	0.10	0.15	0.25
180~360	0.15	0.20	0.35

二、刮削的种类

1. 平面刮削

平面刮削有单个平面刮削（如平板、工作台面等）和组合平面刮削（如 V 形导轨面、燕尾槽面等）两种。

平面刮削的一般过程可分为粗刮、细刮、精刮和刮花等。

（1）粗刮　粗刮是用粗刮刀在刮削面上均匀地铲去一层较厚的金属。粗刮可以采用连续推铲的方法，刀迹要连成长片。粗刮能很快地去除刀痕、锈斑或过多的余量。当粗刮到每 25mm×25mm 的范围内有 2~3 个研点时，即可转入细刮。

（2）细刮　细刮是用细刮刀在刮削面上刮去稀疏的大块研点（俗称破点），目的是进一步改善不平现象。细刮常采用短刮法，刀痕宽而短，刀迹长度为切削刃宽度。随着研点的增多，刀迹逐步缩短。每刮一遍时，须按同一方向刮削（一般要与平面的边成一定角度），刮第二遍时要交叉刮削，以消除原方向上的刀迹。在整个刮削面上达到 12~15 个研点/25mm×25mm 时，细刮结束。

（3）精刮　精刮就是用精刮刀更仔细地刮削研点（俗称摘点），目的是通过精刮增加研点数目，改善表面质量，使刮削面符合精度要求。精刮常采用点刮法（刀迹长度约为 5mm）。刮面越窄小、精度要求越高，刀迹越短。精刮时，压力要轻，提刀要快，在每个研点上只刮一刀，不要重复刮削，并始终交叉地进行刮削。当研点增加到 20 个/25mm×25mm 以上时，精刮结束。精刮时，要注意交叉刀迹的大小一致，排列整齐，以确保刮削面的美观。

（4）刮花　刮花是在刮削面或机器外观表面上用刮刀刮出装饰性花纹。刮花的目的是使刮削面美观，并使滑动件之间形成良好的润滑条件。

常见的刮花花纹如图 10-1 所示。除了上述的三种常见花纹外，还有其他的多种花纹，需要时，可做进一步的观察和练习。

2. 曲面刮削

曲面刮削包括内圆柱面、内圆锥面和球面刮削等。

曲面刮削的原理和平面刮削一样，只是曲面刮削使用的刀具、掌握刀具的方法与平面刮削有所不同。

刮削曲面时，应根据其不同形状和不同的刮削要求，选择合适的刮刀和显点方法。一般是以标准轴（也称工艺轴）或与其配合的轴作为内曲面研点的校准工具。研合时，先将显示剂涂在轴的圆周面上，用轴在内曲面中旋转显示研点，再根据研点进行刮削。

图 10-1 常见的刮花花纹

三、刮削工具

1. 刮刀

刮刀是刮削工作中的主要工具，要求刀头部分具有足够的硬度，切削刃必须锋利。刮刀一般采用碳素工具钢或弹性较好的滚动轴承钢锻制而成，经过淬火后，硬度可达60HRC左右。当刮削硬度很高的工件表面时，可焊上硬质合金刀头。根据刮削表面的不同，刮刀可分为平面刮刀和曲面刮刀两大类。

（1）平面刮刀　用于刮削平面、外曲面和刮花。按刀杆形状可将其分为直头刮刀（图 10-2a）和弯头刮刀（图 10-2b）。按所刮表面精度要求不同，可分为粗刮刀、细刮刀和精刮刀三种。

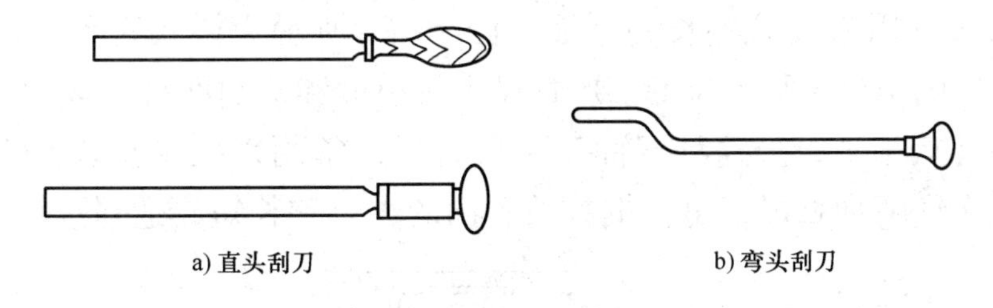

图 10-2 平面刮刀

刮削者手臂长短不同，对刮刀长短、宽窄的选择并无严格规定，以使用适当为宜。

刮刀的几何角度根据每个刮削者的操作熟练程度、握持姿势，以及刮削平面的不同而随时改变，同时在刮削过程中，刮刀杆产生弹性变形，也会明显地改变它的角度，因此刮刀需要有一定的正确角度，但不是十分严格。刮刀头部形状和几何角度如图 10-3 所示，图 10-3a所示为粗刮刀，用于粗刮；图 10-3b 所示为细刮刀，用于细刮；图 10-3c 所示为精刮刀，用于精刮；图 10-3d 所示为用于刮削韧性材料的刮刀。

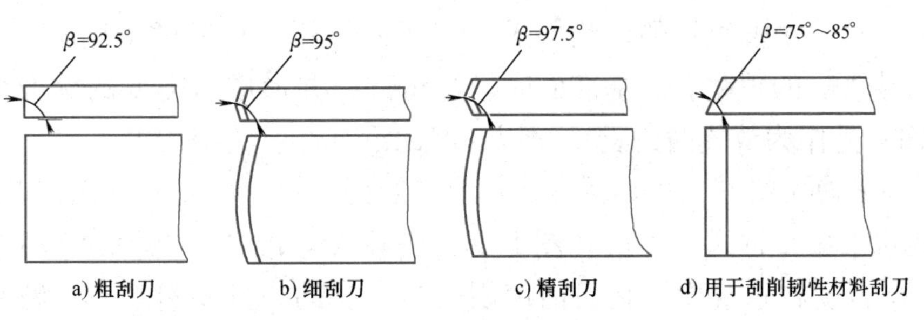

图 10-3 刮刀头部的形状和几何角度

（2）曲面刮刀　主要用来刮削内曲面，如滑动轴承内孔等。曲面刮刀有多种形状，如三角刮刀（图10-4a）、柳叶刮刀（图10-4b）、蛇头刮刀（图10-4c）等。

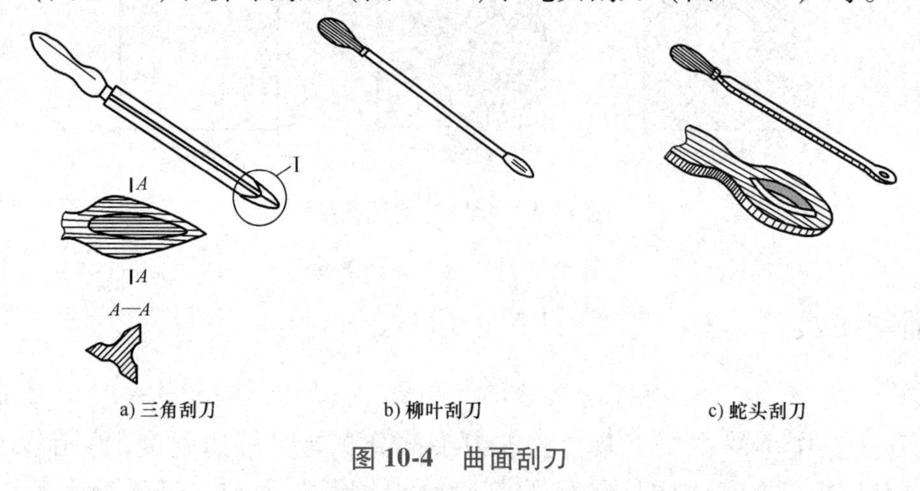

图10-4　曲面刮刀

2. 校准工具

校准工具是用来推磨研点和检查被刮面准确性的工具，也称研具。常用的有以下几种：

（1）校准平板（标准平板）　用来校验较宽的平面。标准平板的面积有多种规格，选用时，其面积应大于工件被刮面的3/4，其结构和形状如图10-5所示。

（2）校准直尺　用来校验狭长的平面。图10-6a所示为桥式直尺，用来校验较大机床导轨的直线度。图10-6b所示为工字形直尺，有单面和双面两种。双面工字形直尺的两面都经过精刮并且互相平行。这种双面工字形直尺，常用来校验狭长平面相对位置的准确性。桥式和工字形两种直尺，可根据狭长平面的大小和长短，适当选用。

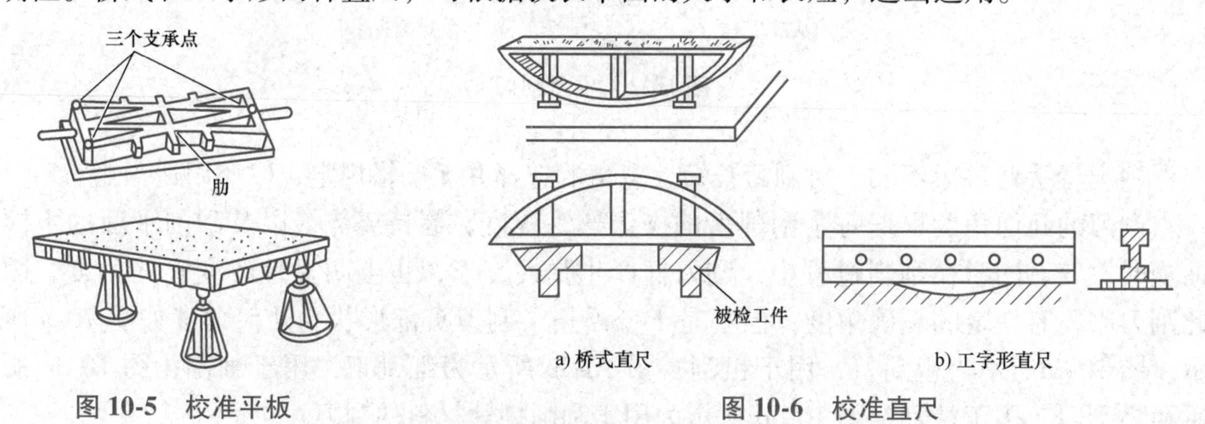

图10-5　校准平板　　图10-6　校准直尺

（3）角度直尺　角度直尺的形状如图10-7所示，用于校验两个刮削面成角度的组合平面（如燕尾导轨）的角度。两基准面应经过精刮，并形成所需要的标准角度，如55°、60°等。第三面只是作为放置时的支承面用，因此没有经过精密加工。

各种直尺在未使用时，应吊挂保存。不便吊起的直尺，应安放平稳，以防变形。

（4）框式水平仪　框式水平仪（图10-8）有两个水准器，能检验工件或机床的水平度、直线度、平行度和垂直度，是目前使用较为广泛的一种测量工具，特别适用于大中型平面的测量。

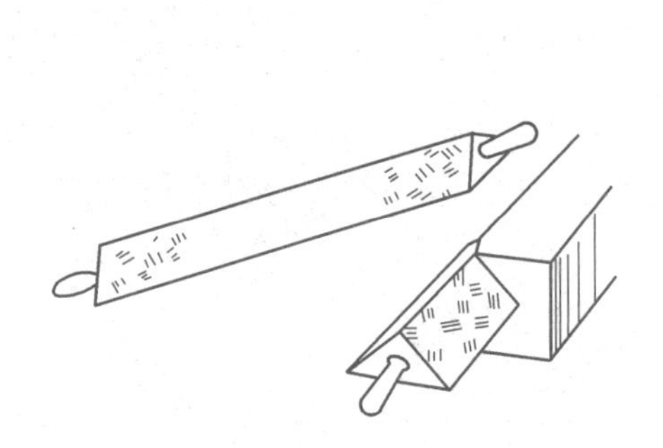
图 10-7　角度直尺的形状

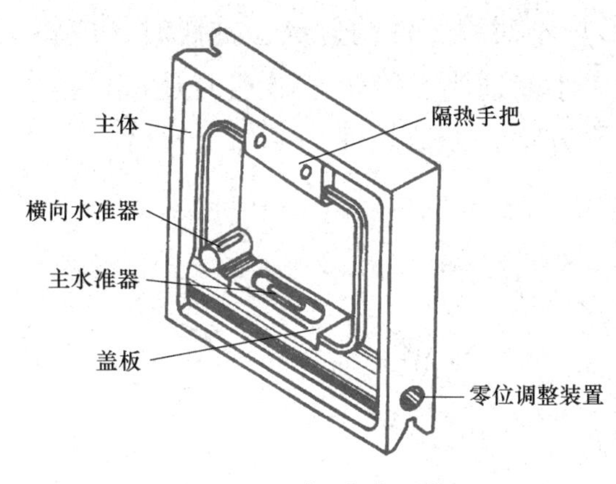

图 10-8　框式水平仪

检验曲面刮削的质量，多数是用与其相配合的轴或配合件作为校准工具。如齿条和蜗轮的齿面，是采用与其相啮合的齿轮和蜗杆作为校准工具。

3. 显示剂

了解刮削前工件误差的大小和位置必须用标准工具或与其相配合的工件合在一起对研。工件和校准工具对研时，所加的涂料称为显示剂。经过对研，凸起处就显示出点，刮削时，根据显点情况用刮刀刮去高点。

（1）显示剂的种类

1）红丹粉。红丹粉分铅丹（氧化铅，呈橘红色）和铁丹（氧化铁，呈红褐色）两种，其颗粒较细，用全损耗系统用油（俗称机油）调和后使用。红丹粉广泛用于钢和铸铁工件，因其在使用没有反光，显点清晰，价格又较低廉，故最为常用。

2）蓝油。蓝油是用普鲁士粉和蓖麻油及适量全损耗系统用油（俗称机油）调和而成的显示剂，呈深蓝色。蓝油研点小而清楚，多用于精密工件和非铁金属及其合金的工件。

（2）显示剂的用法　刮削时，显示剂可以涂在工件表面上，也可以涂在标准件上。前者在工件表面显示的结果是红底黑点，没有闪光，容易看清楚，适用于精刮时选用。后者只在工件表面的高处着色，研点暗淡，不易看清，但切屑不易粘附在切削刃上，刮削方便，适用于粗刮时选用。

在调和显示剂时应注意：粗刮时可调得稀些，这样在刀痕较多的工件表面上便于涂抹，显示的研点也大；精刮时应调得干些，涂抹要薄而均匀，这样显示的研点细小，否则研点会模糊不清。

（3）显点的方法　显点的方法应根据不同形状和刮削面积的大小有所区别。

1）中小型工件的显点：一般是基准平板固定不动，工件被刮面在平板上推研（图 10-9a）后根据显点情况进行分析（图 10-9b）。推研时，压力要均匀，避免显示失真。如果工件被刮面小于平板面，推研时最好不超出平板；如果被刮面等于或稍大于平板面，允许工件超出平板，但超出部分应小于工件长度的 1/3。推研时，应在整个平板上推研，以防止平板局部磨损。

2）大型工件的显点：将工件固定，平板在工件的被刮面上推研。推研时，平板超出工件被刮面的长度应小于平板长度的 1/5。对于面积大、刚性差的工件，平板的重量要尽可能减轻，必要时，还要采取卸荷推研。

3）不对称工件的显点：推研时，应将工件的某个部位托起或下压（图 10-10），但用力的大小要适当、均匀。显点时还应注意，如果两次显点不一致，应分析原因，认真检查推研方法，谨慎处理。

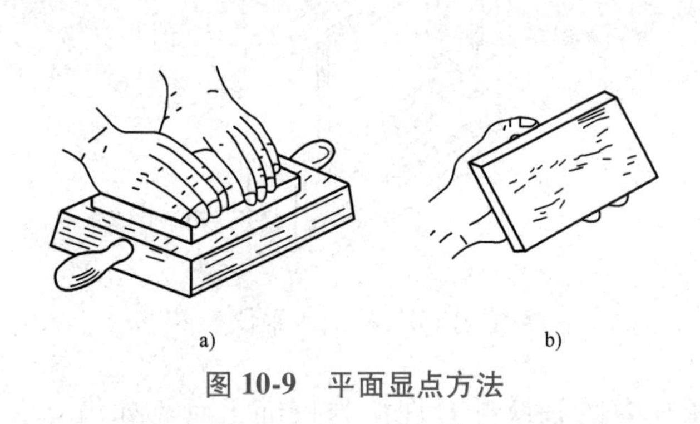

图 10-9　平面显点方法

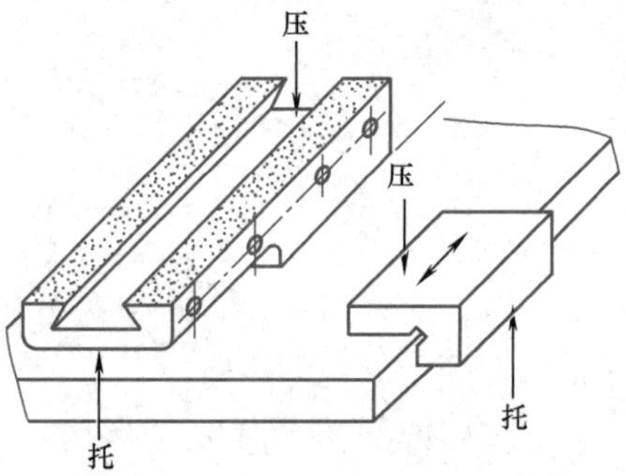

压
压
托
托

图 10-10　不对称工件的显点

4）内曲面的显点：研点常用标准轴或相配合的轴作为内曲面的校准工具。校准时，若使用蓝油，则均匀地涂在轴的圆周面上；若使用红丹粉，则均匀地涂在内曲面表面。用轴在内曲面中来回旋转显示研点（图 10-11），根据研点进行刮削（图 10-12）。

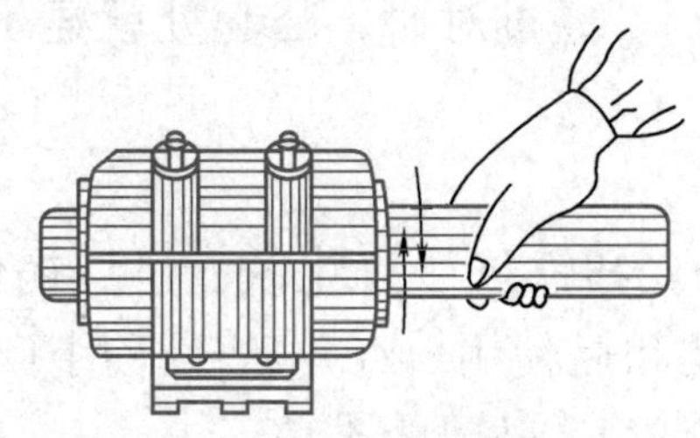

图 10-11　内曲面的研点方法

图 10-12　内曲面的研点

四、刮削方法

1. 平面刮削姿势

平面刮削姿势分手刮法和挺刮法两种。

（1）手刮法　右手握刀柄，左手四指向下握在距刮刀头部 50~70mm 处。左手靠掌部贴在刀背上，刮刀与刮削面成 25°~30°。同时，左脚向前跨一步，上身前倾，身体重心靠向左腿。刮削时，刀头找准研点，身体重心往前送的同时，右手跟进刮刀；左手下压，落刀要轻并引导刮刀前进方向，左手随着研点被刮削的同时，以刮刀的反弹作用力迅速提起刀头，刀头提起高度为 5~10mm，如此完成一个刮削动作（图 10-13）。

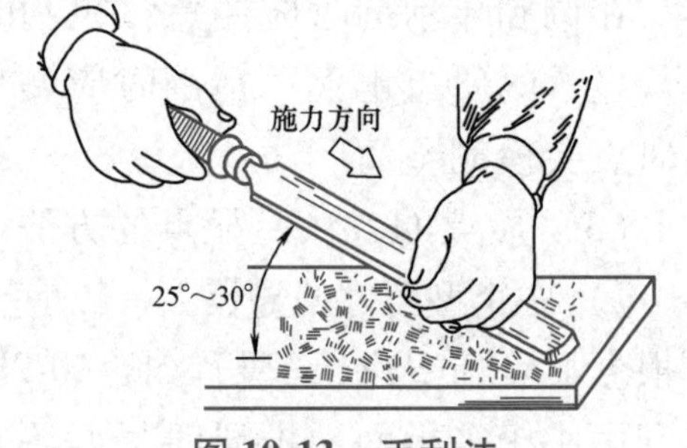

图 10-13　手刮法

（2）挺刮法　将刮刀柄顶在小腹右下部，左手在前，手掌向下；右手在后，手掌向上，在刮刀头部约 80mm 处握住刀身。刮削时，刀头对准研点，左手下压，右手控制刀头方向，利用腿部和臂部的合力往前推动刮刀；在研点被刮削的瞬间，双手利用刮刀的反弹作用力迅速提起刀头，刀头提起高度约为 10mm（图 10-14）。

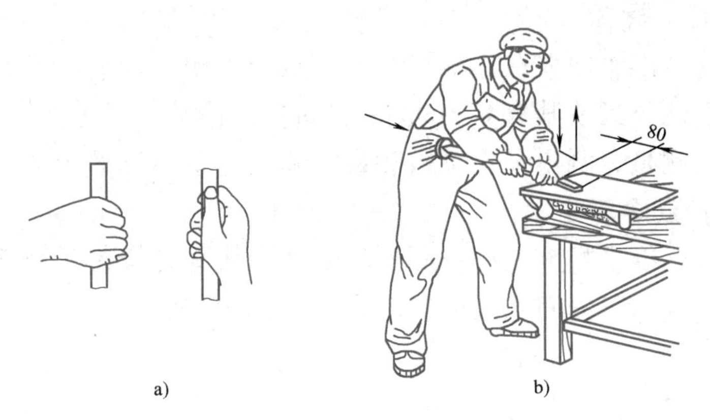

图 10-14　挺刮法

2. 内曲面刮削姿势

内曲面粗刮方法如图 10-15 所示，右手握刀柄，左手掌心向下且四指在刀身中部横握，拇指抵着刀身。刮削时，右手做圆弧运动，左手顺着曲面方向使刮刀做前推或后拉的螺旋形运动，刀迹与曲面轴线成 45°交叉进行（图 10-16）。

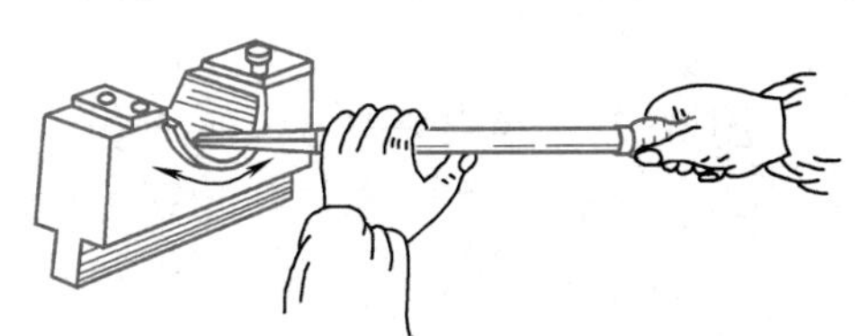

图 10-15　内曲面粗刮方法

内曲面细刮方法如图 10-17 所示，刮刀柄搁在右手臂上，左手掌心向下握在刀身前端，右手掌心向上握在刀身后端。刮削时，左、右手的动作和刮刀运动与粗刮一样。

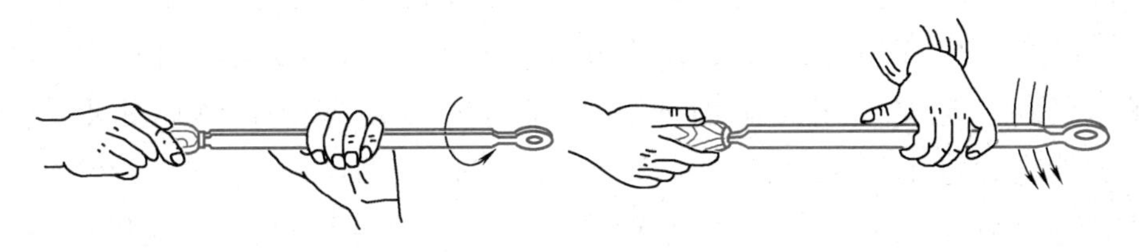

图 10-16　内曲面刮削姿势

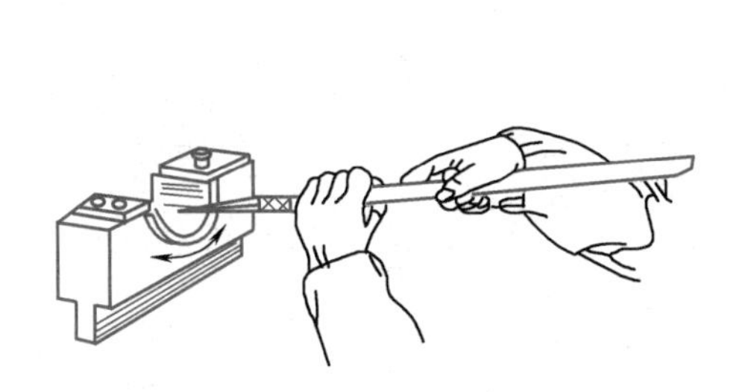

图 10-17　内曲面细刮方法

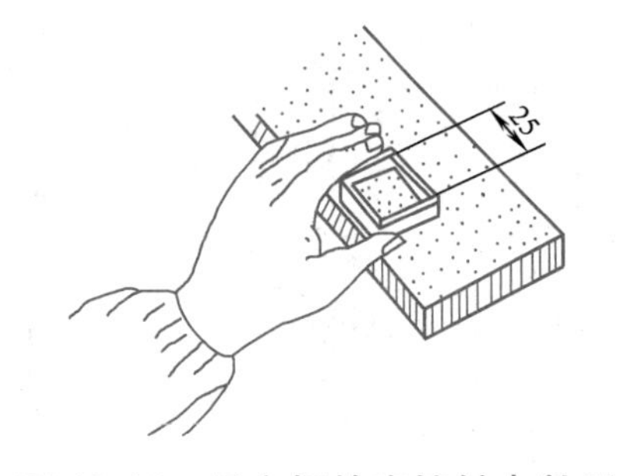

图 10-18　用方框检查接触点数目

五、刮削精度的检验方法

1. 以接触点数目检验接触精度

用边长为 25mm 的正方形方框放在被检查面上，根据在方框内的接触点数目的多少确定其接触精度，如图 10-18 所示。

2. 用百分表检查平行度

测量时，将工件基准平面放在标准平板上，百分表测头置于加工表面上（图 10-19），触及测量表面时，应调整到使其有 0.3mm 左右的初始读数，沿着工件被测表面的四周及两条对角线方向进行测量，测得最大读数和最小读数之差即为平行度误差。

3. 用圆柱角尺检查垂直度

将圆柱角尺放在标准平板上，把被测件的基准面放置在标准平板上并靠近圆柱角尺，通过观察被测面与圆柱角尺的间隙来检查垂直度（图 10-20）。

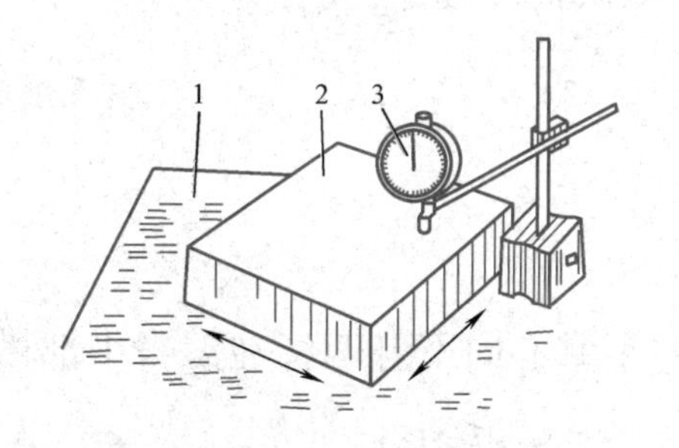

图 10-19 用百分表检查平行度

1—标准平板 2—工件 3—百分表

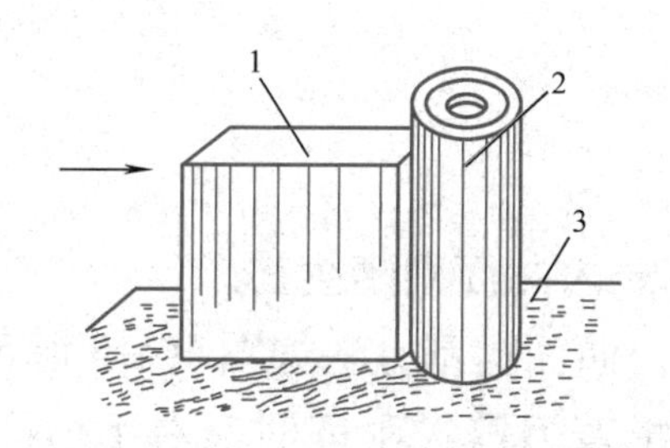

图 10-20 用圆柱角尺检查垂直度

1—工件 2—圆柱角尺 3—标准平板

六、刮刀的刃磨

1. 平面刮刀的刃磨

（1）粗磨 粗磨时，分别将刮刀两平面贴在砂轮侧面上。开始时，刮刀应先接触砂轮边缘，再慢慢平放在砂轮侧面上，不断地前后移动进行刃磨（图 10-21a），使两面都达到平整，在刮刀全宽上用肉眼看不出有显著的厚薄差别。然后粗磨顶端面，把刮刀的顶端放在砂轮轮缘上平稳地左右移动刃磨（图 10-21b），要求刀身中心线与砂轮端面垂直。刃磨时，应先以一定倾斜度与砂轮接触（图 10-21c），再逐步按图示箭头方向转动至水平。如果直接按水平位置靠上砂轮，则会使刮刀颤抖，不易磨削，甚至会引发事故。

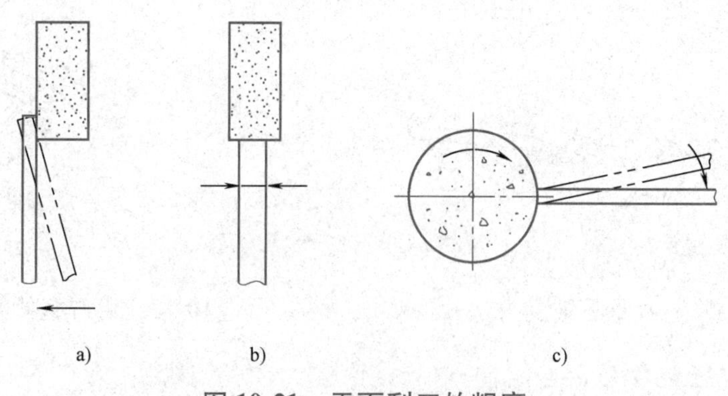

图 10-21 平面刮刀的粗磨

（2）热处理 将磨好的刮刀放在炉火中缓慢加热到 780~800℃（呈樱红色），加热长度为 25mm 左右，取出后迅速放入冷水（或 10%的盐水）中冷却，浸入深度为 8~10mm。刮刀接触水面时做缓缓平移和间断地少许上下移动，以避免在淬硬部分留下明显的界线。

当刮刀露出水面部分呈黑色，由水中取出观察其刃部颜色为白色时，迅速把整个刮刀浸入水中冷却，直到刮刀全冷后取出即可。热处理后，刮刀切削部分硬度应在60HRC以上，用于粗刮。精刮刀及刮花刮刀在淬火时可用油冷，刀头不会产生裂纹，金属的组织较细，容易刃磨，切削部分硬度接近60HRC。

（3）细磨　热处理后的刮刀要在细砂轮上细磨，基本达到刮刀的形状和几何角度要求。刮刀刃磨时必须经常蘸水冷却，避免切削刃部分退火。

（4）精磨　刮刀精磨须在油石上进行。操作时，在油石上加适量全损耗系统用油（俗称机油），先磨两平面（图10-22a）直至平面平整，表面粗糙度值小于$Ra0.2\mu m$。然后精磨端面（图10-22b）。刃磨时，左手扶住手柄，右手紧握刀身，使刮刀直立在油石上，略带前倾（前倾角度根据刮刀β角的不同而定）地向前推移，拉回时，刀身略微提起，以免磨损刃口。如此反复，直到切削部分形状和角度符合要求，且切削刃锋利为止。初学者还可将刮刀上部靠在肩上，两手握住刀身向后拉动来磨锐切削刃，向前时则将刮刀提起（图10-22c）。此方法速度较慢，但容易掌握。

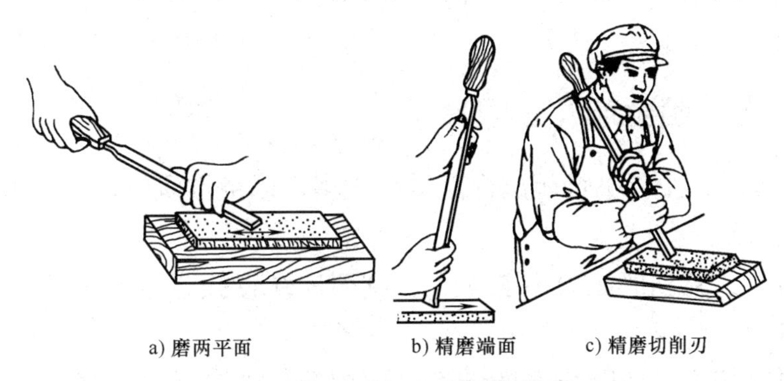

a) 磨两平面　　b) 精磨端面　　c) 精磨切削刃

图10-22　刮刀在油石上精磨

2. 曲面刮刀的刃磨

（1）三角刮刀的刃磨和热处理　先将锻好的毛坯在砂轮上进行刃磨，其方法是右手握刀柄，使其按切削刃形状进行弧形摆动，同时在砂轮宽度上来回移动，基本成形后，将刮刀调转，顺着砂轮外圆柱面进行修整（图10-23a）。接着将三角刮刀的三个圆弧面用砂轮角开槽，目的是用于精磨（图10-23b），槽要磨在两刃中间，刃磨时刮刀应稍做上下和左右移动，使切削刃边上只留2~3mm的棱边。

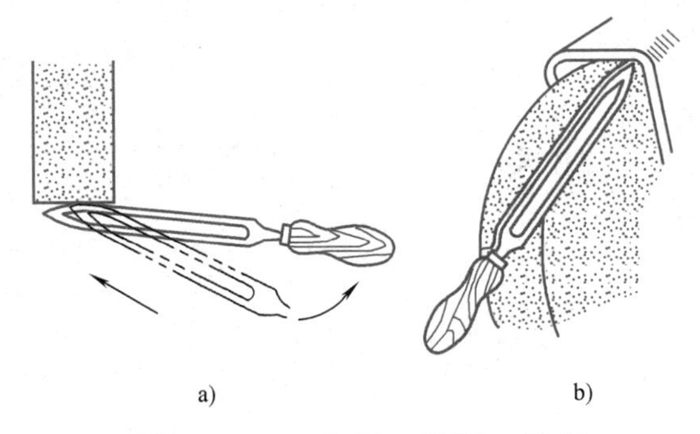

a)　　b)

图10-23　三角刮刀的粗、精磨

三角刮刀的淬火长度应为切削刃全长，方法和要求与平面刮刀相同。淬火后，必须在油石上进行精磨，用右手握柄，左手轻压切削刃（图10-24a），使两切削刃边同时与油石接触（图10-24b），刮刀沿着油石长度方向来回移动，并按切削刃弧形做上下摆动，要求将三个弧形面全部刃磨光洁，切削刃锋利。

（2）柳叶刮刀和蛇头刮刀的刃磨和热处理　柳叶刮刀和蛇头刮刀两平面的粗、精磨

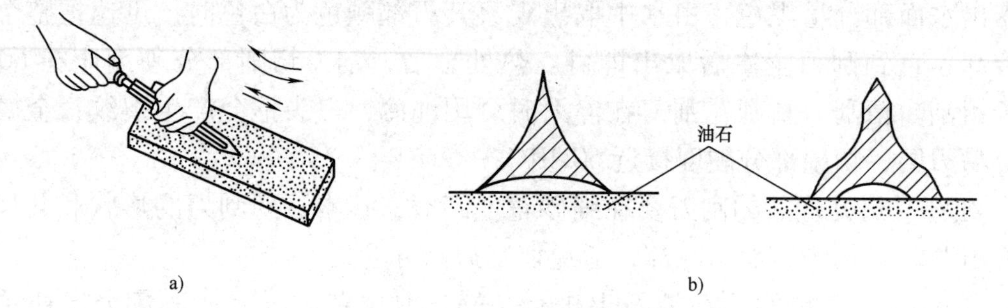

图 10-24　三角刮刀的精磨

方法与平面刮刀相同，刀头两圆弧面的刃磨方法与三角刮刀相似（图 10-25）。粗、细磨刮刀在砂轮上刃磨，精磨刮刀在油石上进行刃磨。

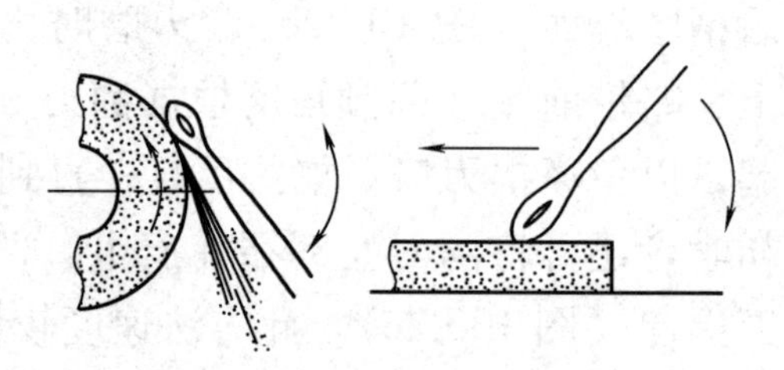

图 10-25　蛇头刮刀的刃磨

淬火方法要求与上述相同，圆弧部分应全部淬硬。曲面刮刀若用于刮削非铁金属工件时可在油中冷却。

七、刮削安全文明生产及注意事项

1）在推研显点时，工件不可超出标准平板太多，以免推研不均匀，并防止工件掉下而损坏。

2）刃磨刮刀时，施加的压力不能太大，刮刀应缓慢接近砂轮，避免刮刀颤抖过大引发事故。

3）刮刀柄要安装可靠，防止木柄破裂，使刮刀柄端穿过木柄伤人。

4）刮削工件边缘时，不可用力过猛，以免失控，发生事故。

5）刮刀使用完毕后，刀头部分应用纱布包裹，妥善保管。

6）标准平板使用完毕后，须擦洗干净，并涂抹全损耗系统用油（俗称机油），妥善放置。

第二节　研磨

一、研磨及应用

1. 研磨的概念

用研磨工具（研具）和研磨剂从工件表面上磨掉一层极薄的金属，使工件达到精确的尺寸、准确的几何形状和很小的表面粗糙度值的加工方法称为研磨。

2. 研磨的原理

研磨是以物理和化学的综合作用除去工件表层金属的一种加工方法。

（1）物理作用　研磨时要求研具材料比被研磨的工件软，在受到一定的压力后，研磨剂中的微小颗粒（磨料）被压嵌在研具表面上（图10-26）。这些细微的磨料具有较高的硬度，像无数切削刃，由于研具和工件的相对运动，半固定或浮动的磨粒在工件和研具之间做运动轨迹很少重复的滑动和滚动，因而对工件产生微量的切削作用，均匀地从工件表面切去一层极薄的金属，借助于研具的精确形面，使工件逐渐得到准确的尺寸精度及合格的表面粗糙度值。

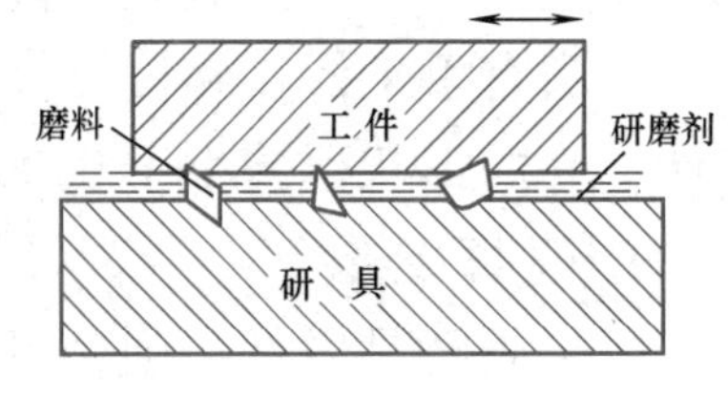

图 10-26 研磨

（2）化学作用 有的研磨剂能使工件材料发生化学反应。例如，采用易使金属氧化的氧化铬和硬脂酸配制的研磨剂时，与空气接触的工件表面很快形成一层极薄的氧化膜，氧化膜由于本身的特性又很容易被磨掉，这就是研磨的化学作用。

在研磨过程中，氧化膜迅速形成（化学作用），又不断地被磨掉（物理作用）。经过这样的多次反复，工件表面就能达到预定的要求。由此可见，研磨加工实际体现了物理和化学的综合作用。

3. 研磨的应用

（1）能得到精确的尺寸 各种加工方法所能达到的精度是有一定限度的。随着工业的发展，对零件精度要求在不断地提高，因此有些零件必须经过研磨才能达到很高的精度要求。研磨后的尺寸误差可控制在 0.001~0.005mm 范围内，尺寸公差等级可达 IT3~IT5。

（2）提高零件几何形状的准确性 要使工件获得很准确的几何形状，用其他加工方法是难以达到的。例如，经无心磨床加工后的圆柱形工件，经常产生弧形多边形，用研磨的方法则可加以纠正。

（3）降低表面粗糙度值 工件的表面粗糙度是由加工方法决定的。表 10-2 为各种加工方法所能得到的表面粗糙度值。

表 10-2 各种加工方法所能得到表面粗糙度值的比较

加工方法	加工情况	表面放大的情况	表面粗糙度 *Ra* 值/μm
车			1.6~80
磨			0.4~5
压光			0.1~2.5
珩磨			0.1~1.0
研磨			0.05~0.2

从表中可以看出，经过研磨加工后的表面粗糙度值最小。一般情况下，表面粗糙度值可达 *Ra*0.8~0.05μm，最小可达 *Ra*0.006μm。

由于研磨后的零件表面粗糙度值小，形状准确，因此其耐磨性、耐蚀性和疲劳强度也都相应得到提高，从而延长了零件的使用寿命。

研磨有手工操作和机械操作两种，特别是手工操作生产率低、成本高，因此只有当零件允许的形状误差小于0.005mm，尺寸公差小于0.01mm时，才用研磨方法加工。

4. 研磨余量

由于研磨是微量切削，每研磨一遍所能去除的金属层不超过0.002mm，因此研磨余量不能太大，一般研磨量为0.005~0.030mm比较适宜。有时研磨余量就留在工件的尺寸公差范围之内。

二、研磨材料及工具

1. 研具材料

研具材料应满足如下技术要求：材料的组织要细致均匀，要有很高的稳定性和耐磨性，具有较好的嵌存磨料的性能，工作面的硬度应比工件表面硬度稍软，使磨料能嵌入研具而不嵌入工件。

常用的研具材料有：

（1）灰铸铁　具有润滑性能好，磨耗较慢，硬度适中，研磨剂在其表面容易涂布均匀等优点。它是一种研磨效果好、价廉易得的研具材料，因此得到广泛的应用。

（2）球墨铸铁　润滑性能好，耐磨，研磨效率较高，比一般灰铸铁更容易嵌存磨料，且嵌得更均匀、牢固适度，精度保持性优于灰铸铁，广泛应用于精密工件的研磨。

（3）低碳钢　韧性较好，不容易折断，常用来制作小型的研具，如研磨螺纹和小直径的工具、工件等。

（4）铜　硬度较软，表面容易被磨料嵌入，适于研磨余量大的工件。

2. 研磨工具

（1）研磨平板　平面研磨通常都采用研磨平板。粗研磨时，采用有槽平板（图10-27a），以避免过多的研磨剂浮在平板上，易使工件研平；精研时，采用精密光滑平板（图10-27b）。

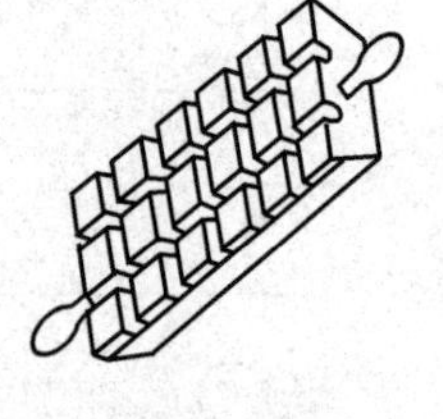

a) 有槽平板

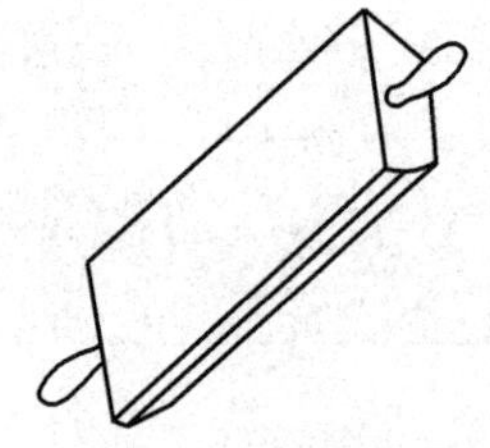

b) 精密光滑平板

图10-27　研磨平板

（2）研磨环　主要用来研磨外圆柱表面。研磨环的内径应比工件的外径大0.025~0.05mm，当研磨一段时间后，若研磨环内孔磨大，拧紧调节螺钉（图10-28a），可使孔径缩小，以达到所需间隙，如图10-28b所示的研磨环，孔径的调整则靠右侧的螺钉。

（3）研磨棒　主要用于圆柱孔的研磨，有固定式和可调节式两种。

固定式研磨棒制造容易，但磨损后无法补偿，多用于单件研磨或机修工作中。对工件上某一尺寸孔径的研磨，要预先制好2~3个有粗、半精、精研磨余量的研磨棒来完成。有槽的研磨棒用于粗研（图10-29a），光滑的研磨棒用于精研（图10-29b）。

可调节的研磨棒（图10-29c）能在一定的尺寸范围内进行调整，适用于成批生产中工件孔的研磨，使用寿命长，应用较广。

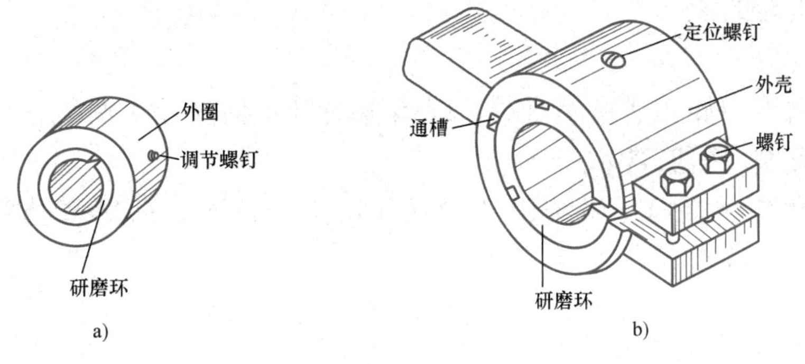

图 10-28　研磨环

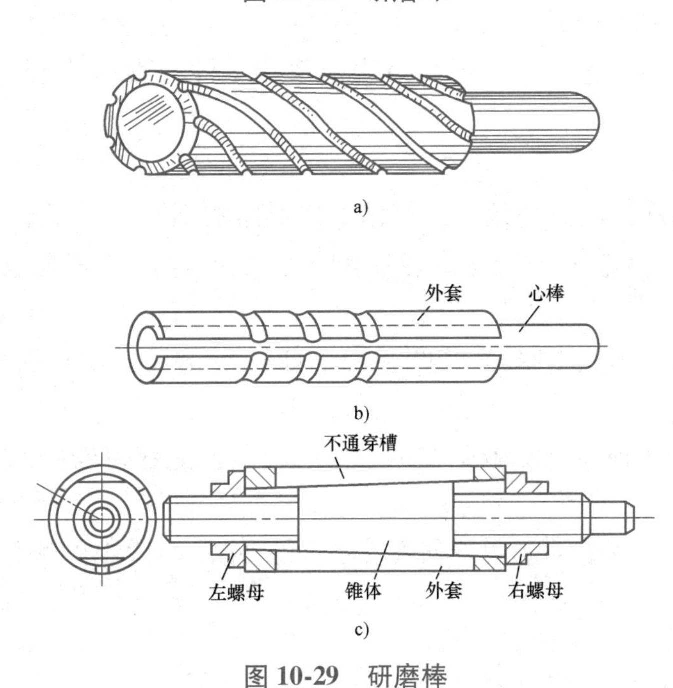

图 10-29　研磨棒

如果把研磨环的内孔、研磨棒的外圆做成圆锥形，则可用来研磨内、外圆锥表面。

三、研磨剂

研磨剂是由磨料和研磨液调和而成的一种混合剂。

1. 磨料

磨料在研磨中起切削作用，种类很多，可根据工件材料和加工精度来选择。钢件或铸铁件粗研时，选用刚玉或白色刚玉，精研时可用氧化铬。

磨料粗细的选用：粗研磨时，表面粗糙度值大于 $Ra0.2\mu m$ 时，可用磨粉，粒度在 F100~F280 范围内选取。精研磨时，表面粗糙度值为 $Ra0.1 \sim 0.2\mu m$ 时，用微粉，粒度可用 F280~F400；表面粗糙度值为 $Ra0.05 \sim 0.1\mu m$ 时，粒度可用 F500~F800；表面粗糙度值小于 $Ra0.05\mu m$ 时，粒度可用 F1000 以下。

2. 研磨液

研磨液在研磨过程中起调和磨料、润滑、冷却、促进工件表面的氧化、加快研磨速度的作用。

粗研钢件时，可用煤油、汽油或全损耗系统用油（俗称机油）；精研时，可用全损耗系统用油与煤油混合的混合液。

3. 研磨膏

在磨料和研磨液中加入适量的石蜡、蜂蜡等填料和粘性较大而氧化作用较强的油酸、脂肪酸等，即可配制成研磨膏。

使用时将研磨膏加全损耗系统用油稀释即可进行研磨。研磨膏分粗、中、精三种，可按研磨精度的高低选用。

四、研磨方法

研磨分手工研磨和机械研磨两种。手工研磨时，要使工件表面各处都受到均匀的切削，应选择合理的运动轨迹，这对提高研磨效率和工件的表面质量，延长研具寿命都有直接的影响。

1. 研磨运动

为使工件能达到理想的研磨效果，根据工件形体的不同，采用不同的研磨运动轨迹。

（1）直线往复式　常用于研磨有台阶的狭长平面等，能获得较高的几何精度，如图 10-30a所示。

（2）直线摆动式　用于研磨某些圆弧面，如样板角尺、双斜面直尺的圆弧测量面，如图 10-30b 所示。

（3）螺旋式　用于研磨圆片或圆柱形工件的端面，能获得较好的表面质量和平面度，如图 10-30c 所示。

（4）8 字形或仿 8 字形　常用于研磨小平面工件，如量规的测量面等，如图 10-30d 所示。

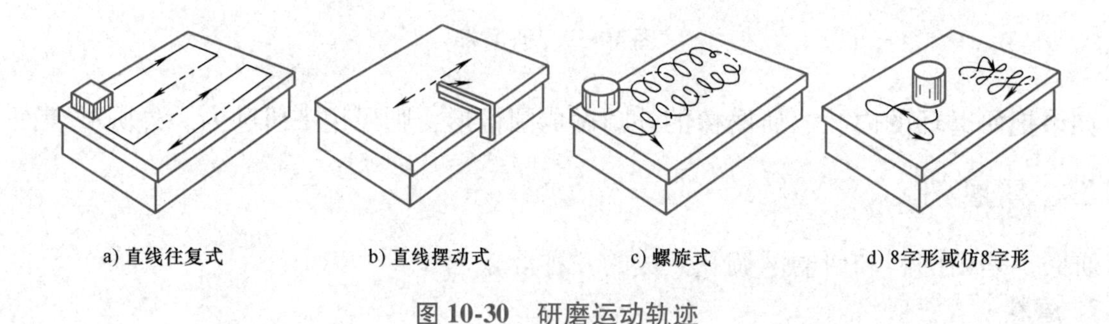

a) 直线往复式　b) 直线摆动式　c) 螺旋式　d) 8字形或仿8字形

图 10-30　研磨运动轨迹

2. 平面研磨方法

（1）一般平面研磨　工件沿平板全部表面，按 8 字形、仿 8 字形或螺旋式运动轨迹进行研磨，如图 10-31 所示。

（2）狭窄平面研磨　为防止研磨平面产生倾斜和圆角，研磨时用金属块做成导靠，采用直线研磨轨迹，如图 10-32 所示。

3. 外圆面研磨方法

研磨外圆面时，可将工件装在车床顶尖之间，涂以研磨剂，然后套上研磨套进行。研磨时，工件转动，用手握住研磨套做往复运动，使表面磨出 45°交叉网纹，如图 10-33

所示。研磨一段时间后，应先将工件调头再进行研磨。

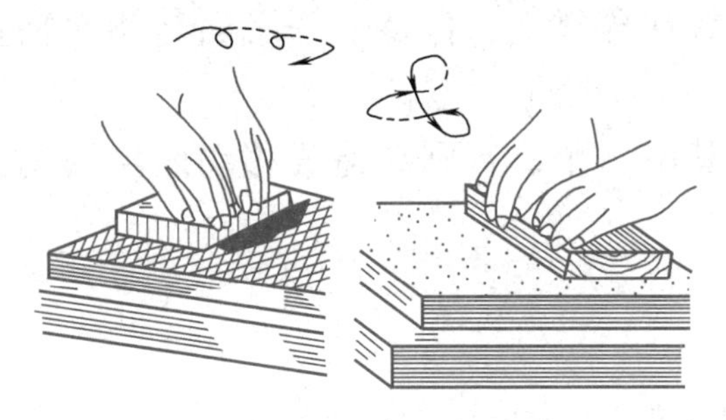

图 10-31　一般平面研磨

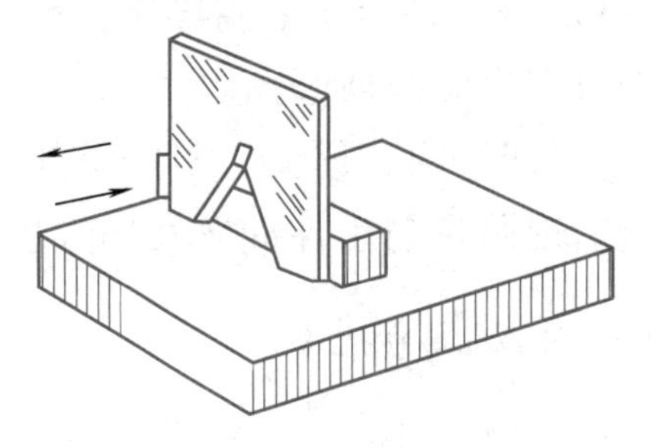

图 10-32　狭窄平面研磨

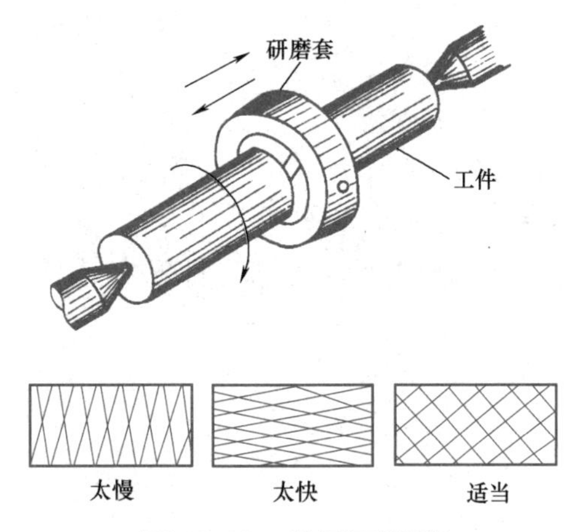

图 10-33　外圆面研磨

4. 研磨时的上料

研磨时的上料方法有两种。

（1）压嵌法

1）在三块平板上面加上研磨剂，用原始研磨法轮换嵌料，使磨粒均匀嵌入平板内，以进行研磨工作。

2）用淬硬压棒将研磨剂均匀压入平板，以进行研磨工作。

（2）涂敷法　研磨前，将研磨剂涂敷在工件或研具上，其加工精度不及压嵌法高。

5. 研磨压力和速度

研磨时，压力和速度对研磨效率和研磨质量有很大影响。压力太大，研磨切削量虽大，但表面质量差，并且容易把磨料压碎而使工件表面划出深痕。一般情况，粗磨时压力可大些，精磨时压力应小些。速度也不应过快，否则会引起工件发热变形。尤其是研磨薄形工件和形状不规则的工件时更应注意。一般粗研磨速度为 40~60 次/min，精研磨速度为 20~40 次/min。

五、研磨注意事项

1）粗、精研磨工作要分开进行，研磨剂每次上料不宜太多，并要分布均匀，以免造成工件边缘研坏。

2）研磨时，要特别注意清洁工作，不能使研磨剂中混入杂质，以免研磨时划伤工件表面。

3）研窄平面要采用导靠，研磨时使工件紧靠在导靠上，保持研磨平面与侧面垂直，以避免产生倾斜或圆角。

4）研磨时，研磨工具与被研工件需要固定其中一个，否则会造成移动或晃动现象，甚至出现研具与工件损坏及伤人事故。

思考与练习

1. 试述刮削原理，为什么不能用机械切削加工代替刮削？
2. 刮削有何特点？哪些场合需要进行刮削？
3. 在使用刮削显示剂时有什么要求？
4. 刮削精度的检验方法有哪些？
5. 研磨的原理是什么？
6. 研磨在机械加工中有何作用？
7. 对研具材料有何要求？常用研具材料有几种？各应用于什么场合？

工匠故事

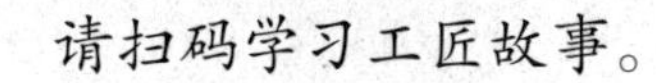

魏红权——研磨大师，如琢如磨

模块十一 矫正与弯曲

知识目标

1. 了解矫正的分类。
2. 掌握手工矫正工具相关内容。
3. 掌握弯曲前毛坯长度计算方法。

技能目标

1. 掌握常用手工矫正方法。
2. 能进行不同材料的弯曲。
3. 掌握矫正、弯曲的安全文明生产常识。
4. 具备知识技能拓展能力及适应发展的能力。

素养目标

1. 培养敬业、精益、专注、创新的工匠精神。

2. 培养节能环保意识和安全意识；能正确遵守个人和车间安全作业要求，注重个人安全防护。

3. 具备将矫正、弯曲知识技能应用于具体工作领域的能力，具有一定的分析问题和解决问题的能力。

第一节 矫正

一、矫正的概念及分类

1. 矫正

消除材料或制件不应有的弯曲、翘曲、凸凹不平等缺陷的加工方法称为矫正。产生变形的主要原因是在轧制或剪切等外力作用下，材料内部组织发生变化所产生的残余应力，另外原材料在运输和存放过程中处理不当，也会造成变形。

金属材料的变形有两种：一种是弹性变形，另一种是塑性变形。弹性变形是材料在外力作用下产生变形，当外力去除后变形完全消失的现象。材料在外力作用下产生变形，当外力去除后，弹性变形部分消失，不能恢复而保留下来的部分变形即为塑性变形。矫正是针对塑性变形而言的，因此只有塑性好的金属材料才能矫正。矫正的实质就是使矫正工件产生新的塑性变形来消除原有的不平、不直或翘曲变形。

2. 矫正的分类

（1）按矫正温度分类　按矫正时被矫正工件的温度可分为冷矫正和热矫正两种。

冷矫正是在常温条件下进行的矫正，冷矫正时，会产生冷硬现象，适用于矫正塑性较好的材料。

热矫正需将工件加热到700~1000℃进行矫正，在材料变形大、塑性差或缺少足够动力设备的情况可使用热矫正。

（2）按矫正力分类　按矫正时产生矫正力的方法可分为手工矫正、机械矫正、火焰矫正和高频热点矫正等。

手工矫正是在平板、铁砧或台虎钳上用锤子等工具进行操作的，是钳工的一项基本技能。

机械矫正是在专业矫正机或压力机上进行的，专业矫正机适用于成批大量生产的场合，压力机则主要用于缺乏专用矫正机，以及变形较大的情况。

火焰矫正是在材料变形处用火焰局部加热的方法进行矫正。由于火焰矫正方便灵活，因此在生产中有广泛的应用，不过加热的位置、火焰能率等相对较难掌握。

高频热点矫正采用交变磁场在金属内部产生热源，其矫正力来自金属局部加热时的热塑性压缩变形。

二、手工矫正的工具

1. 支承工具

支承工具是矫正板材和型材的基座，要求表面平整。常用的有平板、铁砧、台虎钳和V形架等。

2. 施力工具

常用的施力工具有软、硬锤子和压力机等。

（1）软、硬锤子　矫正一般材料，通常使用钳工锤子和方头锤子；矫正已加工过的表面、薄钢件或非铁金属制件，应使用铜锤、木锤、橡皮锤等软锤子。图11-1a所示为用木锤矫正板料。

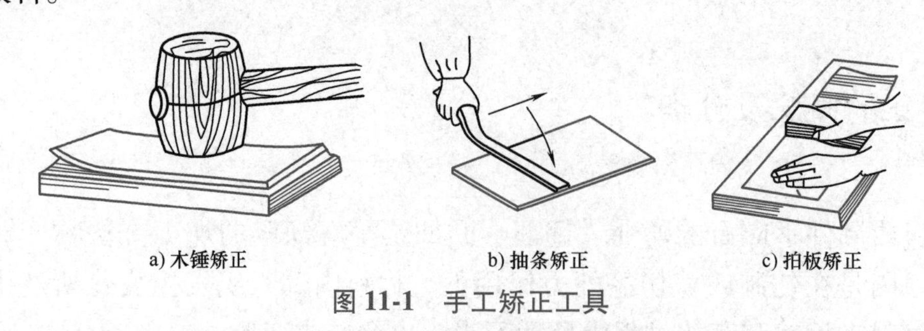

a) 木锤矫正　b) 抽条矫正　c) 拍板矫正

图11-1　手工矫正工具

（2）抽条和拍板　抽条是采用条状薄板料弯成的简易工具，用于抽打较大面积的板料，如图 11-1b 所示。拍板是用质地较硬的檀木等制成的专用工具，用于敲打板料，如图 11-1c 所示。

（3）螺旋压力工具　适用于矫正较大的轴类零件或棒料，如图 11-2 所示。

3. 检验工具

检验工具包括平板、直角尺、钢直尺和百分表等。

三、手工矫正方法

1. 扭转法

如图 11-3 所示，扭转法是用来矫正条料扭曲变形的，一般将条料夹持在台虎钳上，用扳手把条料扭转到原来的形状。

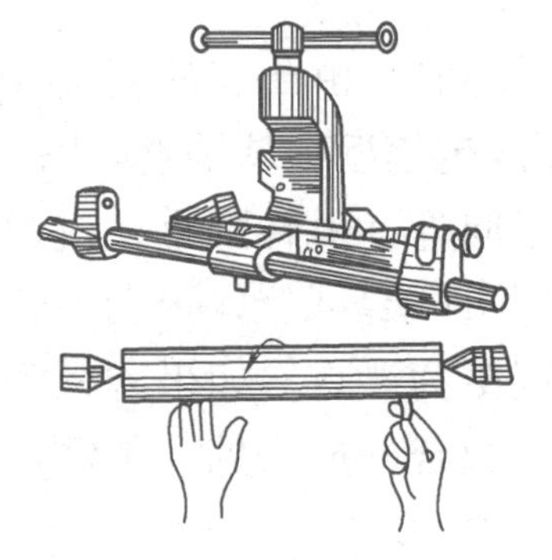

图 11-2　螺旋压力工具矫正轴类零件

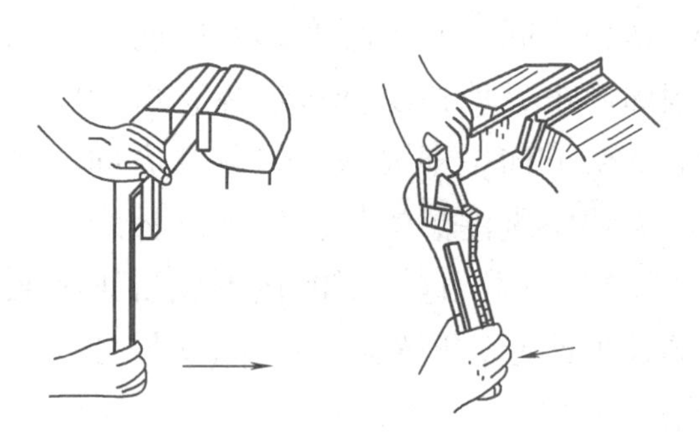

图 11-3　扭转法矫正

2. 伸张法

如图 11-4 所示，伸张法是用来矫正各种细长线材的。其方法比较简单，先将线材的一端固定好，然后从固定端开始，将弯曲的线材绕圆木一周，紧捏圆木向后拉，使线材在拉力作用下绕过圆木，得到伸长而矫直。

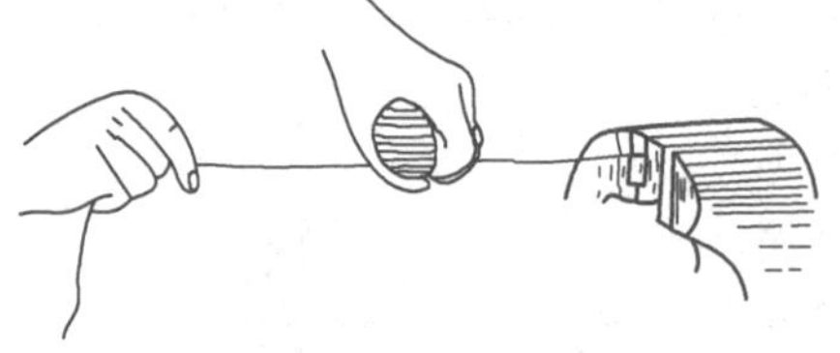

图 11-4　伸张法矫正

3. 弯曲法

弯曲法用于矫正各种弯曲的棒料和在宽度方向上弯曲的条料。一般可用台虎钳在靠近弯曲处夹持，用活动扳手把弯曲部分扳直（图11-5a）或将弯曲部分夹持在台虎钳的钳口内，利用台虎钳将其初步压直（图 11-5b），再放在平板上用锤子矫直（图 11-5c）。直径大的棒料和厚度尺寸大的条料，常采用压力机矫直。

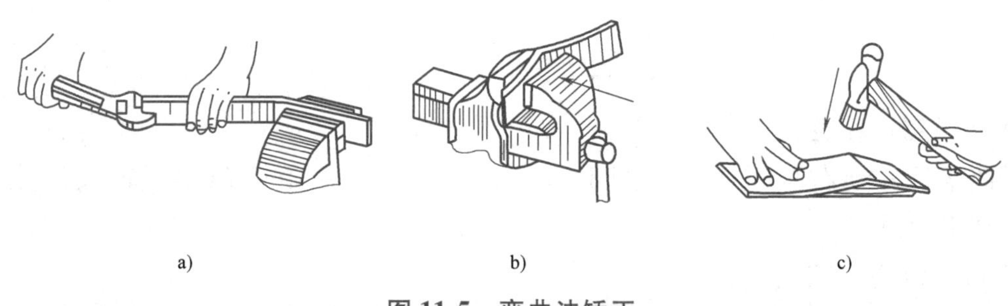

图 11-5　弯曲法矫正

4. 延展法

延展法是用锤子敲击材料，使其延展伸长而达到矫正的目的，又称锤击矫正法。图 11-6 所示为在宽度方向上弯曲的条料，如果采用弯曲法矫直，则会发生裂痕或折断，此时可用延展法来矫直，即锤击弯曲里边部位，使里边材料延展伸长而得到矫直。

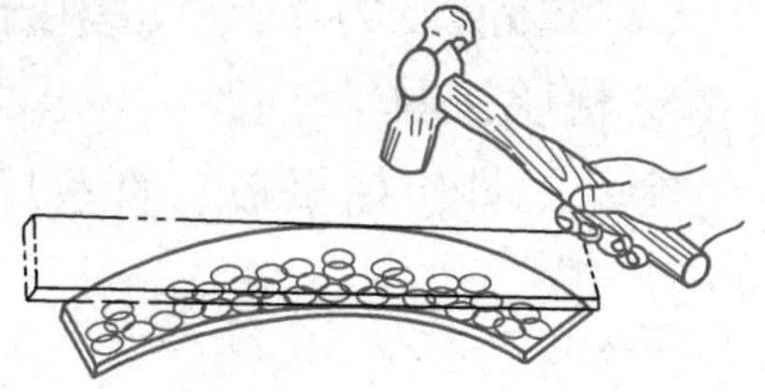

图 11-6　延展法矫正

四、薄板矫正

金属薄板最容易产生中部凸凹、边缘呈波浪形，以及翘曲等变形，可采用延展法矫正。

1. 薄板中间凸起

薄板中间凸起是因变形后中间材料变薄而引起的。矫正时，由凸起的周围开始逐渐向四周锤击，使边缘材料延展变薄，厚度与凸起部位的厚度越趋近则越平整。图 11-7a 所示的箭头方向，即为锤击位置和方向。锤击时，逐渐由里向外、由轻到重、由稀到密锤打。需要特别注意的是，对于薄板的这种变形不能直接锤击凸起部位，否则会使凸起的部位变得更薄，这样不但达不到矫正的目的，反而使凸起更为严重。如果薄板表面有相邻的几处凸起，应先在凸起的交界处轻轻锤击，使几处凸起合并成一处，再锤击四周而矫平。

2. 薄板四周呈波纹状

这种变形说明板料四边变薄而伸长了。锤击点应从四周向中间，按图 11-7b 所示箭头方向，密度逐渐变密，力量逐渐增大，经反复多次锤击，使板料达到平整。

3. 薄板发生对角翘曲

为矫正薄板的这种变形，应沿另外没有翘曲的对角线锤击使其延展而矫平，如图 11-7c 所示。

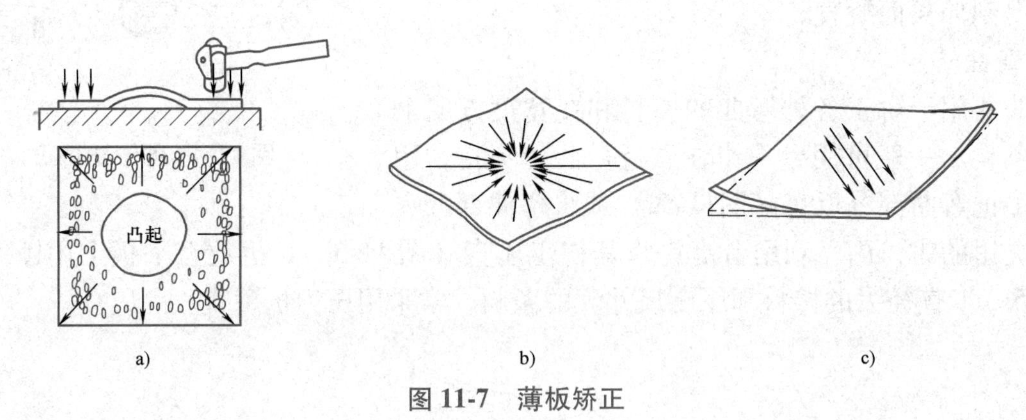

图 11-7　薄板矫正

4. 薄板有微小扭曲

可用抽条从左到右顺序抽打（图 11-7b），因板料与抽条接触面积较大，受力均匀，故容易达到平整。

5. 软材料制成的薄板

如果板料是铜箔、铝箔等薄而软的材料，则可用平整的木块或拍板，在平板上推压材料的表面，如图 11-7c 所示，使其达到平整，也可用木锤或橡皮锤锤击。

薄板料矫正时，必须用木锤敲击，若采用钢制锤子，则须将锤子端平，以免将工件敲出印痕。

第二节　弯曲

一、弯曲及最小弯曲半径

1. 弯曲的概念

将原来平直的板料、条料、棒料或管子等材料弯成所要求的曲线形状或弯成一定的角度的加工方法称为弯曲。

弯曲是使材料产生塑性变形，因此只有塑性好的材料才能进行弯曲。图 11-8a 所示为弯曲前的钢板，图 11-8b 所示为弯曲后的钢板。钢板弯曲后外层材料伸长（图中 *e-e* 和 *d-d*），内层材料缩短（图中 *a-a* 和 *b-b*），中间有一层材料弯曲后长度不变（图中 *c-c*），称为中性层。材料弯曲部分虽然发生了拉伸和压缩，但其断面面积保持不变。

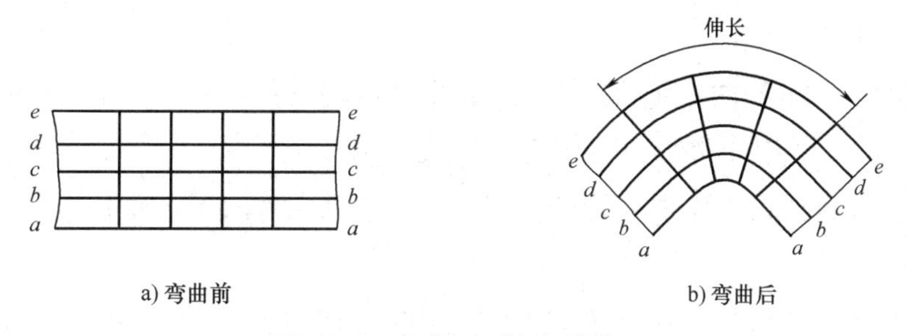

a) 弯曲前　　b) 弯曲后

图 11-8　钢板弯曲前后情况

2. 最小弯曲半径

经过弯曲的工件越靠近材料表面，金属变形越严重，也就越容易出现拉裂或压裂现象。

相同材料的弯曲，工件外层材料变形的大小取决于工件的弯曲半径。弯曲半径越小，外层材料变形越大。为了防止弯曲件出现拉裂或压裂现象，必须限制工件的弯曲半径，使其大于导致材料开裂的临界弯曲半径——最小弯曲半径。

最小弯曲半径的数值由试验确定，常用钢材的弯曲半径如果大于 2 倍材料厚度，一般就不会被弯裂。如果工件的弯曲半径比较小，则应分两次或多次弯曲，中间进行退火处理，避免弯裂。

二、弯曲前毛坯长度计算

在对工件进行弯曲前，要做好毛坯长度的计算，否则落料长度太长会导致材料的浪费，而落料长度太短又不够弯曲尺寸。工件弯曲后，只有中性层长度不变，因此计算弯曲工件毛坯长度时，可以按中性层的长度计算。应该注意的是，材料弯曲后，中性层一般不在材料正中，而是偏向内层材料一边。经试验证明，中性层的实际位置与材料的弯曲半径 r 和材料厚度 t 有关。

表 11-1 列出了中性层位置系数 x_0 的数值。从表中 r/t 比值可知，当内弯曲半径 $r/t \geqslant 16$ 时，中性层在材料中间（即中性层与几何中心层重合）。在一般情况下，为简化计算，当 $r/t \geqslant 8$ 时，即可按 $x_0=0.5$ 进行计算。

表 11-1　弯曲中性层位置系数 x_0

r/t	0.25	0.5	0.8	1	2	3	4	5	6	7	8	10	12	14	>16
x_0	0.2	0.25	0.3	0.35	0.37	0.4	0.41	0.43	0.44	0.45	0.46	0.47	0.48	0.49	0.5

内边带圆弧制件的毛坯长度等于直线部分（不变形部分）和圆弧中性层长度（弯曲部分）之和。圆弧部分中性层长度，可按下列公式计算：

$$A=\pi(r+x_0t)\frac{\alpha}{180°}$$

式中　A——圆弧部分中性层长度（mm）；

r——弯曲半径（mm）；

x_0——中性层位置系数；

t——材料厚度（mm）；

α——弯曲角，即弯曲中心角（°），如图 11-9 所示。

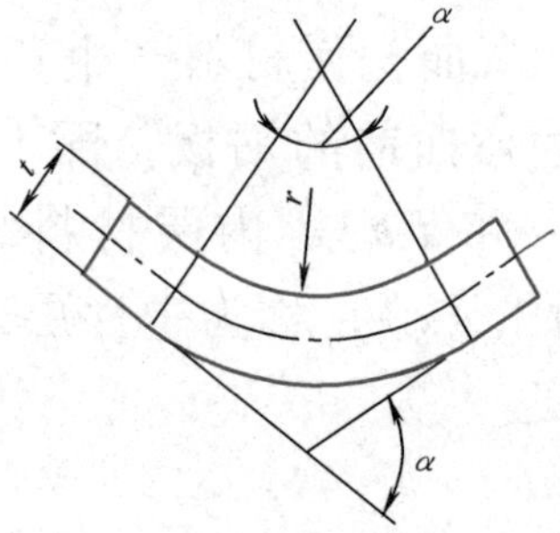

图 11-9　弯曲角与弯曲中心角

对于内边弯曲成直角不带圆弧的制件，在求毛坯长度时，可按弯曲前后毛坯体积不变的原理计算，一般采用经验公式计算，取 $r=0$，按 $A=0.5t$ 计算。

上述毛坯长度计算结果，由于材料性质的差异和弯曲工艺、操作方法的不同，可能会与实际弯曲工件毛坯长度之间存在误差，因此成批生产时，一定要用试验的方法，反复确定坯料的准确长度，以免造成成批废品。

三、弯曲方法

弯曲方法有冷弯和热弯两种。在常温下进行弯曲称为冷弯；对于厚度大于 5mm 的板料，以及直径较大的棒料和管子等，通常先将工件加热再进行弯曲，称为热弯。

弯曲虽然是塑性变形，但是不可避免地存在弹性变形。工件弯曲后，由于弹性变形的存在，使得弯曲角度和弯曲半径发生变化，这种现象称为回弹。为抵消材料的弹性变形，弯曲过程中应多弯些。

1. 板料在厚度方向上的弯曲方法

小的工件可在台虎钳上进行，先在需弯曲的地方划好线，然后夹持在台虎钳上，使弯曲线和钳口平齐，在接近划线处进行锤击（图 11-10a），也可先用木垫或铁垫垫在需要弯曲处再敲击垫块（图11-10b）。如果台虎钳钳口比工件短，可用角钢制作的夹具来夹持工件（图 11-10c）。

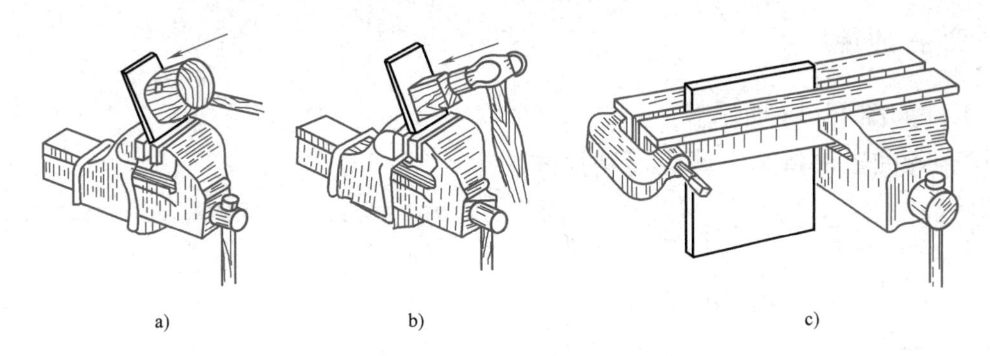

图 11-10　板料在厚度方向上弯曲

2. 板料在宽度方向上的弯曲

利用金属材料的延伸性能，在弯曲的外弯部分进行锤击，使材料向一个方向渐渐延伸，以达到弯曲的目的（图 11-11a）。较窄的板料可在 V 形铁或特制弯曲模上用锤击矫正法，使工件变形而弯曲（图 11-11b）。另外，还可在简单的弯曲工具上进行弯曲（图 11-11c），它由底板、转盘和手柄等组成，在两只转盘的圆周上都有按工件厚度车制的槽，固定转盘直径与弯曲圆弧一致。使用时，将工件插入两转盘槽内，转动活动转盘使工件达到所要求的弯曲形状。

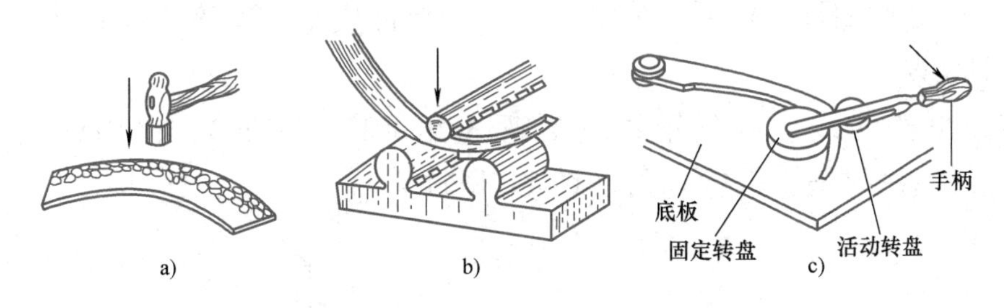

图 11-11　板料在宽度方向上弯曲

3. 管子弯曲

管子直径在 12mm 以下可以用冷弯方法；直径大于 12mm 应采用热弯方法。管子弯曲的最小弯曲半径必须在管子直径的 4 倍以上。当管子直径大于或等于 10mm 时，为防止管子弯瘪，必须在管内灌满干砂（灌砂时用木棒敲击管子，使砂子灌得密实），两端用木塞塞紧（图 11-12a）。对于有焊缝的管子的弯曲，焊缝必须放在中性层的位置上（图 11-12b），否则易使焊缝裂开。冷弯管子一般在弯管工具上进行，结构如图 11-13 所示。

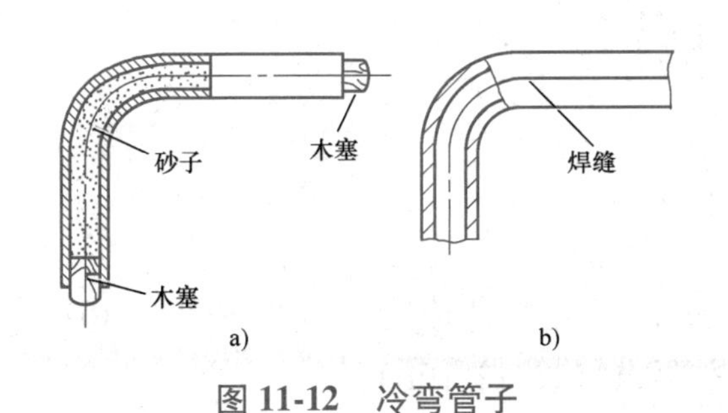

图 11-12　冷弯管子

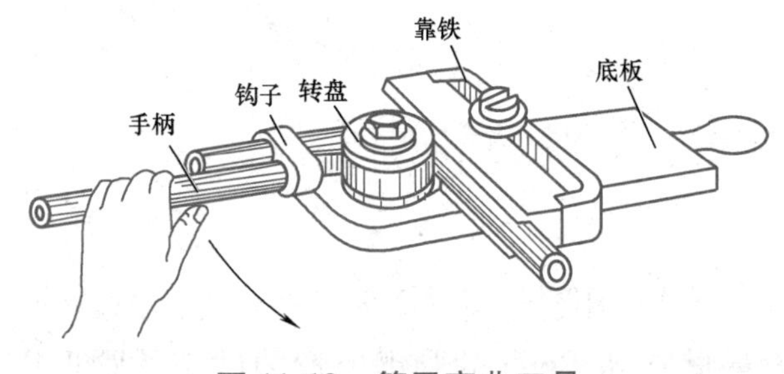

图 11-13　管子弯曲工具

四、弯曲训练

弯曲工件如图 11-14 所示。

1）检查弯曲工件备料，确定落料尺寸。

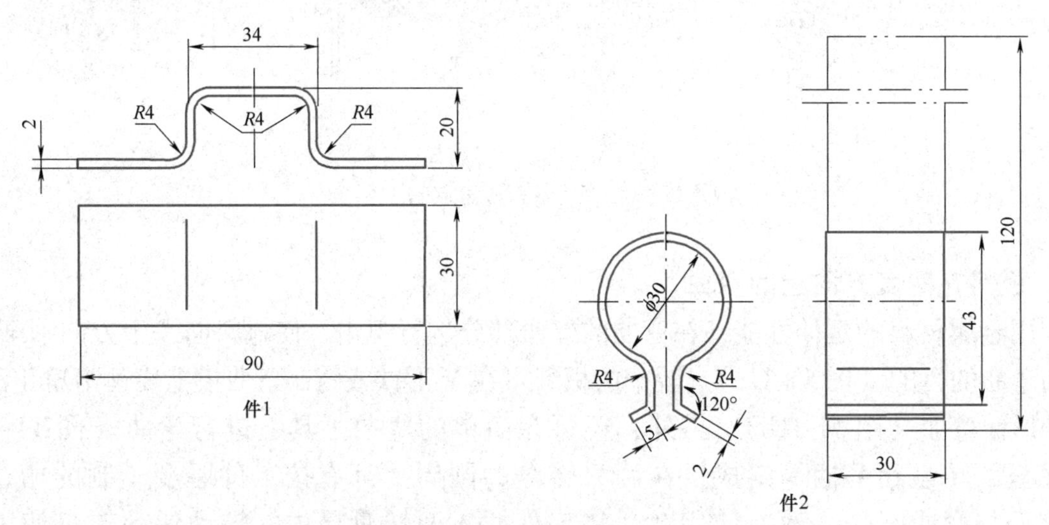

图 11-14 弯曲工件

2）件 1、件 2 按图样下料并锉外形尺寸。为保证质量，宽度 30mm 处留有 0.5mm 余量，然后按图划线。

3）先将件 1 按划线夹入角钢衬内折弯 *A* 角（图 11-15a），再用衬垫①折弯 *B* 角（图 11-15b），最后用衬垫②折弯 *C* 角（图 11-15c）。

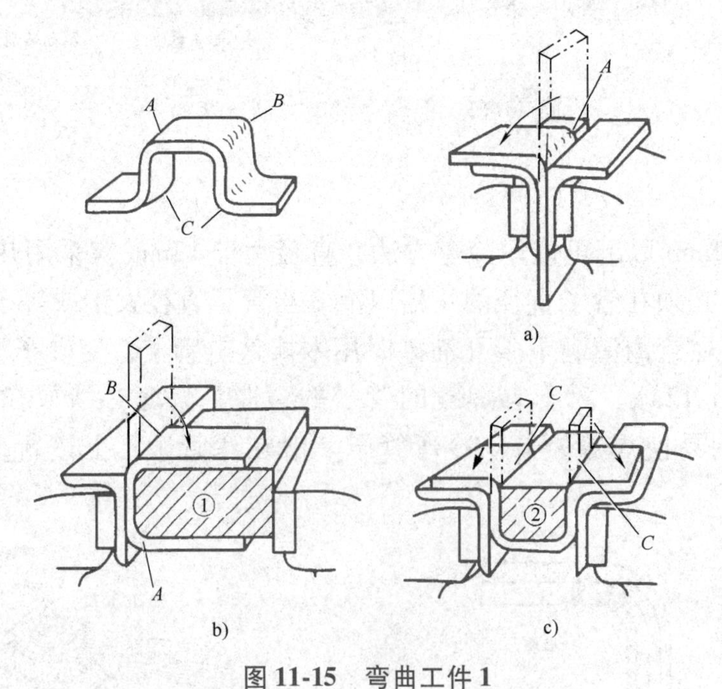

图 11-15 弯曲工件 1

4）用衬垫将件 2 夹持在台虎钳内，分别将两端的 *A*、*B* 处折弯成所需角度（图 11-16a），最后在 ϕ30mm 的圆钢上弯曲件 2 的圆形以达到图样要求（图 11-16b）。

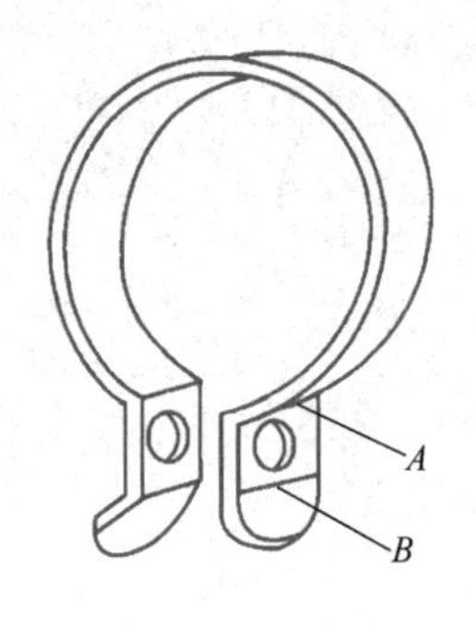

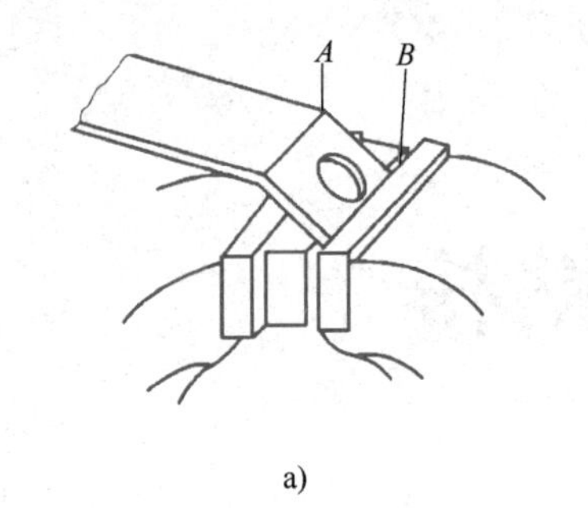

a)

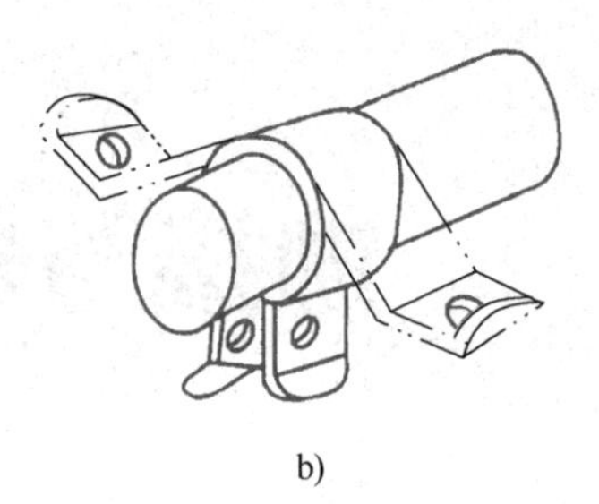

b)

图 11-16　弯曲工件 2

思考与练习

1. 什么是矫正？矫正的实质是什么？
2. 常用矫正工作有哪些种类？
3. 薄板的主要变形有哪几种？如何矫正？
4. 什么是弯曲？弯曲后，金属内、外层材料有何变化？
5. 弯曲时，中性层的位置是否在材料的中间？它的位置与哪些因素有关？

工匠故事

请扫码学习工匠故事。

孙长胜——沙场亮剑，雕琢铸心

模块十二 铆接与粘接

知识目标

1. 了解铆接的种类和铆接件的接合形式。
2. 掌握铆钉种类和铆接工具相关内容。
3. 了解粘合剂的种类。
4. 掌握粘合剂的特点和应用。

技能目标

1. 能进行铆接操作。
2. 会进行铆接的有关计算。
3. 能正确选择粘合剂。
4. 掌握粘接工艺。
5. 掌握钻孔、铆接和粘接的安全文明生产常识。
6. 具备知识技能拓展能力及适应发展的能力。

素养目标

1. 培养敬业、精益、专注、创新的工匠精神。
2. 培养节能环保意识和安全意识；能正确遵守个人和车间安全作业要求，注重个人安全防护。
3. 具备将铆接、粘接知识技能应用于具体工作领域的能力，具有一定的分析问题和解决问题的能力。

第一节 铆接

一、铆接概述

用铆钉连接两个或两个以上的零件或构件的操作方法称为铆接。

铆接的过程是：先将铆钉插入被铆接工件的孔内，铆钉头紧贴工件表面，然后将铆钉杆的一端镦粗成为铆合头（图 12-1）。

目前，在很多零件连接中，铆接已被焊接代替。但因铆接具有使用方便、操作简单、连接可靠、抗振和耐冲击等特点，所以在桥梁、机车、船舶和工具制造等方面仍有较多的应用。

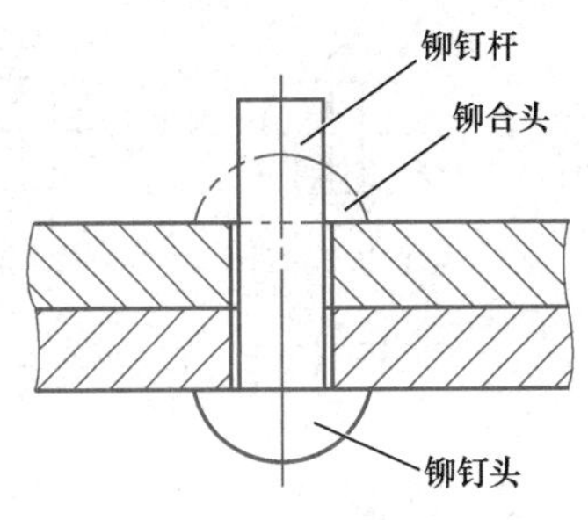

图 12-1　铆接方法

二、铆接种类

1. 按使用要求分类

（1）活动铆接（铰链铆接）　活动铆接的结合部分可以相互转动，如内外卡钳、划规、剪刀等。

（2）固定铆接　固定铆接的结合部分是固定不动的。这种铆接按用途和要求不同，还可分为强固铆接、紧密铆接和强密铆接。

1）强固铆接（坚固铆接）：应用于结构需要有足够的强度，承受强大作用力的地方。如桥梁、车辆和起重机等。

2）紧密铆接：应用于低压容器装置，这种铆接只能承受很小的均匀压力，但要求接缝处非常严密，以防止渗漏。如气筒、水箱、油罐等。这种铆接的铆钉小而排列紧密，为达到密封效果，铆缝中常夹有橡皮或其他填料。

3）强密铆接（坚固紧密铆接）：这种铆接不但要承受很大的压力，而且要求接缝非常紧密，即使在较大压力下，液体或气体也不能渗漏。如蒸汽锅炉、压缩空气罐及其他高压容器等。

2. 按铆接方法不同分类

（1）冷铆　冷铆是指在铆接时，铆钉无须加热，直接镦出铆合头。直径在 8mm 以下的钢制铆钉都可以用冷铆方法铆接。采用冷铆时，铆钉的材料必须具有较好的塑性。

（2）热铆　热铆是指先把整个铆钉加热到一定温度，再铆接。因铆钉受热后塑性好，容易成形，而且冷却后铆钉杆收缩，故可加大结合强度。热铆时，要把铆钉孔直径放大 0.5~1mm，使铆钉在热态时容易插入。直径大于 8mm 的钢铆钉多用热铆。

（3）混合铆　混合铆是指在铆接时，只把铆钉形成铆合头的一端加热。对于细长的铆钉，采用这种方法可以避免铆接时铆钉杆的弯曲。

三、铆接件的接合

1. 铆接的基本形式

铆接连接的基本形式是由零件相互接合的位置所决定的，主要有以下三种：

（1）搭接连接　图 12-2a 所示为两块平板搭接，搭接后两块板料错位。图 12-2b 所示为一块板折边后搭接，此种搭接方式除铆接处外，其余各处平整。

（2）对接连接　图 12-3a 所示为单盖板式连接，只在一边加盖板。图 12-3b 所示为双盖板式连接，在两边均加上盖板，连接强度要高于前者。

（3）角接连接　图 12-4a 所示为单角钢式，在一个方向加上角钢组成角度连接，连接角度可由角钢的角度决定。图 12-4b 所示为双角钢式，在两个方向均加有角钢，此种连接方式一般只用于 90°，连接强度要高于前者。

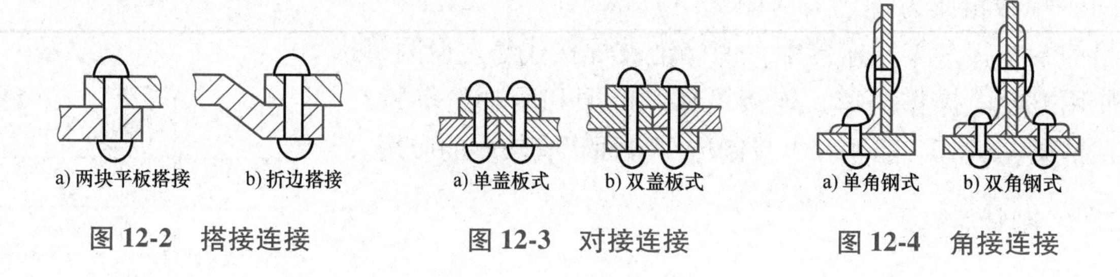

图 12-2　搭接连接　　图 12-3　对接连接　　图 12-4　角接连接

2. 铆道

铆道是指铆钉的排列形式。根据铆接强度和密封的要求，铆钉的排列有多种形式，如图 12-5 所示。

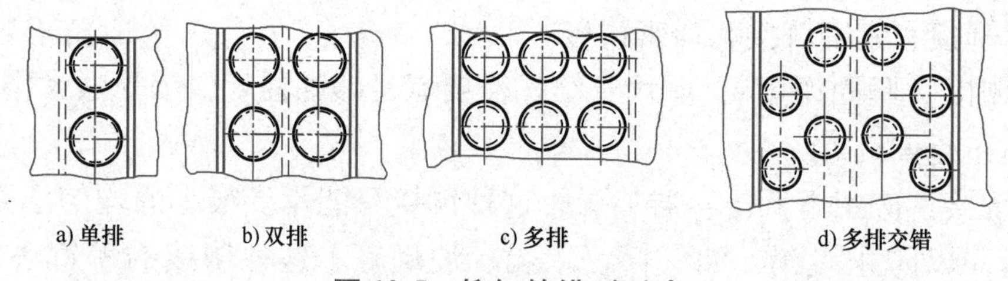

图 12-5　铆钉的排列形式

3. 铆距

铆距是指铆钉与铆钉间或铆钉与铆接板边缘的距离。在铆接连接结构中，有三种隐蔽性的损坏情况：沿铆钉中心线的板被拉断、铆钉被剪切断裂、孔壁被铆钉压坏。因此，按结构和工艺的要求，铆钉的排列距离有一定的规定。如铆钉并列排列时，铆钉距 $t \geqslant 3d$（d 为铆钉直径）。

铆钉中心到铆接边缘距离的确定方法：如果铆钉孔是钻孔，则此距离约为 $1.5d$；如果铆钉孔是冲孔，则此距离约为 $2.5d$。

四、铆钉种类

铆钉可按形状、用途和材料不同进行分类。

1. 按铆钉的形状分类

（1）半圆头铆钉（图 12-6a）　常应用于钢结构的屋架、桥梁、车辆、船舶及起重机等强固铆接。

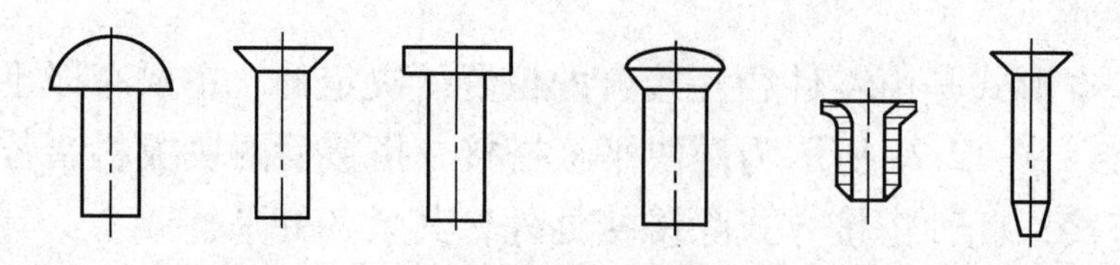

图 12-6　铆钉的种类

（2）沉头铆钉（图 12-6b）　常用于制件表面要求平整，不允许有外露部分的铆接。

（3）平头铆钉（图 12-6c）　常用于一般无特殊要求的铁皮箱、防护罩及其他结合件中的铆接。

(4) 半圆沉头铆钉（图 12-6d）　常用于要求铆接处表面有微小的凸起，防止滑跌的地方，如踏脚板和楼梯板等的铆接。

(5) 空心铆钉（图 12-6e）　常用于铆接处有空心要求的地方，如电器组件的铆接。

(6) 传动带铆钉（图 12-6f）　常用于传动带的铆接。

除了以上常规的铆钉外，还有抽芯铆钉（图 12-7a）和击芯铆钉（图 12-7b），它们又各有扁圆头和埋头两种形状。这两种铆钉不仅具有铆接效率高、外形美观和铆接工艺简单等优点，而且适合于单面和盲面的薄板和型钢、型钢与型钢的连接（图 12-8），如客车覆盖件等。

2. 按铆钉的材料分类

制造铆钉的材料要有好的塑性，常用铆钉的材料有钢、黄铜、纯铜和铝等。

铆钉材料应尽量和铆接件的材料相近。

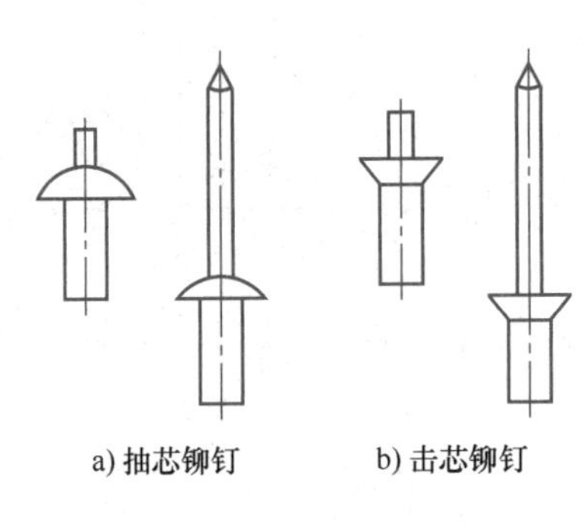

图 12-7　抽芯和击芯铆钉

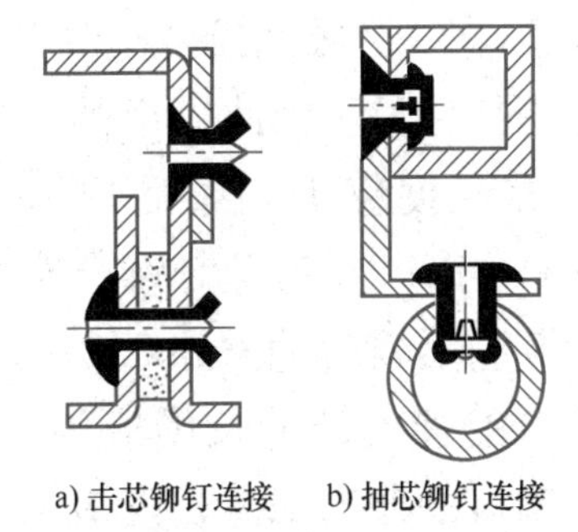

图 12-8　击芯和抽芯铆钉的连接

五、铆接工具

铆接时的主要工具有以下几种：

1. 锤子

常用的有圆头锤子和方头锤子，以圆头锤子应用较多。锤子的大小应根据铆钉直径的大小来选用，通常适用的重量是 250~500g。

2. 压紧冲头（图 12-9a）

当铆钉插入孔内后，用它使被铆合的工件互相压紧。

3. 罩模（图 12-9b）**和顶模**（图 12-9c）

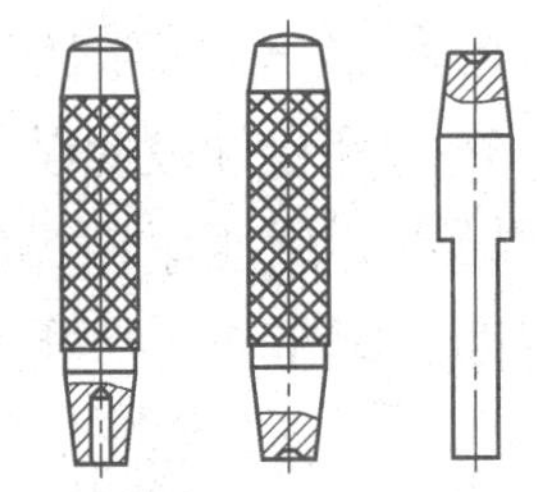

图 12-9　铆接工具

罩模和顶模都有半圆形的凹球面，经淬火和抛光，按照铆钉的半圆头尺寸制成。罩模用于铆接时制作出完整的铆合头，柄部常制成圆柱形。顶模夹在台虎钳上，铆接时顶住铆钉的头部，以便进行铆接工作而不损伤铆钉头。

六、铆钉直径、长度及通孔直径的确定

铆接时，为了保证铆接的质量，需要进行铆钉尺寸的计算，计算内容包括铆钉直径、长度及通孔直径等。

1. 铆钉直径的确定

铆钉在工作中承受剪力，它的直径是由铆接强度决定的，其直径大小与被连接件的厚度、连接形式，以及被连接件的材料等多种因素有关。当被连接件厚度相同时，铆钉直径等于板厚的1.8倍；当被连接件厚度不同，采取搭接连接时，铆钉直径等于最小板厚的1.8倍。标准铆钉直径可在计算后按表12-1所列数值圆整。

表12-1　标准铆钉直径及通孔直径　（单位：mm）

公称直径		2.0	2.5	3.0	4.0	5.0	6.0	8.0	10.0
通孔直径	精装配	2.1	2.6	3.1	4.1	5.2	6.2	8.2	10.3
	粗装配	2.2	2.7	3.4	4.5	5.6	6.6	8.6	11.0

2. 铆钉长度的确定

铆接时，铆钉所需长度L，除了被铆接件的总厚度s外，还要为铆合头留出足够的长度l（图12-10）。因此，半圆头铆钉铆合头所需长度应为圆整后铆钉直径的1.25～1.5倍；沉头铆钉铆合头所需长度应为圆整后铆钉直径的0.8～1.2倍；击芯铆钉的伸出部分长度应为2～3mm；抽芯铆钉的伸出部分长度应为3～6mm。

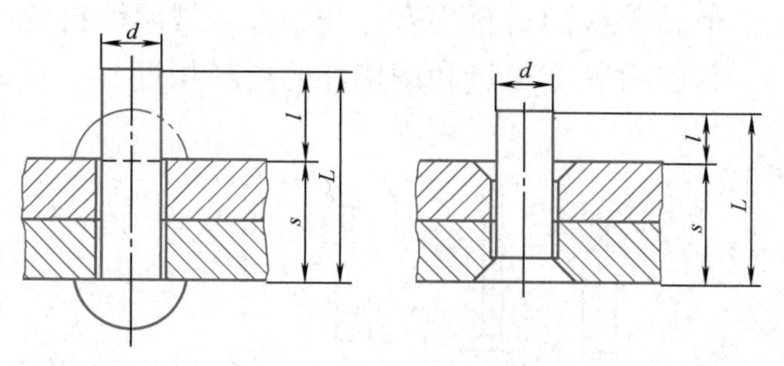

图12-10　铆钉长度的计算

3. 通孔直径的确定

在铆接连接中，通孔的大小，应随着连接要求的不同而有所变化。如孔径过小，使铆钉插入困难；过大，则铆合后的工件容易产生松动，合适的通孔直径见表12-1。

七、铆接方法

1. 半圆头铆钉的铆接

先把铆合件彼此贴合，划线、钻孔、倒角、去毛刺，然后插入铆钉，把铆钉原头放在顶模中，用压紧冲头压紧板料（图12-11a），再用锤子镦粗铆钉伸出部分（图12-11b），并将四周锤击成形（图12-11c），最后用罩模修整（图12-11d）。

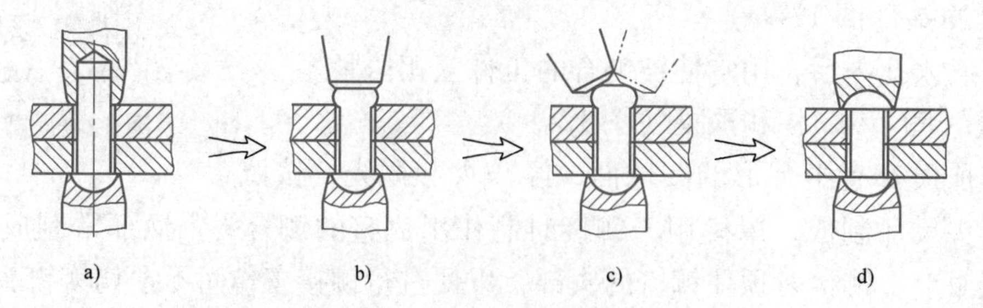

图12-11　半圆头铆钉的铆接过程

在活动铆接时，要经常检查铆接件的活动情况，如发现太紧，可把铆钉原头垫在有孔的垫铁上，锤击铆合头，使其活动。

2. 沉头铆钉的铆接

沉头铆钉的铆接同半圆头铆钉的铆接一样，是将几个零件通过铆接连接起来，铆接后，铆头不突出于工件表面，故常用于表面要求平整光洁的场合，其铆接过程如图 12-12 所示。如果用现成的埋头铆钉铆接，只要将铆合头一端的材料，经锤击填平埋头座即可。

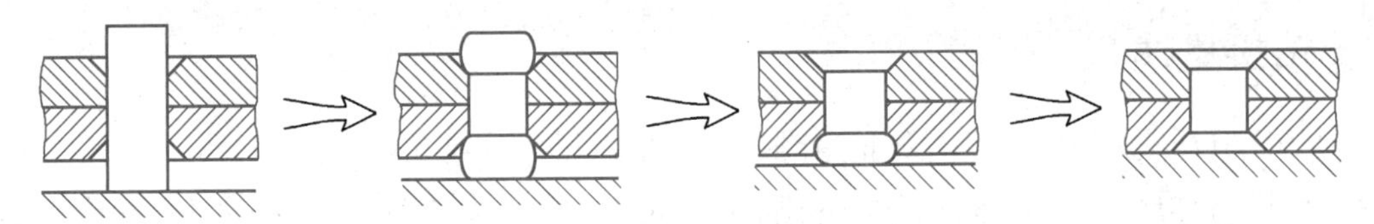

图 12-12 沉头铆钉的铆接过程

3. 空心铆钉的铆接

将铆钉插入孔内后，先用样冲（或类似的冲头）冲压一下，使铆钉孔口张开，与工件孔口贴紧（图 12-13a），再用特制冲头使翻开的铆钉孔口贴平于工件孔口（图 12-13b）。

4. 击芯铆钉的铆接

将击芯铆钉插入铆件孔后，用锤子敲击钉芯（图 12-14a），当钉芯敲到与铆钉头相平时，钉芯即被击到铆钉杆的底部（图 12-14b）。由于钉芯的一端呈四棱锥形，故铆钉伸出铆件的部分沿印痕向四面胀开，这样工件就被铆合。

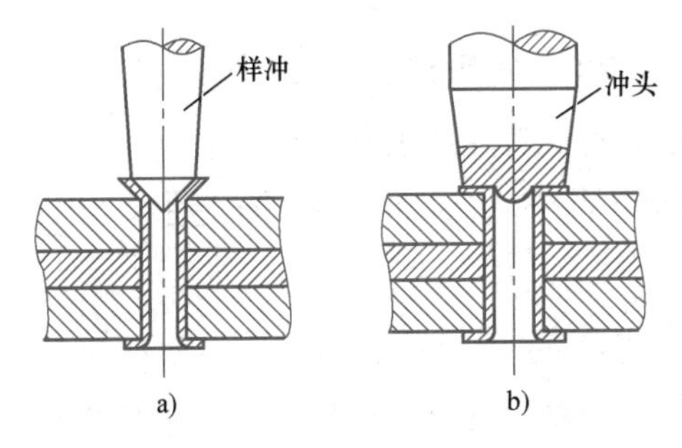

图 12-13 空心铆钉的铆接过程

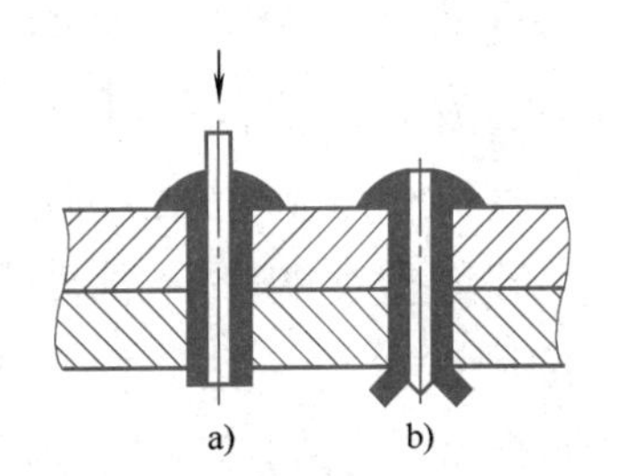

图 12-14 击芯铆钉的铆接过程

5. 抽芯铆钉的铆接

先将抽芯铆钉插入铆件孔内，并将伸出铆钉头的钢钉（即钉芯）插入拉铆枪（图 12-15）头部的孔内，然后启动拉铆枪，由于钉芯的一端是制成凸缘形的，随着钉芯的抽出，伸出铆件的铆钉杆在凸缘的作用下自行膨胀形成铆合头，待工件铆牢后，钉芯即在凹槽处断开而被抽出（图 12-16）。

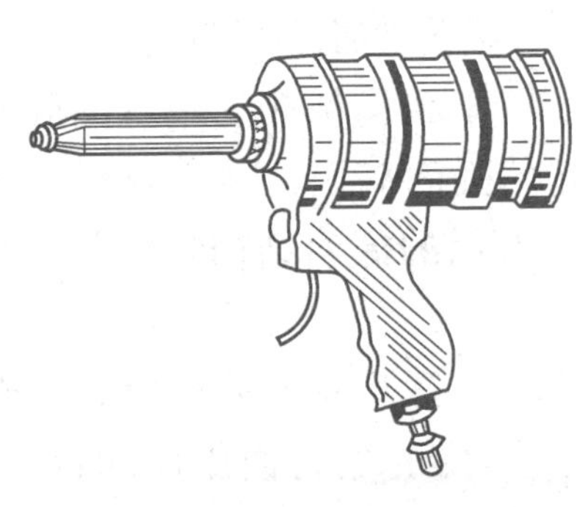

图 12-15 拉铆枪

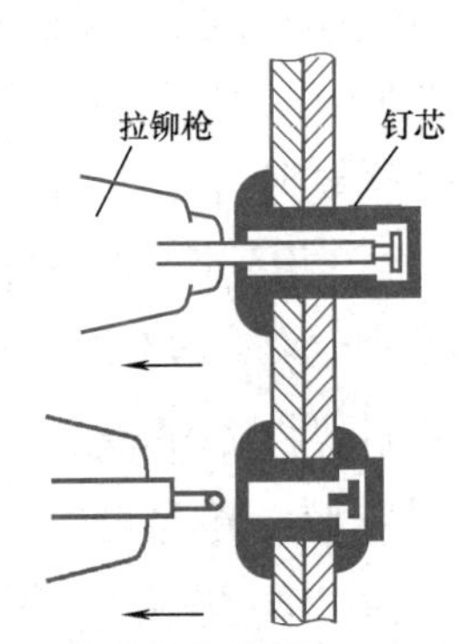

图 12-16 抽芯铆钉的铆接过程

第二节 粘接

一、粘接概述

粘接是指用粘合剂把不同或相同材料牢固地连接在一起。

粘接效果的好坏，主要受粘合剂的影响。近年来，随着粘合剂制造技术的日益发展，粘接成形越来越引起人们的重视。粘接工艺操作方便，连接可靠，在各种机械设备制造及修复过程中取得了良好的效果。目前，在新设备制造过程中，已逐步采用粘接技术，可达到以粘代铆、以粘代机械夹固的效果，并可解决过去某些连接方式所不能解决的问题，简化复杂的机械结构和装配工艺。如今，粘接技术已在航空航天、机械、电子、轻工领域及日常生活中被广泛使用。例如，大型客机上钣金粘接件，战斗机中的粘接蜂窝结构，以及人造卫星上数以千计的太阳能电池，均使用了粘接技术。

二、粘合剂

1. 粘合剂的分类

（1）按化学成分分类　粘合剂是以某些粘性物质为基料，加入各种添加剂构成的。按基料的化学成分，粘合剂可以分为有机粘合剂和无机粘合剂两大类。

天然的有机粘合剂包括骨胶、松香等；合成的有机粘合剂包括树脂胶、橡胶等。各种磷酸盐、硅酸盐类的粘合剂属于无机粘合剂。

（2）按用途分类　粘合剂按用途可分为结构粘合剂和非结构粘合剂两大类。

结构粘合剂连接的接头强度高，具有一定的承载能力；非结构粘合剂主要用于修补、密封和连接软质材料。

2. 常用结构粘合剂的特点和应用范围

（1）环氧树脂胶　简称环氧胶，是目前使用量最大、使用面最广泛的一种结构粘合剂。环氧胶的粘接强度高，可粘材料的范围广，施工工艺性能良好，配制使用方便，固化后体积收缩率较小，产品尺寸稳定，使用温度范围广，且对人体无毒性。各种牌号、各种性能的环氧胶不仅可以从市场上买到，而且可以自行配制或根据需要对粘合剂进行改性，因此环氧胶称得上是“万能胶”。环氧胶的主要缺点是耐热性不够高，产品接头的脆性较大。

（2）聚氨酯胶　具有与环氧胶类似的优点，如价廉、工艺简便、可粘材料范围广等，但它的交联度比环氧胶小，性能上接近于热塑性树脂。用于结构粘接的聚氨酯胶除具备一般聚氨酯胶共同的优点（如弹性好、低温塑性好、起始强度高）之外，在低温下的力学性能（剪切强度、疲劳强度等）也比较出色，是一种常用的低温结构粘合剂。聚氨酯胶的最大缺点是耐温性不够高，耐湿热老化性能差。

（3）酚醛树脂胶　酚醛结构粘合剂的特点是粘接力强，适用材料范围广，耐热性和耐湿热老化性能好。酚醛树脂胶的刚性较大，因此粘接结构的长时使用尺寸稳定性好，但疲劳强度相对较差，产品收缩较大。酚醛树脂胶除了较脆以外，还因为需高温高压固化，使得施工工艺费用较高。

（4）聚酰亚胺胶、双马来酰亚胺胶 二者均属航空航天用高温结构粘合剂，其供货状态一般是低聚物树脂的溶液或胶膜，把它们涂覆在胶粘表面后，加以0.8~1.0MPa压力在230~250℃的温度下固化。聚酰亚胺胶一般较贵，通常必须低温储存，室温下开放储存的寿命仅几个小时。

（5）丙烯酸酯胶 既包括甲基丙烯酸酯类的厌氧胶，也包括α-氰基丙烯酸酯类的各种快干胶或瞬间胶，它们共同的优点是单液型，低粘度，固化温度低而固化速度快，粘接强度高，毒性小等。

作为金属结构粘合剂，厌氧胶主要用于轴对称构件的套接、加固及密封，如管道螺纹、法兰面、螺栓锁固、轴与轴套等，它的胶层密封性好，耐高压，耐腐蚀。

α-氰基丙烯酸酯胶的适用面极广，但价格较贵，耐久性能稍差，不适于大面积粘接，因此多用于仪器制造业和电子工业中的快速固定等。使用时应注意结合表面不可太粗糙，胶膜应很薄。其开放晾置时间为5~30s。α-氰基丙烯酸酯胶气味难闻，易粘手。

3. 粘合剂的选择

正确地选择粘合剂一般应遵循以下几项原则：

1）粘合剂必须能与被粘材料的种类和性质相容。几种被粘材料适用的粘合剂见表12-2。

表12-2 适用于不同结构材料的粘合剂

被粘材料	胶粘剂种类								
	环氧胶	酚醛树脂胶	聚氨酯胶	丙烯酸酯胶	双马来酰亚胺胶	聚酰亚胺胶	氰基丙烯酸酯胶	不饱和聚酯胶	有机硅胶
结构钢	△	△	△	△	△	△		△	
铬镍钢	△	△	△	△	△	△			△
铝及铝合金	△	△	△	△	△	△	△	△	
铜及铜合金	△		△	△	△	△			
钛及钛合金	△	△	△	△	△				△
玻璃钢	△	△		△	△	△		△	

2）粘合剂的一般性能应能满足粘接接头使用性能（力学条件和环境条件）的要求，并需注意，同一种胶所得的接头性能会因固化条件不同而有较大差异。

3）考虑粘接工艺的可行性、经济性，以及性能与费用的平衡。

如果粘接接头将在较恶劣的环境条件下（如湿热环境）长久承受载荷，则应在选择粘合剂时事先设定性能水平的下限，只有在模型粘接接头的性能高于这个性能下限的情况下，才可以认为粘合剂的选择是正确的。此性能包括短时和长时的力学性能，以及环境老化性能等。

三、粘接工艺

1. 表面处理

粘接前要对粘接面进行表面处理。金属件的表面处理包括清洗、脱脂、机械处理和化学处理等。非金属件一般只进行机械处理和溶剂清洗。

2. 预装

表面处理后，应对粘接件进行预装检查，主要检查粘接件之间的接触情况。

3. 配胶与涂胶

粘合剂应按其配方配制。在室温下固化的粘合剂，还应考虑其固化时间。

液体粘合剂通常采用刷胶、喷胶等方法涂胶。糊状粘合剂通常采用刮刀刮胶。固体粘合剂通常先制成膜状或棒状后涂在粘接面上。对于粉状粘合剂，则应先熔化再浸胶。

4. 合拢和固化

合拢后应适当按、锤、滚压，以挤出微小胶圈为宜。固化温度、压力和时间是最重要的质量控制参数，皆须视粘合剂组分而定。有关参数可以从粘合剂产品说明书或手册中查到。

5. 质量检验

早期主要采用敲击法和超声波检验，现在还可采用C扫描、多层C扫描、电磁检验法等。

思考与练习

1. 什么是铆接？铆接如何分类？
2. 用沉头铆钉铆接厚度为4mm的两块钢板，求铆钉直径和长度。
3. 什么是粘接？粘接技术有何应用？
4. 粘接工艺包含哪些内容？

工匠故事

卢仁峰——焊接技能，极致追求

请扫码学习工匠故事。

模块十三 基础训练

知识目标

1. 掌握长方体钳工加工工艺。
2. 掌握六方体钳工加工工艺。
3. 掌握各种形面的钳工加工工艺。

技能目标

1. 熟练掌握立体划线方法。
2. 熟练掌握钳工工具、量具使用方法。
3. 进一步熟悉各种形面的锉削加工方法。
4. 强化钳工安全文明生产意识。
5. 具备知识技能拓展能力及适应发展的能力。

素养目标

1. 培养敬业、精益、专注、创新的工匠精神。

2. 培养节能环保意识和安全意识；能正确遵守个人和车间安全作业要求，注重个人安全防护。

3. 具备将各种钳工知识技能灵活应用于具体工作领域的能力，具有一定的分析问题和解决问题的能力。

任务一 锉长方体

任务分析

1. 掌握长方体的锉削方法。
2. 掌握垂直度的测量方法。
3. 进一步强化钳工安全文明生产意识。

任务引入

长方体工件如图 13-1 所示。

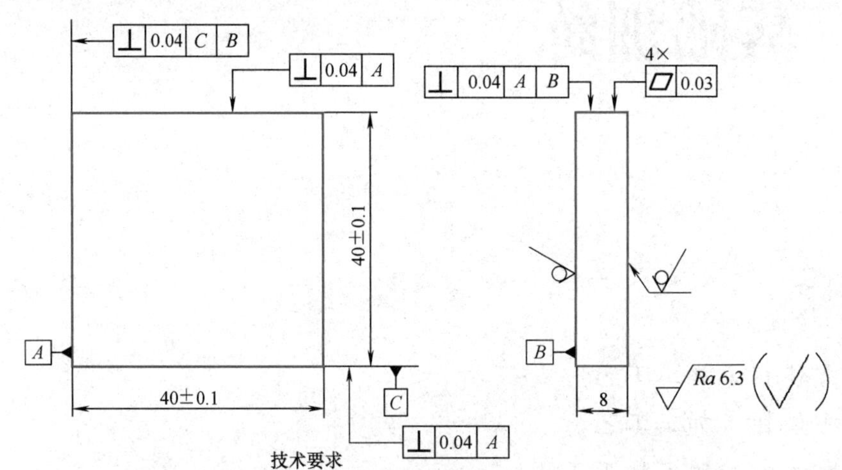

图 13-1　长方体工件

相关知识

1. 锉削基准选择原则

1）选择已加工的最大平整面作为锉削基准。

2）选择锉削量最少的面作为锉削基准。

3）选择划线基准、测量基准作为锉削基准。

4）选择加工精度最高的面作为锉削基准。

2. 长方体工件各表面的锉削顺序

锉削长方体工件各表面时，必须按照一定的顺序进行，才能快速、准确地达到规定的尺寸和相对位置精度要求。其一般原则如下：

1）选择最大且表面质量相对较好的平面作为基准面进行锉削加工，达到规定的平面度要求。

2）先锉大平面后锉小平面，以大平面控制小平面，能使测量准确，修整方便。

3）先锉平行面后锉垂直面，即在达到规定的平行度要求后，再保证相关面的垂直度。一方面便于控制尺寸，另一方面平行度比垂直度的检测方便，同时在保证垂直度时，可以进行平行度、垂直度两项误差的测量比较，减少累积误差。

3. 垂直度的测量

（1）直角尺使用要点

1）先将直角尺尺座的测量面紧贴工件基准面，然后从上轻轻向下移动，使直角尺的测量面与工件的被测表面接触（图 13-2a），视线平视观察接触面的透光情况，以此来判断工件被测面与基准面是否垂直。检查时，直角尺不可斜放（图 13-2b），否则检查结果不准确。

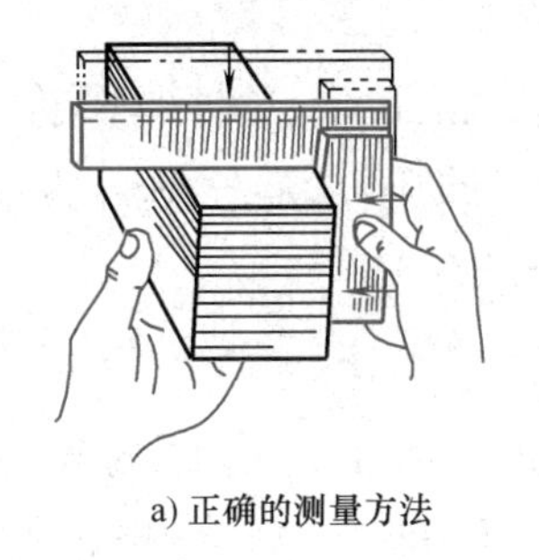

a) 正确的测量方法

b) 不正确的测量方法

图 13-2　直角尺的使用

2）在同一平面上改变检查位置时，不要在工件表面上拖动直角尺，而应将直角尺提起后再轻轻放到新的检查位置，以免直角尺受到磨损而降低精度。

（2）垂直度的测量　如图 13-3 所示，如果平面 B 与平面 A 垂直，则直角尺的测量面与平面 B 之间透过的光线是微弱且全长上是均匀的。如果不垂直，则在 1 处或 2 处将出现较大的缝隙。1 处有缝隙，说明 1 处锉得太多，两面的夹角大于 90°，应修锉 2 处。2 处有缝隙，说明 2 处锉得太多，两面的夹角小于 90°，应修锉 1 处。经过反复地检验和修锉，最后便可达到垂直度要求。

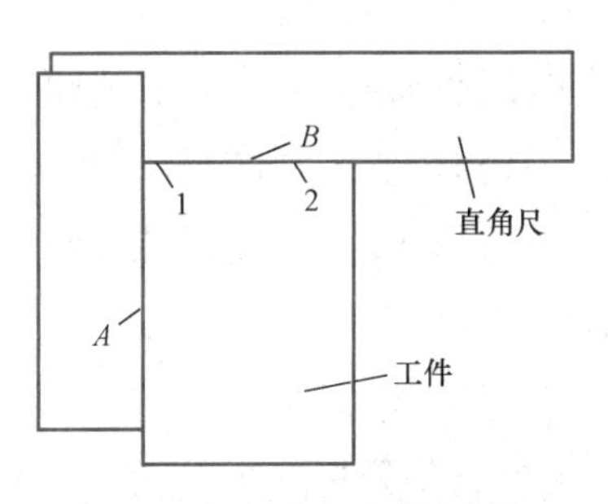

图 13-3　垂直度的测量

物料准备

1. 工具

平锉（350mm 粗齿、250mm 中齿、150mm 细齿）、整形锉、划针、锯弓、锯条。

2. 量具

钢直尺、游标卡尺、游标高度卡尺、直角尺、刀口形直尺。

3. 辅具

蓝油、铜丝刷、毛刷、粉笔。

4. 材料

45 钢，42mm×42mm×8mm，1 件。

任务实施

1. 粗、精锉基准面 *A*

检查毛坯尺寸，了解加工余量。选择工件毛坯上相对平整的一个面作为基准面 A，进行粗、精锉，使平面度、表面粗糙度达到图样要求。在粗锉时，为提高锉削效率，可使用大扁锉用交叉锉的方法进行。在精锉时，应使用中锉或小锉，用顺向锉的方法进行，以使锉纹方向一致。为达到规定的表面粗糙度要求，可选择细齿锉刀。若要进一步提高表面粗糙度精度，可在锉刀的齿面涂上粉笔，使每齿的切削量减少，同时又可使锉屑不易嵌入锉刀齿纹内。

2. 粗、精锉基准面 *A* 的对面

用游标高度卡尺划出基准面 *A* 对面的平面加工线，锯掉多余余量后先粗锉，留 0.15mm 左右的精锉余量，再精锉达到图样要求。使用游标卡尺一方面可以进行尺寸的测量，另一方面还可利用两量爪对工件进行平行度的检测。

3. 粗、精锉基准面 *C*

选择与基准面 *A* 垂直度要求较高的一个面进行加工，用直角尺和划针划出平面加工线，然后锉削达到图样有关要求。用直角尺检查垂直度，测量基准要选择基准面 *A*，以免产生累积误差。

4. 粗、精锉基准面 *C* 的对面

用游标高度卡尺划出平面加工线，锯掉多余余量后，先粗锉，留 0.15mm 左右的精锉余量，再精锉达到图样要求。在加工此平面时，垂直度的基准仍要选择基准面 *A*。同时，对于垂直度和尺寸要求要进行综合考虑，避免出现为保证一个精度而致使另一个精度达不到要求的情况。

5. 全部精度复检

按图样要求进行精度检查，并做必要的修整锉削。最后按图样要求将各锐边均匀倒角、去毛刺。如图样上没有标注倒角，一般可对锐边进行倒钝，即倒出 0.1～0.2mm 的棱边。

 任务评价（表 13-1）

表 13-1 锉长方体任务评价表

<table>
<tr><th colspan="2">评价内容</th><th>考核点</th><th>评分标准</th><th>配分</th><th>实测</th><th>得分</th></tr>
<tr><td rowspan="8">作品
（80 分）</td><td rowspan="2">尺寸要求
（24 分）</td><td>（40±0.1）mm（2 处）</td><td>超差无分</td><td>8×2</td><td></td><td></td></tr>
<tr><td>技术要求 1</td><td>未达到要求无分</td><td>8</td><td></td><td></td></tr>
<tr><td rowspan="4">几何公差
（32 分）</td><td>⏥ 0.03（4 处）</td><td>超差无分</td><td>4×4</td><td></td><td></td></tr>
<tr><td>⊥ 0.04 A B</td><td>超差无分</td><td>4</td><td></td><td></td></tr>
<tr><td>⊥ 0.04 C B</td><td>超差无分</td><td>4</td><td></td><td></td></tr>
<tr><td>⊥ 0.04 A（2 处）</td><td>超差无分</td><td>4×2</td><td></td><td></td></tr>
<tr><td>表面粗糙度
（12 分）</td><td>表面粗糙度值
Ra6.3μm（4 处）</td><td>每处降低一级扣 3 分</td><td>3×4</td><td></td><td></td></tr>
<tr><td>其他
（12 分）</td><td>技术要求 2（8 处）</td><td>1 处未达到要求扣 1.5 分</td><td>1.5×8</td><td></td><td></td></tr>
<tr><td colspan="2" rowspan="2">操作规范
（10 分）</td><td>操作安全、规范</td><td>工具、设备使用不规范扣 1 分/次，累计 3 次及以上计 0 分；违反安全、文明生产规程扣 4 分</td><td>6</td><td></td><td></td></tr>
<tr><td>工具、量具、设备使用</td><td>工具、量具选择不当扣 1 分/次，损坏工具、设备扣 2 分，扣完为止</td><td>4</td><td></td><td></td></tr>
</table>

（续）

评价内容	考核点	评分标准	配分	实测	得分
职业素养（10分）	着装规范、工作态度	按安全生产要求穿工作服、戴工作帽，如有违反扣2分；工作态度不好扣2分	4		
	6S	实训过程中及实训结束后，工作台面及实训场所不符合6S基本要求的扣1~3分	3		
	产品质量、环保、成本控制意识	不注重质量控制、浪费耗材，扣3分	3		
安全文明生产	出现明显失误造成工具或仪表、设备损坏等安全事故；严重违规操作、违反实训场所纪律，记0分				
得分					

加工注意事项

1）在加工前，应先对工件毛坯进行全面检查，了解误差及加工余量情况，然后进行加工。在选择基准面时，应选择相对平整的大平面，这样可以较快地达到加工要求，减小加工余量。

2）在锉削时，应了解加工余量及误差情况，认真仔细检查尺寸等参数，避免超差。

3）基准面是作为加工时控制其他各面的尺寸、位置精度的测量基准，故必须在达到规定的平面度要求后，才能加工其他面。

4）加工平行面，必须在基准面达到平面度要求后进行；加工垂直面，必须在平行面加工好以后进行，即必须在确保基准面、平行面达到规定的平面度公差及尺寸精度要求的情况才能进行。避免相邻面逐面加工，以防止角度误差积累而影响加工质量。

5）在测量时，锐边必须去毛刺、倒钝，以保证测量的准确性。

6）在接近加工要求时，锉削要全面考虑，逐步进行，避免操之过急而造成平面的塌角、不平等现象。

7）工具、量具要放在规定位置，使用时要轻拿轻放，使用完毕后要及时擦拭干净，放入专用盒中妥善保管，做到文明生产。

任务二 锉六方体

任务分析

1. 掌握六方体的划线方法。
2. 掌握六方体的锉削方法。
3. 掌握角度的测量方法。
4. 进一步强化钳工安全文明生产意识。

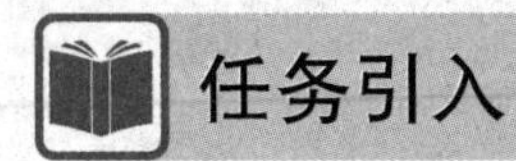

六方体工件如图 13-4 所示。

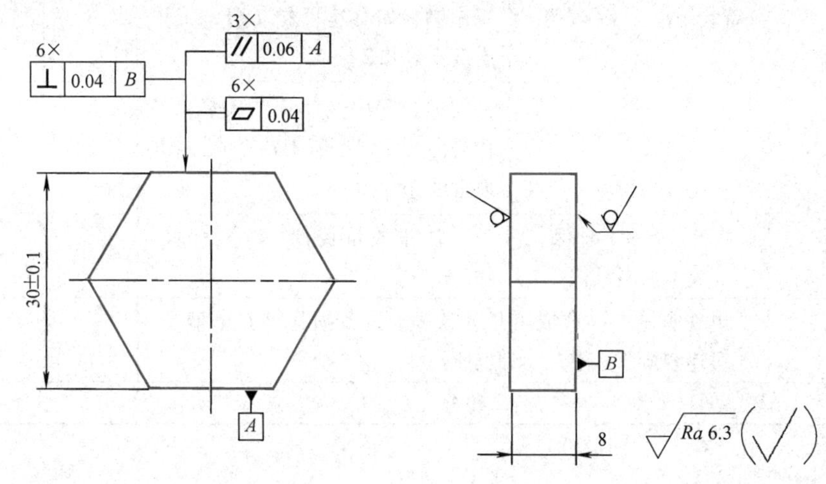

图 13-4　六方体工件

相关知识

1. 六方体工件加工方法

为了能同时保证六方体对边尺寸、120°角度及边长相等的要求，各面的加工步骤应遵循的原则是：先加工基准面，然后加工平行面，再依次加工角度面（图 13-5）。

为保证测量可靠，加工时并不直接测量六边形的边长 B，而是测量对边尺寸 A（图 13-6），如果图样标注的是边长尺寸，必须进行换算得到对边尺寸 A。计算方法如下：

$$A=2B\cos 30°=1.732B$$

如果六边形的毛坯是半径为 R 的圆柱体，为保证后续各加工面的余量，在加工第一面时还需求出 M 尺寸，计算方法如下：

$$M=\frac{A}{2}+R=0.866B+R$$

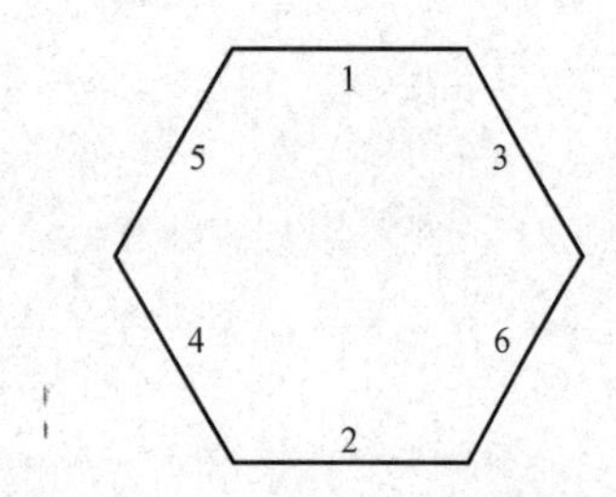

图 13-5　六方体工件的加工顺序

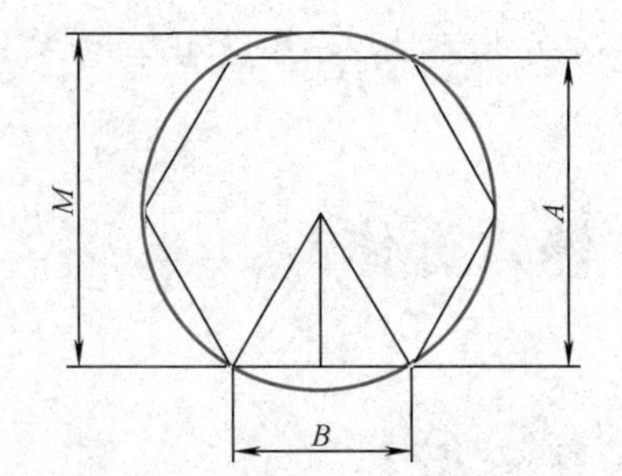

图 13-6　六方体的尺寸

2. 六方体工件划线方法

明确了加工顺序后，在进行锉削之前，首先要进行划线。根据不同的情况，六边形的划线可采用不同的方法。

（1）圆弧等分法 由几何知识可知，如果以圆半径为单位长度等分圆周，可将圆周六等分。如果图样上给出的六边形边长为 B，即可以尺寸 B 为半径划圆周，将圆周六等分后依次连接各等分点，即可得到六边形。如果是使用板料加工六边形，为充分利用材料上已有的一个基准面，可将圆心定在离基准面距离为 $A/2$ 处。为便于划出整圆周，可将相同厚度的板料靠在基准面上，在等分圆周时，注意要将两个等分点划在基准面的边上（图 13-7）。

（2）边长角度法 该方法是根据图样上给出的边长值 B 及六边形的内角为 120°的已知条件，利用游标万能角度尺和钢直尺依次划出六边形的各条边。使用该方法一定要保证划线的准确性，否则由于累积误差，将可能使划出的六边形达不到正六边形的要求。

（3）坐标法 该方法是通过计算得出六边形各顶点的坐标，先利用游标高度卡尺在垂直的两个方向划出后再依次连接各交点即可（图 13-8）。使用该方法划出的六边形是最精确的，但计算和划线较为烦琐，并且必须有两个相互垂直的基准面，辅助加工时间较长。

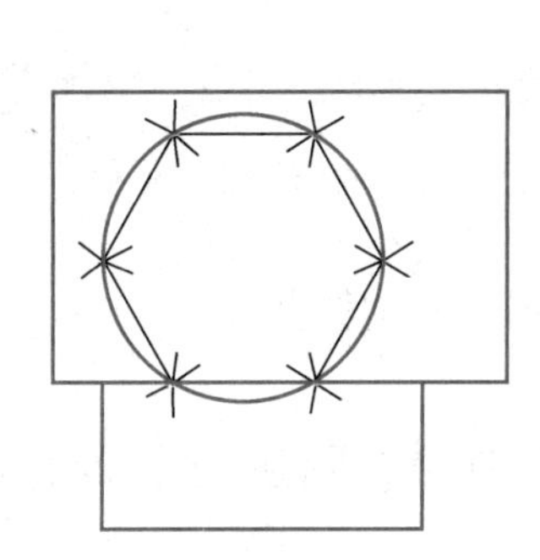

图 13-7 圆弧等分法划六边形

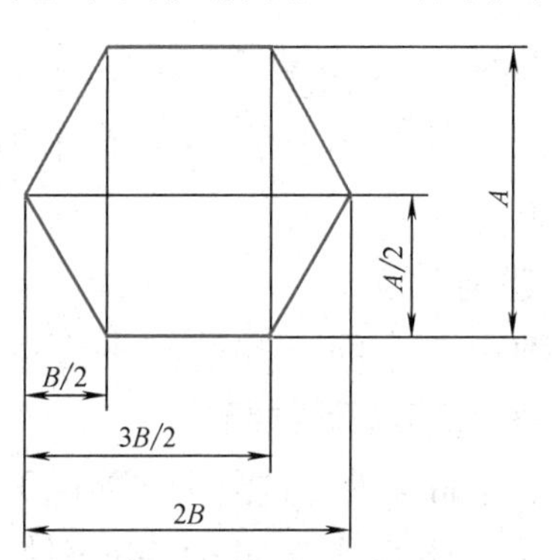

图 13-8 坐标法划六边形

（4）圆料工件的划线 在圆料工件上划六方体的方法是将其放置在 V 形铁上，调整高度尺至圆柱形工件中心位置，划出图 13-9a 所示中心线，并记下游标高度卡尺的数值，按六方体的对边距离，调整游标高度卡尺划出图 13-9b 所示与中心线平行的六方体两对边线，然后顺次连接图 13-9c所示圆上各交点即可。

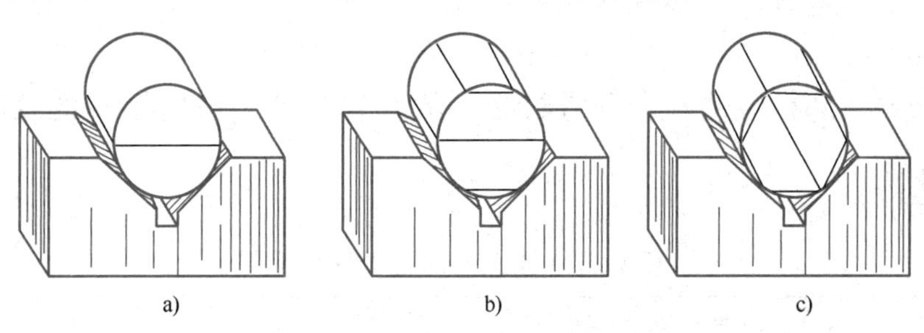

图 13-9 圆料工件划六边形

物料准备

1. 工具

平锉（350mm 粗齿、250mm 中齿、150mm 细齿）、整形锉、划针、锤子、样冲、锯弓、锯条。

2. 量具

钢直尺、游标卡尺、游标高度卡尺、直角尺、刀口形直尺、游标万能角度尺。

3. 辅具

蓝油、铜丝刷、毛刷、粉笔。

4. 材料

45 钢，37mm×32mm×8mm，1 件。

任务实施

1. 检查毛坯尺寸

根据图样尺寸，检查毛坯尺寸是否有足够的加工余量。

2. 划线

按六边形的划线方法进行划线。如果选择坐标法划线，必须先加工出两个相互垂直的基准面。

3. 锉削基准面 1（按图 13-5 所示标注）

选择工件毛坯上的一个面作为基准面，进行粗、精锉，使平面度、表面粗糙度达到图样要求。

4. 锉削对面 2

锉削第二个面，并达到平面度、平行度、尺寸及表面粗糙度要求。

5. 锉削基准面的邻边 3

在加工此面时，要使用游标万能角度尺进行角度的测量，除达到平面度和表面粗糙度要求外，还要使其相对基准面的角度误差尽可能小。

6. 锉削面 3 的对面 4

面 4 的精度以面 3 为基准，在保证其平面度要求的基础上，通过平行度和尺寸来保证。

7. 锉削基准面的另一邻边 5

该面的加工及测量方法与步骤 5 相同。

8. 锉削面 5 的对面 6

该面的加工及测量方法与步骤 6 相同。

9. 全面复检

按图样要求做全部精度复检，并进行必要的修整锉削，最后将各锐边均匀倒钝。

任务评价（表 13-2）

表 13-2　锉六方体任务评价表

评价内容		考核点	评分标准	配分	实测	得分
作品（80 分）	尺寸要求（23 分）	(30±0.1)mm（3 处）	超差无分	5×3		
		各尺寸差值≤0.1mm（2 处）	1 处未达到要求扣 4 分	4×2		
	几何公差（30 分）	▱ 0.04（6 处）	超差无分	2×6		
		⊥ 0.04 B（6 处）	超差无分	2×6		
		// 0.06 A（3 处）	超差无分	2×3		

（续）

评价内容		考核点	评分标准	配分	实测	得分
作品（80分）	表面粗糙度（9分）	表面粗糙度值 *Ra*6.3μm（6处）	每处降低一级扣2分	1.5×6		
	其他（18分）	锐边倒角（12处）	1处未达到要求扣1.5分	1.5×12		
操作规范（10分）		操作安全、规范	工具、设备使用不规范扣1分/次，累计3次及以上计0分；违反安全、文明生产规程扣4分	6		
		工具、量具、设备使用	工具、量具选择不当扣1分/次，损坏工具、设备扣2分，扣完为止	4		
职业素养（10分）		着装规范、工作态度	按安全生产要求穿工作服、戴工作帽，如有违反扣2分；工作态度不好扣2分	4		
		6S	实训过程中及实训结束后，工作台面及实训场所不符合6S基本要求的扣1~3分	3		
		产品质量、环保、成本控制意识	不注重质量控制、浪费耗材，扣3分	3		
安全文明生产		出现明显失误造成工具或仪表、设备损坏等安全事故；严重违规操作、违反实训场所纪律，记0分				
得分						

加工注意事项

1）在加工前，应先对工件毛坯进行全面检查，了解误差及加工余量情况，然后进行加工。

2）在锉削时，应了解加工余量及误差情况，认真检查尺寸等参数，避免超差。

3）基准面是作为加工时控制其他各面的尺寸、位置精度的测量基准，故必须在达到其规定的平面度要求后，才能加工其他面。铣削时，相互平行的面为一组，分三组铣削。避免相邻面逐面加工，以防角度误差积累而影响加工质量。

4）测量时，锐边必须去毛刺、倒钝，保证测量的准确性。

5）加工时，要防止片面性。不能为了取得平面度精度而影响了尺寸要求和角度精度，或为了保证角度精度而忽略了平面度精度和平行度精度，或为了降低表面粗糙度值而忽略了其他。总之，在加工时要全面考虑，达到全部精度要求。

6）工具、量具要放在规定位置，使用时要轻拿轻放，使用完毕后要及时擦拭干净，放入专用盒中妥善保管，做到文明生产。

任务三　制作錾口锤子

任务分析

1. 掌握各种形面的锉削加工方法。
2. 熟练掌握钻孔方法。
3. 进一步强化钳工安全文明生产意识。

任务引入

錾口锤子工件如图 13-10 所示。

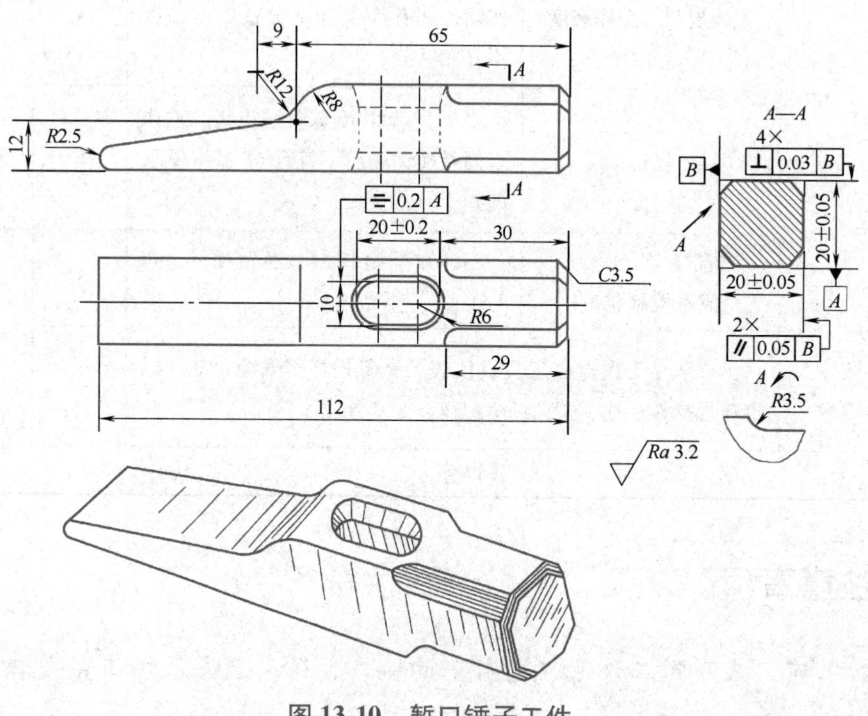

图 13-10　錾口锤子工件

物料准备

1. 工具

平锉（350mm 粗齿、250mm 中齿、150mm 细齿）、圆锉（ϕ6mm 中齿、ϕ6mm 细齿）、半圆锉（250mm 中齿、100mm 细齿）、整形锉、划针、划规、锤子、样冲、锯弓、锯条、麻花钻（ϕ9. 7mm、ϕ5mm）。

2. 量具

钢直尺、游标卡尺、游标高度卡尺、直角尺、刀口形直尺、$R1\sim R25$mm 半径样板。

3. 辅具

蓝油、铜丝刷、毛刷、粉笔、砂布。

4. 材料

45钢，22mm×22mm×114mm，1件。

任务实施

1）检查毛坯尺寸是否有足够的加工余量。

2）按图样要求锉削20mm×20mm长方体。为减小工作量，112mm方向可只加工一个面，另一面只需留出足够的加工余量。

3）选定某一长面作为基准，锉削端面，达到基本垂直，表面粗糙度值$Ra \leqslant 3.2\mu m$。

4）以基准长面及端面为基准，同时划出錾口锤子各面的形体加工线及“$C3.5$”倒角加工线。

5）以基准长面的垂直面为基准，划出腰形孔的加工线。

6）锉“$C3.5$”倒角，先用圆锉粗锉出$R3.5$mm圆弧，然后用粗、细扁锉粗、细锉倒角，再用圆锉细加工$R3.5$mm圆弧，最后用推锉法修整。

7）用$\phi 9.7$mm麻花钻在腰形孔的两端钻孔，由于两孔相距较近，因此在钻孔时要注意孔心位置的准确性。钻孔后用圆锉锉通两孔，加工好腰形孔并按图样倒角。

8）按划线在$R12$mm处钻$\phi 5$mm孔，锯去多余部分。

9）先用半圆锉按线粗锉$R12$mm内圆弧面，用扁锉粗锉斜面及$R8$mm圆弧面至划线线条。然后用细扁锉细锉斜面，用半圆锉细锉$R12$mm内圆弧面。再用细扁锉细锉$R8$mm外圆弧面。最后用细扁锉及半圆锉使用推锉法修整，达到各面连接光滑、光洁、纹理整齐。

10）锉$R2.5$mm圆头，并保证工件总长为112mm。

11）八角端部棱边倒角$C3.5$。

12）为使锤子各面光滑美观，可用砂布进行抛光处理。

任务评价（表13-3）

表13-3　制作錾口锤子任务评价表

评价内容		考核点	评分标准	配分	实测	得分
作品（80分）	尺寸要求（26分）	(20±0.05)mm（2处）	超差无分	5×2		
		$C3.5$倒角（4处）	倒角均匀，纹理齐正	3×4		
		20±0.2mm	超差无分	4		
	几何公差（28分）	// 0.05 B（2处）	超差无分	4×2		
		⊥ 0.03 B（4处）	超差无分	4×4		
		⌯ 0.2 A	超差无分	4		
	表面粗糙度（8分）	表面粗糙度值$Ra3.2\mu m$	每处降低一级扣1分，扣完为止	8		

（续）

评价内容		考核点	评分标准	配分	实测	得分
作品（80分）	其他（18分）	$R3.5$mm 内圆弧连接圆滑，尖端无塌角（4处）	1处未达到要求扣2分	2×4		
		$R12$mm 与 $R8$mm 圆弧面连接圆滑	未达到要求扣2分	2		
		$R2.5$mm 圆弧面圆滑	未达到要求扣2分	2		
		倒角均匀、各棱线清晰	1处未达到要求扣0.5分，扣完为止	6		
操作规范（10分）		操作安全、规范	工具、设备使用不规范扣1分/次，累计3次及以上计0分；违反安全、文明生产规程扣4分	6		
		工具、量具、设备使用	工具、量具选择不当扣1分/次，损坏工具、设备扣2分，扣完为止	4		
职业素养（10分）		着装规范、工作态度	按安全生产要求穿工作服、戴工作帽，如有违反扣2分；工作态度不好扣2分	4		
		6S	实训过程中及实训结束后，工作台面及实训场所不符合6S基本要求的扣1~3分	3		
		产品质量、环保、成本控制意识	不注重质量控制、浪费耗材，扣3分	3		
安全文明生产		出现明显失误造成工具或仪表、设备损坏等安全事故；严重违规操作、违反实训场所纪律，记0分				
得分						

加工注意事项

1）在加工前，应先对工件毛坯进行全面检查，了解误差及加工余量情况，然后进行加工。

2）在锉削时，应了解好加工余量及误差情况，认真仔细检查尺寸等参数，避免超差。

3）在加工 $R12$mm 与 $R8$mm 内外圆弧面时，横向必须平直，并与侧面垂直，才能使弧面连接正确，外形美观。

4）锉削腰形孔时，应先锉侧平面，后锉两端圆弧面。在锉平面时，要注意控制好锉刀的横向移动，防止锉坏两端圆弧面。

5）工具、量具要放在规定位置，使用时要轻拿轻放，使用完毕后要擦拭干净，做到文明生产。

思考与练习

1. 在锉削长方体时，可否用小平面来控制大平面的垂直度？为什么？

2. 如何使用直角尺来测量垂直度？

3. 在锉削六方体时，能否直接测量各边的边长？为什么？

4. 在加工六方体时，为什么划了角度线在加工时还需要用游标万能角度尺来进行角度的测量？

5. 设六边形的对边尺寸为36mm，试计算各顶点的坐标。

6. 制作錾口锤子时，在加工“$C3.5$”倒角时能否先加工倒角再加工圆弧？为什么？

7. 在加工锤头各处圆弧时，是否还可以按其他加工顺序进行？

工匠故事

请扫码学习工匠故事。

刘更生——修旧如旧，匠心楷模

模块十四 锉配训练

知识目标

1. 掌握凹凸体锉配加工工艺。
2. 掌握四方体锉配加工工艺。
3. 掌握六方体锉配加工工艺。
4. 掌握圆弧面锉配加工工艺。
5. 掌握燕尾锉配加工工艺。

技能目标

1. 能根据工件的加工情况进行相关计算和测量。
2. 掌握各种形体的锉配方法，达到配合精度要求。
3. 熟练使用各种钳工工具、量具。
4. 强化钳工安全文明生产意识。
5. 具备知识技能拓展能力及适应发展的能力。

素养目标

1. 培养敬业、精益、专注、创新的工匠精神。

2. 培养节能环保意识和安全意识；能正确遵守个人和车间安全作业要求，注重个人安全防护。

3. 具备将各种钳工知识技能灵活应用于具体工作领域的能力，具有一定的分析问题和解决问题的能力。

任务一 锉配凹凸体

任务分析

1. 掌握凹凸体的锉配方法，达到配合精度要求。
2. 熟练掌握具有对称度要求的配合件的加工和测量方法。

3. 能进行有对称度要求的盲配零件锉配精度的检验、分析和修正。

4. 进一步强化钳工安全文明生产意识。

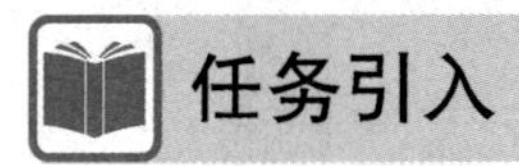

任务引入

凹凸体工件如图 14-1 所示。

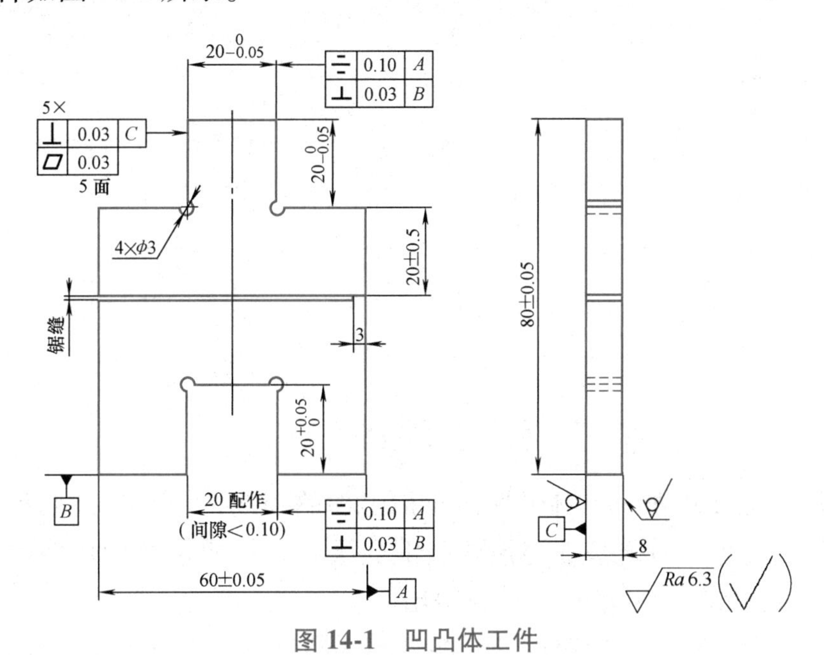

图 14-1　凹凸体工件

相关知识

1. 锉配的概念

通过锉削使两个工件的相配表面达到规定的要求的操作方法称为锉配。如果两个工件不能进行试配，只能通过尺寸等的测量来保证配合的要求，称为盲配。

2. 锉配的基本方法

为保证配合的精度要求，首先将相配件中的一件锉好，然后按锉好的一件来锉配另一件。因为外表面一般比内表面容易加工，所以最好先锉外表面，再锉内表面，以容易达到较高精度的外表面作为基准去锉配内表面。

3. 对称度的相关概念

（1）对称度　对称度用于控制被测要素中心平面或轴线对基准中心平面或轴线的共面或共线性误差。

（2）对称度误差　对称度误差是指被测表面的对称平面与基准表面的对称平面间的最大偏移距离 Δ（图 14-2）。

（3）对称度公差带　对称度公差带是指相对基准中心平面或中心线、轴线对称配置的两个平行平面或直线之间的区域，两个平行平面或直线间的距离 t 即为公差值（图 14-3）。

4. 对称度的测量

（1）对称度测量方法　测量被测表面与基准表面的尺寸 A 和 B，其差值的一半即为对称度误差值（图 14-4）。

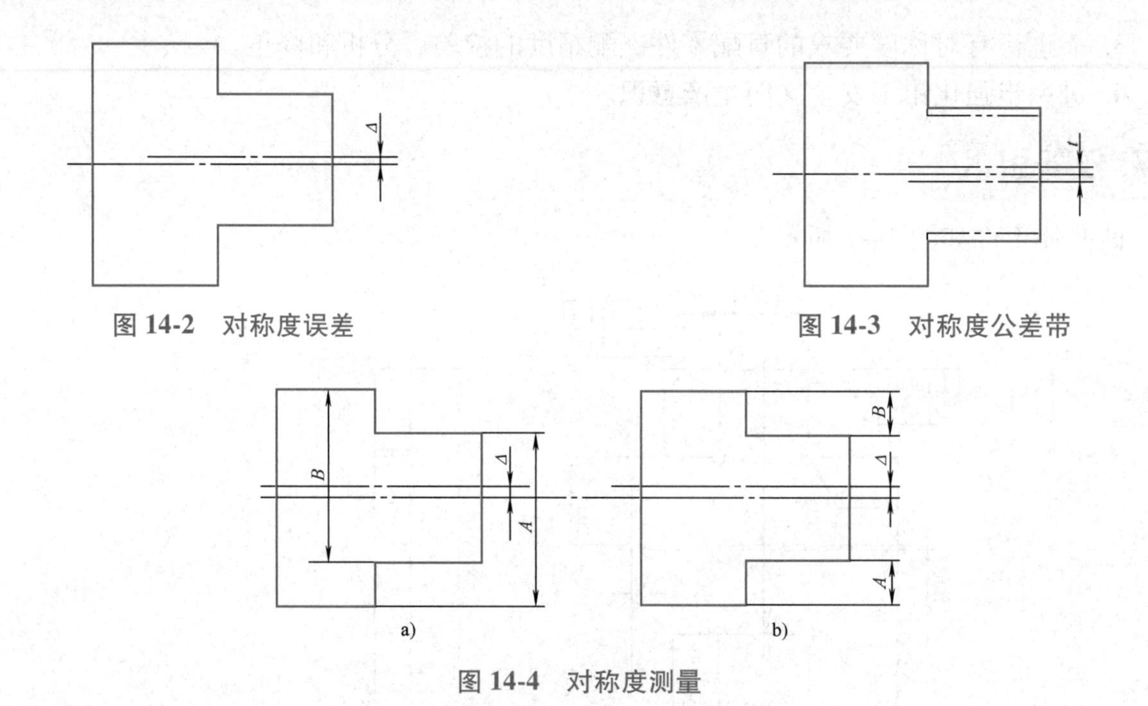

图 14-2　对称度误差

图 14-3　对称度公差带

图 14-4　对称度测量

（2）对称形体工件的划线　对于平面对称工件的划线，应在形成对称中心平面的两个基准面精加工后进行。划线基准与该两基准面重合，划线尺寸则按两个对称基准平面间的实际尺寸及对称形体的要求尺寸计算得出。

（3）对称度误差对转位互换精度的影响　当凹凸件都有对称度误差 0.05mm，且在一个同方向位置配合达到间隙要求后（图 14-5a），此时两侧面平齐，而转位 180°配合，就会产生两基准面偏位误差，其总值为 0.1mm（图 14-5b）。

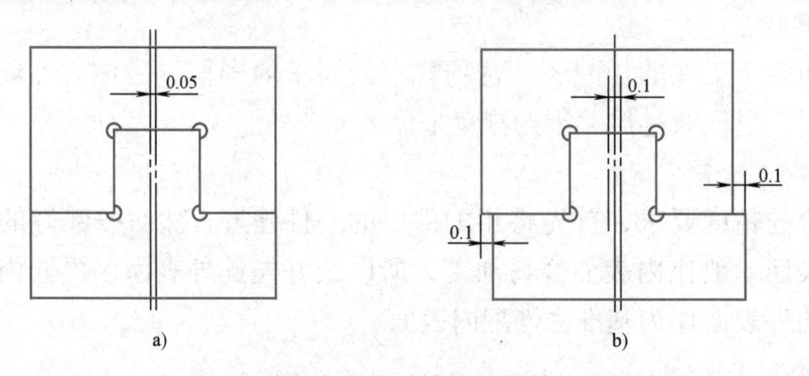

图 14-5　对称度误差对转位互换精度的影响

物料准备

1. 工具

平锉（350mm 粗齿、250mm 中齿、150mm 细齿）、半圆锉（250mm 中齿、100mm 细齿）、整形锉、锤子、样冲、锯弓、锯条、錾子（扁錾、尖錾）、麻花钻（ϕ10mm、ϕ3mm）。

2. 量具

钢直尺、游标卡尺、游标高度卡尺、直角尺、刀口形直尺、塞尺、外径千分尺（0~25mm、25~50mm、50~75mm）。

3. 辅具

蓝油、铜丝刷、毛刷、粉笔。

4. 材料

45 钢，82mm×62mm×8mm，1 件。

任务实施

1. 加工外形

按图样要求锉削好外形各边，达到尺寸及垂直度和平行度要求。

2. 划线，钻工艺孔

按图样要求划出凹凸体加工线，检查无误后钻工艺孔。

3. 加工凸形面

由于图 14-4 所示的 *A*、*B* 尺寸均无法使用千分尺直接测量，因此本加工步骤中的要点是不能同时将两边垂直角锯去，否则将无法保证对称度精度。

1）按划线锯去垂直一角，粗、细锉两垂直面。

由于凸件高度方向的 $20_{-0.05}^{0}$mm 尺寸使用千分尺无法直接测量，因此必须使用间接测量的方法来保证，方法是将该处尺寸控制在 80mm 处的实际尺寸减去 $20_{-0.05}^{0}$mm 的范围内。

同样，凸件宽度方向的尺寸控制方法是将该处的尺寸控制在 60mm 处实际尺寸的一半加上 $10_{-0.05}^{+0.025}$mm 的范围内，从而保证在取得凸形尺寸的同时保证其对称度在 0.1mm 内。

2）按划线锯去另一垂直角，用上述方法来保证凸件高度方向的 $20_{-0.05}^{0}$mm 尺寸。

凸形的宽度尺寸则可直接测量。

图 14-6 说明了尺寸控制范围对凸件宽度方向尺寸公差及对称度误差的影响。图 14-6a 所示为单边凸形件的上极限尺寸与下极限尺寸；图 14-6b 所示为在最大控制尺寸下，取得的最小尺寸 19.95mm，此时对称度误差最大左偏值为 0.05mm；图 14-6c 所示为在最小控制尺寸下，取得的最大尺寸 20mm，此时对称度误差最大右偏值为 0.05mm。

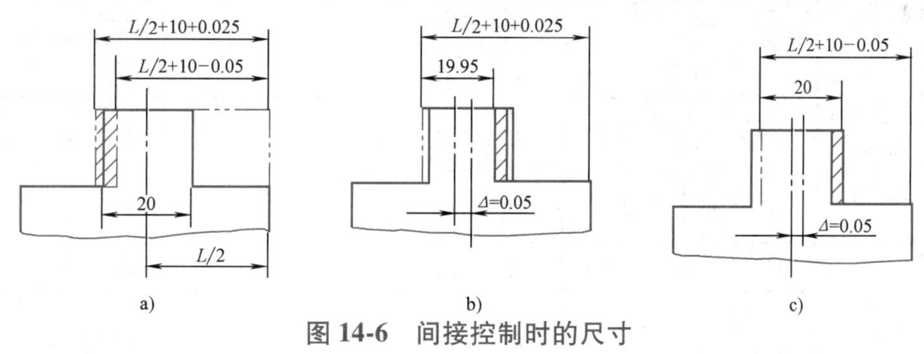

图 14-6　间接控制时的尺寸

4. 加工凹形面

1）用麻花钻钻出排孔（为提高效率，排孔可在钻工艺孔时同步钻出），按划线锯两条锯缝，用錾削的方法排料。为减少錾削的工作量，钻排孔时要尽量做到各孔相切，以减少排料后的余料。粗锉至接近所划加工线。

排料除了可以用小麻花钻钻多个相切孔的方法外，还可用大麻花钻在合适的位置钻少量孔的方法来实现。钻孔的数量及位置由需去除材料的形状而定。此凹凸体工件可只钻一个接近凹形面的孔，用方锉将其锉至接近所划的凹形面加工线，使用修边锯条（即在砂轮上磨窄的锯条）沿线锯除多余材料。此方法钻孔数量少，加工余量少，不需使用錾削方法，但对锯削技能要求相对较高。

2）细锉凹形顶端面，按实施步骤3的方法来保证达到与凸形件长度方向的配合精度要求。

3）细锉两侧垂直面。

本加工步骤需要注意的是在加工过程中不仅要保证配合间隙，还要保证对称度。具体计算方法可用外形实际尺寸减去凸形件实际尺寸，将所得到的结果除以2，再将间隙加进去，这样可以简化计算步骤，并且加工过程中比较容易保证精度。

5. 修整

将工件全部锐边倒角，并检查全部尺寸精度。

6. 按图样锯削

按图样要求锯削，修去锯缝毛刺。

7. 基本环节检测

按图样标注，对尺寸、几何公差、表面粗糙度、倒角等环节进行检测。

8. 配合环节检测

全部环节检测完毕后，从锯缝处将剩余部分锯断，进行配合环节的检查。先检测一个方向的配合间隙，要求配合间隙<0. 10mm。翻边互换，检测配合间隙及对称度。

任务评价（表14-1）

表14-1 锉配凹凸体任务评价表

评价内容		考核点	评分标准	配分	实测	得分
作品（80分）	尺寸要求（22分）	60±0. 05mm	超差无分	4		
		80±0. 05mm	超差无分	4		
		$20_{-0.05}^{0}$mm（4处）	超差无分	3×4		
		20±0. 5mm	超差无分	2		
	几何公差（10分）	⏥ 0.03（5处）	超差无分	1×5		
		⊥ 0.03 *C*（5处）	超差无分	1×5		
	配合（24分）	间隙<0. 10mm（5处）	超差无分	2×5		
		翻边互换，间隙<0. 10mm（5处）	超差无分	2×5		
		⌯ 0.10 *A*	超差无分	4		
	表面粗糙度（12分）	表面粗糙度值 *Ra*6. 3μm（12处）	每处降低一级扣1分	1×12		
	其他（12分）	锐边倒角（12处）	一处未达到要求扣1分	1×12		

（续）

评价内容	考核点	评分标准	配分	实测	得分
操作规范（10分）	操作安全、规范	工具、设备使用不规范扣1分/次，累计3次及以上计0分；违反安全、文明生产规程扣4分	6		
	工具、量具、设备使用	工具、量具选择不当扣1分/次，损坏工具、设备扣2分，扣完为止	4		
职业素养（10分）	着装规范、工作态度	按安全生产要求穿工作服、戴工作帽，如有违反扣2分；工作态度不好扣2分	4		
	6S	实训过程中及实训结束后，工作台面及实训场所不符合6S基本要求的扣1~3分	3		
	产品质量、环保、成本控制意识	不注重质量控制、浪费耗材，扣3分	3		
安全文明生产	出现明显失误造成工具或仪表、设备损坏等安全事故；严重违规操作、违反实训场所纪律，记0分				
得分					

加工注意事项

1）为保证对称度精度，必须保证60mm处的外形尺寸准确。计算时，使用各点实测值的平均数值。

2）在加工凸形面时，只能先锯去一边的垂直角，待加工至所要求的尺寸公差后，才能锯掉另一垂直角，以使用间接测量方法来保证对称度精度。

3）由于工件采用的是盲配，因此必须通过认真控制凸、凹件的尺寸误差来保证配合的精度。

4）为达到配合后转位互换精度，在凸、凹形面加工时，必须控制各面垂直度误差在最小的范围内。图14-7所示工件由于没有控制好垂直度误差，互换配合后出现了很大的间隙。在加工类似的有垂直度要求的较小面时，可将游标万能角度尺的直尺用夹紧块固定在直角尺上，这样能灵活地测量不同尺寸的垂直面。

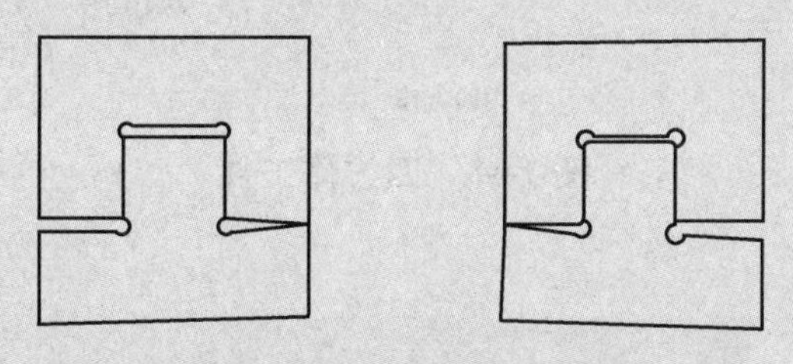

图14-7　垂直度误差对配合间隙的影响

5）在加工垂直面时，为防止锉刀侧面碰坏另一垂直侧面，可使用修边锉，即将锉刀侧面在砂轮上修磨成小于90°的角度。如果没有修边锉，也可使用半圆锉进行加工。

任务二　锉配四方体

任务分析

1. 掌握四方体锉配的方法，达到配合精度要求。
2. 能进行四方体锉配精度的检验、分析和修正。
3. 进一步强化钳工安全文明生产意识。

任务引入

四方体工件如图 14-8 所示。

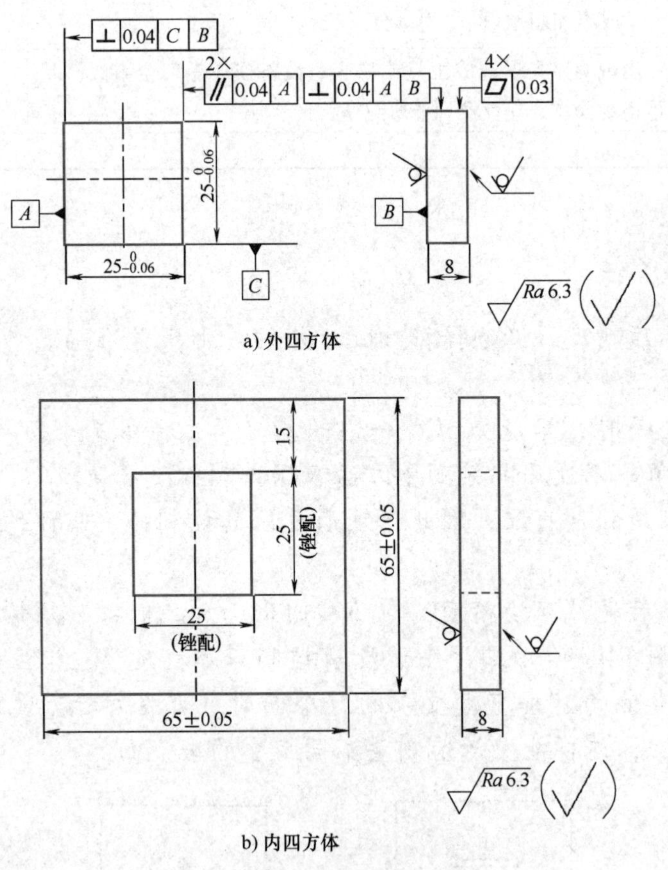

图 14-8　四方体工件

相关知识

1. 四方体锉配方法

1）先锉准外四方体，后配锉内四方体。内四方体锉配时，为便于控制尺寸，应按图样要求选择有关的垂直外形面作为测量基准，锉配前必须首先保证所选定基准面的必要精度。

2）在内四方体锉削过程中，进行内棱清角，必须使用修边锉。锉削时，应使修边锉小于90°的一边紧靠内棱角进行顺向锉。

2. 外四方体的尺寸及几何误差对锉配精度的影响

（1）各边尺寸误差转位后的扩大间隙　当四方体各边尺寸出现误差，如配合面的一处加工为25mm，另一处加工为24.95mm，并且在一个位置锉配后取得零间隙，则在转位90°做配入修整后，配合面之间的间隙将会扩大，其值为0.05mm（图14-9a）。

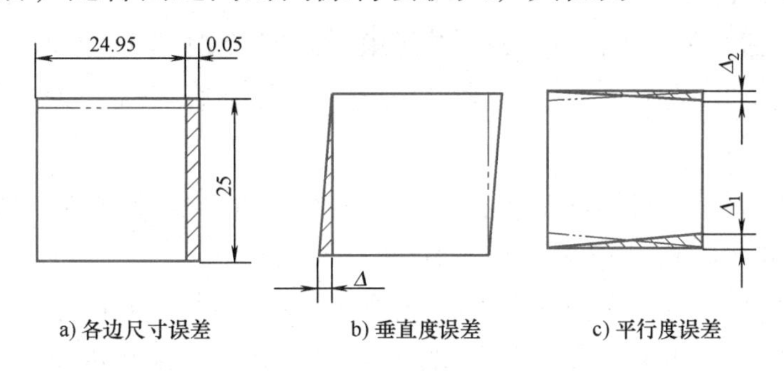

a) 各边尺寸误差　b) 垂直度误差　c) 平行度误差

图14-9　四方体的形体误差对锉配的影响

（2）垂直度误差转位后的扩大间隙　当四方体的一面有垂直度误差且在一个位置锉配后取得零间隙，则在转位180°做配入修整后，产生了附加间隙Δ，将使四方孔成为平行四边形（图14-9b）。

（3）平行度误差转位后的扩大间隙　当四方体有平行度误差时，在一个位置锉配后取得零间隙，则在转位180°做配入修整后，使四方体小尺寸处产生配合间隙Δ_1和Δ_2（图14-9c）。

（4）平面度误差的扩大间隙　当四方体有平面度误差时，配合后会产生喇叭口。

物料准备

1. 工具

平锉（350mm粗齿、250mm中齿、150mm细齿）、半圆锉（250mm中齿、100mm细齿）、整形锉、锤子、样冲、锯弓、锯条、錾子（扁錾、尖錾）、麻花钻（ϕ10mm、ϕ3mm）。

2. 量具

钢直尺、游标卡尺、游标高度卡尺、直角尺、刀口形直尺、塞尺、外径千分尺（0~25mm、25~50mm、50~75mm）、自制90°角度样板。

3. 辅具

蓝油、铜丝刷、毛刷、粉笔。

4. 材料

45钢，67mm×67mm×8mm、27mm×27mm×8mm，各1件。

任务实施

1. 加工外四方体

按图样要求加工外四方体的四个面，因为要作为锉配的基准，为保证锉配的质量，加工时应注意各面的平面度，相邻面的垂直度，相对面的平行度，尺寸误差应尽可能小。

2. 锉配内四方孔

1）修整相邻两外形基准面，使其互相垂直并与端面垂直。加工两基准面的对边，达到规定精度要求。

2）以外形基准面为划线基准，按图样尺寸划线，并检查划线是否正确，内四方体的加工线可用加工好的外四方体直接进行校核。

3）先钻排孔，去余料，然后用方锉粗锉余量，每边留 0.1~0.2mm 作为细锉余量。

4）细锉第一面（取接近平行于外形面的面），锉至划线线条处，达到纵横平直，并与端面垂直。

5）细锉第二面（第一面的对面），达到与第一面平行，并将四方体垂直插入进行试配，使其能较紧地塞入即可，以留有修整余量。

6）细锉第三面（取接近平行于外形面的面），锉至划线线条处，达到平面纵横平直，并与端面垂直，可用自制 90°角度样板（图 14-10）检查其垂直度，达到与第一、二面的垂直度和清角要求。

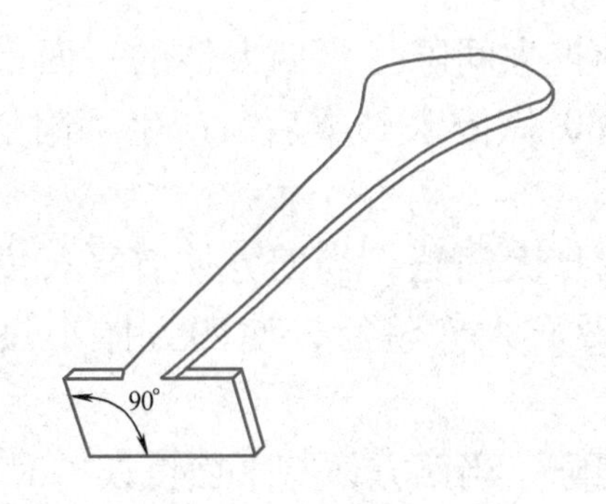

图 14-10 内直角自制 90°角度样板

7）细锉第四面，达到与第三面平行，并用四方体垂直插入进行试配，达到能较紧地塞入即可。

8）精锉修整各面，用四方体定向试配，用透光法检查接触部位进行修整。将四方体塞入后采用透光法和涂色法相结合的方法检查接触部位，然后逐步修锉达到配合要求。最后做转位互换的修整，达到转位互换的要求。

3. 修整并检查

对各边修整，倒棱、去毛刺。

4. 配合环节检测

先检测一个方向的配合间隙，要求配合间隙<0.10mm。翻边互换，要求配合间隙<0.10mm。

锉配间隙既可使用塞尺直接进行测量，也可通过测量计算的方法得到间隙大小。测量间隙时，可用一片或数片塞尺叠在一起塞入间隙内，检查两个配合面之间的间隙大小，也可用游标卡尺或千分尺等量具测量出内孔和外形的尺寸，两者差值即为间隙。

任务评价（表 14-2）

表 14-2　锉配四方体任务评价表

评价内容		考核点	评分标准	配分	实测	得分
作品（80 分）	尺寸要求（8 分）	$25_{-0.06}^{\ 0}$mm（2 处）	超差无分	2×2		
		(65±0.05)mm（2 处）	超差无分	2×2		
	几何公差（16 分）	▱ 0.03（4 处）	超差无分	2×4		
		⊥ 0.04 A B	超差无分	2		
		⊥ 0.04 C B	超差无分	2		
		// 0.04 A（2 处）	超差无分	2×2		
	配合（32 分）	间隙<0.10mm（4 处）	超差无分	4×4		
		翻边互换，间隙<0.10mm（4 处）	超差无分	4×4		
	表面粗糙度（8 分）	表面粗糙度值 *Ra*6.3μm（8 处）	每处降低一级扣 1 分	1×8		
	其他（16 分）	锐边倒角（16 处）	1 处未达到要求扣 1 分	1×16		
操作规范（10 分）		操作安全、规范	工具、设备使用不规范扣 1 分/次，累计 3 次及以上计 0 分；违反安全、文明生产规程扣 4 分	6		
		工具、量具、设备使用	工具、量具选择不当扣 1 分/次，损坏工具、设备扣 2 分，扣完为止	4		
职业素养（10 分）		着装规范、工作态度	按安全生产要求穿工作服、戴工作帽，如有违反扣 2 分；工作态度不好扣 2 分	4		
		6S	实训过程中及实训结束后，工作台面及实训场所不符合 6S 基本要求的扣 1~3 分	3		
		产品质量、环保、成本控制意识	不注重质量控制、浪费耗材，扣 3 分	3		
安全文明生产		出现明显失误造成工具或仪表、设备损坏等安全事故；严重违规操作、违反实训场所纪律，记 0 分				
得分						

加工注意事项

1）配锉件的划线要准确，线条要细而清晰，两端面线条必须一次性划出。

2）为得到转位互换的配合精度，外四方体两个对边的尺寸误差值应尽可能控制在最小范围内，其垂直度、平行度误差也应尽量控制在最小范围内，并且要求将尺寸控制在尺寸上限，使锉配时有做微量修正的可能。

3）锉配时的修锉部位，应在使用透光法与涂色法检查后再从整体情况考虑，合理确定，避免仅根据局部试配情况就进行修锉，造成配合面局部出现过大间隙。

4）注意掌握内四方体的清角，防止修成圆角或锉坏相邻面，保证各条棱角线平直。

5）在试配过程中，不能用锤子锤击。退出时也不能直接用锤子或硬金属锤击，防止损坏配锉面和工件端面。

6）外四方体作为配合的基准，必须首先加工到规定精度。在进行试配时一般不能再加工外四方体。在加工内四方体对面时，可将外四方体按垂直方向插入，进行试配。

任务三 锉配六方体

任务分析

1. 掌握六方体的锉配方法，达到配合精度要求。
2. 能进行六方体锉配精度的检验分析和修正。
3. 进一步加强钳工安全文明生产意识。

任务引入

六方体工件如图 14-11 所示。

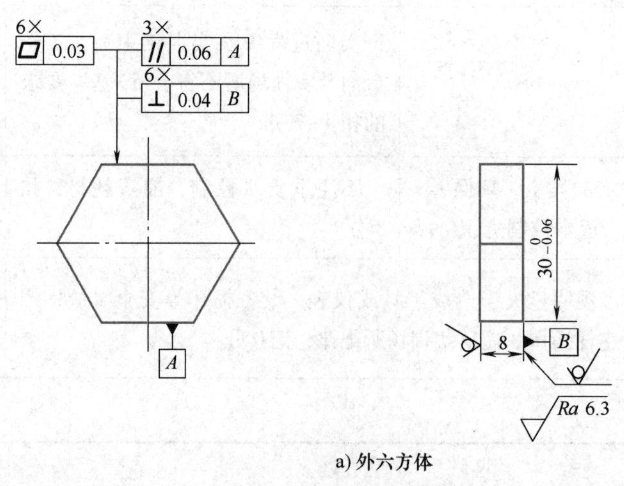

a) 外六方体

图 14-11 六方体工件

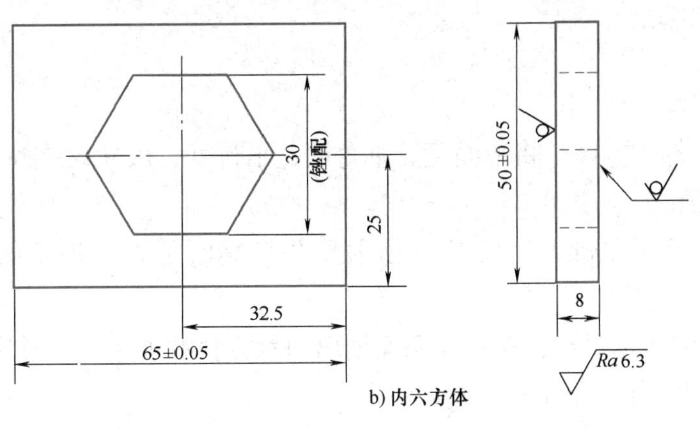

图 14-11 六方体工件（续）

相关知识

要使锉配的内、外六方体能转位互换，达到配合精度，其关键在于外六方体要加工得准确，不但边长相等，而且对边尺寸和角度的误差也要控制在最小范围内。

锉削外六方体时，可使用游标万能角度尺进行角度测量；锉削内六方体时，只能使用图 14-12所示 120°角度样板及外六方体进行检测。锉配时，可先用外六方体进行各平行面尺寸的试配，最后做整体修锉配入。

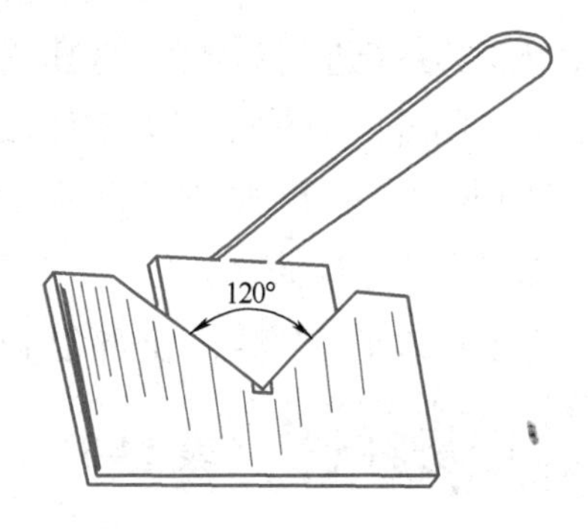

图 14-12 内、外 120°角度样板

内六方体棱线的直线度控制方法与四方体相同，必须用平锉仔细地进行顺向锉，使棱角线直而清晰。

六方体工件在锉配过程中，某一面配合间隙增大时，对其间隙面的两个邻面可做适当修整，即可减小该面的间隙，采用这种方法要从整体来考虑其修整部位和余量，不可贸然动手。

物料准备

1. 工具

平锉（350mm 粗齿、250mm 中齿、150mm 细齿）、半圆锉（250mm 中齿、100mm 细齿）、整形锉、锤子、样冲、锯弓、锯条、錾子（扁錾、尖錾）、麻花钻（ϕ10mm、ϕ3mm）。

2. 量具

钢直尺、游标卡尺、游标高度卡尺、直角尺、刀口形直尺、塞尺、外径千分尺（0~25mm、25~50mm、50~75mm）、游标万能角度尺、自制 120°角度样板。

3. 辅具

蓝油、铜丝刷、毛刷、粉笔。

4. 材料

45 钢，67mm×52mm×8mm、37mm×32mm×8mm，各 1 件。

任务实施

1. 加工外六方体

按图样要求加工外六方体，将平面度、垂直度、平行度、尺寸误差控制在最小范围内。

2. 锉配内六方孔

1）修整相邻两外形基准面，使其互相垂直并与端面垂直。加工两基准面的对边，达到规定精度要求。

2）按内六方孔的实际尺寸，在正反两面划出内六方孔的加工线，并用外六方体检验。

3）钻排孔，去除内六方孔多余材料。

4）粗锉内六方孔各面至接近划线线条，每边留有0.1~0.2mm的细锉余量。

5）细锉内六方孔相邻的三个面：先锉第一面，要求平直，并与端面垂直；锉第二面达到与第一面相同的要求，并用120°量角样板检查清角及120°角度；锉第三面也要达到上述相同要求。锉配时，除用120°角度样板检查外，还要用外六方体做定向试配，检查三个面的120°角度和边长情况，修锉到符合要求。

6）细锉三个相邻面的各自对面，用同样方法检查三个面，并用外六方体的三组面定向对内六方体进行试配，使其均能较紧地塞入。

7）用外六方体做定向整体试配，利用透光法和涂色法来检查和精修各面，使外六方体配入后达到透光均匀，推进推出平滑自如。最后做转位试配，用涂色法修整，达到互换配合要求。

3. 修整并检查

各棱边均匀倒钝，全部复查。

任务评价（表14-3）

表14-3 锉配六方体任务评价表

评价内容		考核点	评分标准	配分	实测	得分
作品（80分）	尺寸要求（13分）	$30_{-0.06}^{0}$mm（3处）	超差无分	3×3		
		(65±0.05)mm	超差无分	2		
		(50±0.05)mm	超差无分	2		
	几何公差（15分）	▱ 0.03（6处）	超差无分	1×6		
		⊥ 0.04 B（6处）	超差无分	1×6		
		// 0.06 A（3处）	超差无分	1×3		
	配合（36分）	间隙≤0.10mm（6处）	超差无分	3×6		
		翻边互换，间隙≤0.10mm（6处）	超差无分	3×6		
	表面粗糙度（8分）	表面粗糙度值 *Ra*6.3μm（16处）	每处降低一级扣0.5分	0.5×16		
	其他（8分）	锐边倒角（16处）	1处未达到要求扣0.5分	0.5×16		

（续）

评价内容	考核点	评分标准	配分	实测	得分
操作规范（10分）	操作安全、规范	工具、设备使用不规范扣1分/次，累计3次及以上计0分；违反安全、文明生产规程扣4分	6		
	工具、量具、设备使用	工具、量具选择不当扣1分/次，损坏工具、设备扣2分，扣完为止	4		
职业素养（10分）	着装规范、工作态度	按安全生产要求穿工作服、戴工作帽，如有违反扣2分；工作态度不好扣2分	4		
	6S	实训过程中及实训结束后，工作台面及实训场所不符合6S基本要求的扣1~3分	3		
	产品质量、环保、成本控制意识	不注重质量控制、浪费耗材，扣3分	3		
安全文明生产	出现明显失误造成工具或仪表、设备损坏等安全事故；严重违规操作、违反实训场所纪律，记0分				
得分					

加工注意事项

1）为使配合件推进推出平滑自如，必须做到六方体六个面与端面垂直度误差尽可能小。

2）为达到转位互换配合精度，外六方体各面的加工误差要尽量小。

3）在内六方体清角时，锉刀推出要慢而稳，紧靠邻边顺向锉，以防锉坏邻面或锉成圆角。

4）锉配时，应认面定向进行，故必须做好标记。为取得转位互换配合精度，不能轻易修整外六方体。当外六方体必须修整时，应对其进行准确测量，找出误差后，再适当加以修整。

任务四 锉配圆弧样板

任务分析

1. 掌握圆弧面的锉配方法，达到配合精度要求。
2. 能进行圆弧面锉配精度的检验、分析和修正。
3. 进一步强化钳工安全文明生产意识。

任务引入

圆弧样板工件如图 14-13 所示。

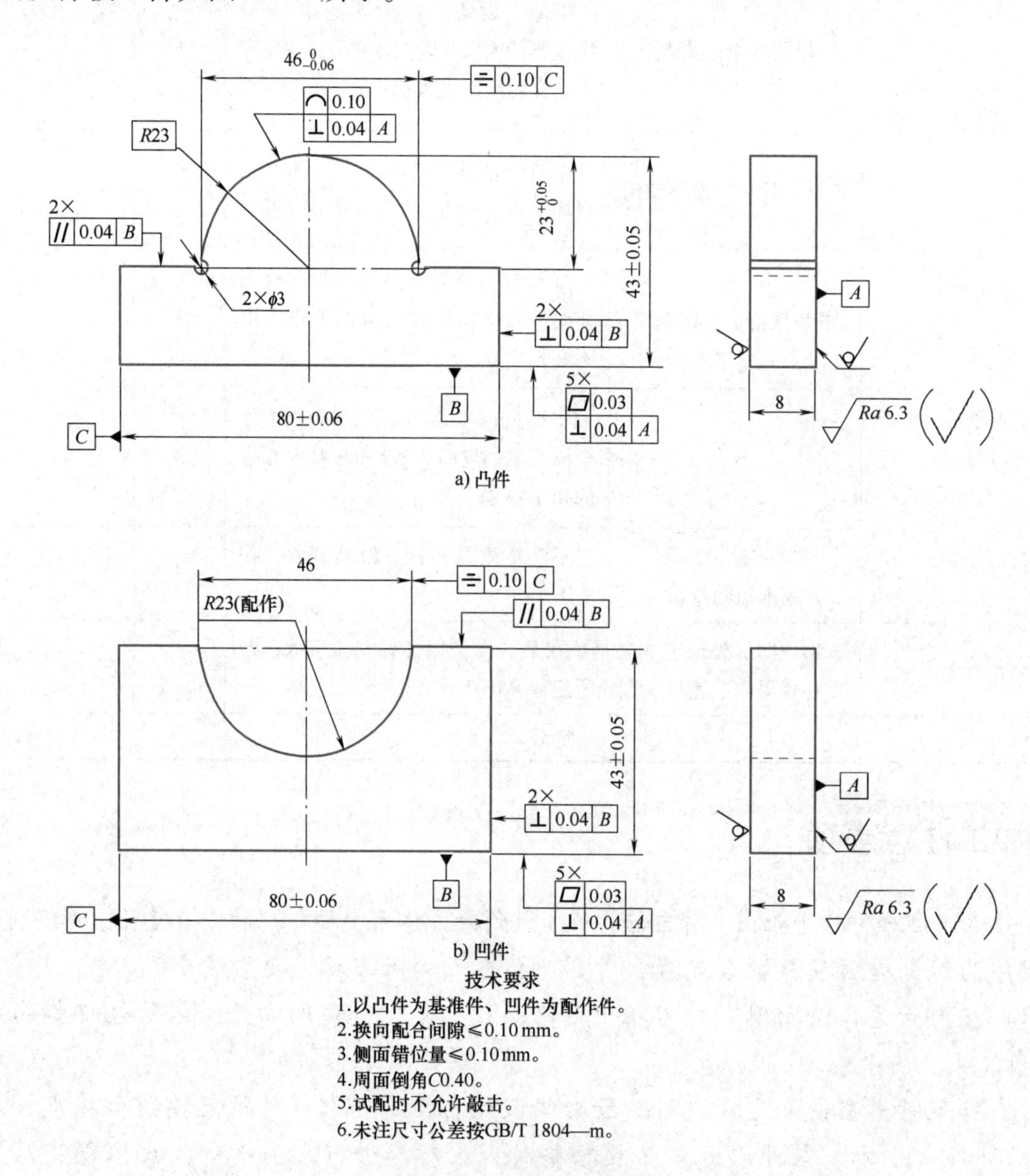

图 14-13　圆弧样板工件

物料准备

1. 工具

平锉（350mm 粗齿、250mm 中齿、150mm 细齿）、半圆锉（250mm 中齿、100mm 细齿）、整形锉、划规、锤子、样冲、锯弓、锯条、錾子（扁錾、尖錾）、麻花钻（ϕ10mm、ϕ6mm、ϕ3mm）。

2. 量具

钢直尺、游标卡尺、游标高度卡尺、直角尺、刀口形直尺、塞尺、外径千分尺（0~

25mm、25~50mm、50~75mm）、$R1$~$R25$mm 半径样板。

3. 辅具

蓝油、铜丝刷、毛刷、粉笔。

4. 材料

45 钢，82mm×45mm×8mm，2 件。

任务实施

1. 加工凸件

1）加工凸件外形轮廓，使各面达到平面度、垂直度、平行度及尺寸要求。

2）根据图样，划出凸圆弧轮廓加工线。从 B 面的对面向下 23mm，划出 $R23$mm 圆弧高度方向位置线，翻转 90°，以 80mm 处实际尺寸的 1/2 划出 $R23$mm 圆弧圆心的位置线以及圆弧左右两侧的切线，用划规划出 $R23$mm 圆弧加工线。之前的高度方向位置线的交点即为 $\phi3$mm 工艺孔的中心线。检查无误后在相关各线上打上样冲眼。

3）在凸件上钻 $\phi3$mm 工艺孔并用 $\phi6$mm 麻花钻对孔口进行倒角处理。

4）凸件凸台加工过程如下：

① 按线锯除左侧直角多余部分，留 1mm 粗锉余量。

② 粗锉、半精锉左台肩面和左垂直面，留 0.1mm 的精锉余量。

③ 精锉左台肩面，间接控制凸圆弧高度尺寸，此处应将其控制在 43mm 的实际尺寸减去 $23^{+0.05}_{0}$mm 范围内。注意控制左台肩面与基准面 B 的平行度，与基准面 A 的垂直度，以及自身的平面度。精锉左垂直面时，应注意控制其与基准面 C 的对称度要求，同时保证与基准面 A 的垂直度及自身的平面度。

④ 按线锯除右侧直角多余部分，留 1mm 粗锉余量。

⑤ 粗锉、半精锉右台肩面和右垂直面，留 0.1mm 的精锉余量。

⑥ 精锉右台肩面，按前述方法间接控制凸圆弧高度尺寸 $23^{+0.05}_{0}$mm，注意控制右台肩面与基准面 B 的平行度，与基准面 A 的垂直度，以及自身的平面度；精锉右垂直面，注意控制凸圆弧宽度尺寸 $46^{0}_{-0.06}$mm，与基准面 A 的垂直度，以及自身的平面度。

5）凸件圆弧面加工过程如下：

① 锯除凸圆弧加工线外多余部分。

② 粗、精锉凸圆弧面，用半径样板检测线轮廓度、用直角尺检测垂直度，达到线轮廓度要求和与基准面 A 的垂直度要求。

③ 理顺锉纹并达到表面粗糙度要求。

2. 加工凹件

1）加工凹件外形轮廓，使各面达到平面度、垂直度、平行度及尺寸要求。为方便划线可在 43mm 方向预留 1mm 的余量。

2）根据图样，划出凹圆弧轮廓加工线。以 B 面为基准划 43mm 线条，划出 $R23$mm 圆弧高度方向位置线，翻转 90°，以 80mm 处实际尺寸的 1/2 划出 $R23$mm 圆弧圆心的位置线，用划规划出 $R23$mm 圆弧加工线，检查无误后在相关各线上打上样冲眼。

3）锉削基准面 *B* 的对面，达到尺寸 43±0. 05mm、平面度、平行度和垂直度要求。

4）去除凹圆弧加工线外多余部分，可先钻出排孔，再利用手锯将多余部分交叉锯掉，至少留 1mm 的粗锉余量。

5）粗锉、半精锉凹圆弧面，注意控制与基准面 *A* 的垂直度要求，留 0. 1mm 的锉配余量。

3. 锉配加工

1）同向锉配。凸件与凹件进行同向锉配。试配前，可以在凹圆弧面上涂抹显示剂，以便在试配时留下较清晰的接触痕迹，便于确定修锉部位。

2）换向锉配。锉配过程中，凸件与凹件要进行换向锉配，即将凸件翻转 180°进行换向试配、修锉。

3）当凸件全部配入凹件，且换向配合间隙≤0. 1mm，侧面错位量≤0. 1mm，锉配完成。

4. 修整并检查

各棱边均匀倒钝，全部复查。

任务评价（表 14-4）

表 14-4　锉配圆弧样板任务评价表

评价内容		考核点	评分标准	配分	实测	得分
作品（80 分）	尺寸要求（14 分）	(80±0. 06) mm（2 处）	超差无分	2×2		
		(43±0. 05) mm（2 处）	超差无分	2×2		
		$23^{+0.05}_{0}$ mm	超差无分	3		
		$46^{0}_{-0.06}$ mm	超差无分	3		
	几何公差（15 分）	⏥ 0.03（10 处）	超差无分	0. 5×10		
		⊥ 0.04 *A*（10 处）	超差无分	0. 5×10		
		⊥ 0.04 *B*（4 处）	超差无分	0. 5×4		
		// 0.04 *B*（3 处）	超差无分	0. 5×3		
		⌒ 0.10	超差无分	1		
		⊥ 0.04 *A*（圆弧面）	超差无分	0. 5		
	配合（27 分）	间隙≤0. 10mm（3 处）	超差无分	4×3		
		翻边互换，间隙≤0. 10mm（3 处）	超差无分	4×3		
		⌯ 0.10 *C*	超差无分	3		
	表面粗糙度（12 分）	表面粗糙度值 *Ra*6. 3μm（12 处）	每处降低一级扣 1 分	1×12		
	其他（12 分）	锐边倒角（12 处）	1 处未达到要求扣 1 分	1×12		

（续）

评价内容	考核点	评分标准	配分	实测	得分
操作规范（10分）	操作安全、规范	工具、设备使用不规范扣1分/次，累计3次及以上计0分；违反安全、文明生产规程扣4分	6		
	工具、量具、设备使用	工具、量具选择不当扣1分/次，损坏工具、设备扣2分，扣完为止	4		
职业素养（10分）	着装规范、工作态度	按安全生产要求穿工作服、戴工作帽，如有违反扣2分；工作态度不好扣2分	4		
	6S	实训过程中及实训结束后，工作台面及实训场所不符合6S基本要求的扣1~3分	3		
	产品质量、环保、成本控制意识	不注重质量控制、浪费耗材，扣3分	3		
安全文明生产	出现明显失误造成工具或仪表、设备损坏等安全事故；严重违规操作、违反实训场所纪律，记0分				
得分					

加工注意事项

1）在锉削凸凹圆弧面时，注意保证其对称度及与端面的垂直度要求。经常检查横向的直线度误差，并用半径样板检查凸凹圆弧面的轮廓。

2）锉削凸件圆弧面时，采用顺向锉，注意不要碰伤左右台肩面；在锉削两台肩面时，不要破坏对应的垂直面（即最终的圆弧面），以免局部间隙增大，影响整体锉配质量。

3）加工凹件圆弧面时，可采用推锉法，使圆弧达到尺寸要求及与平面之间自然光滑过渡。

任务五　锉配燕尾样板

任务分析

1. 掌握燕尾的锉配方法，达到配合精度要求。
2. 熟练掌握具有对称度要求的配合件的加工和测量方法。
3. 能进行燕尾锉配精度的检验、分析和修正。
4. 进一步强化钳工安全文明生产意识。

任务引入

燕尾样板工件如图 14-14 所示。

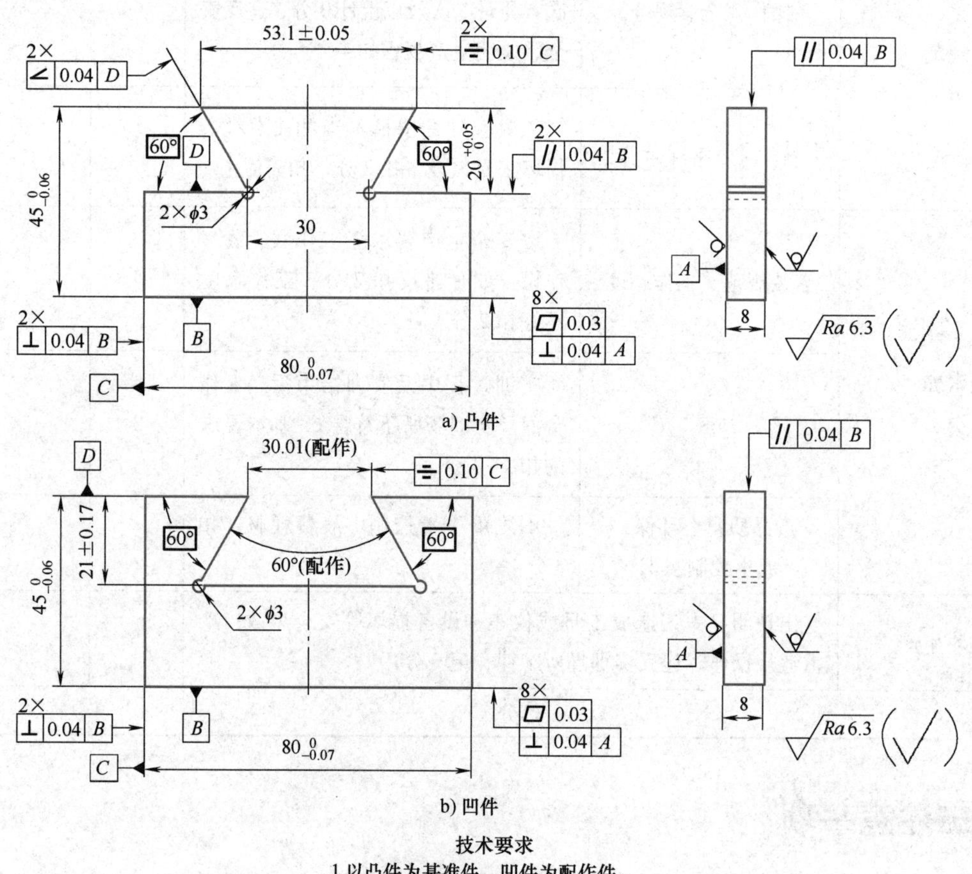

技术要求

1.以凸件为基准件，凹件为配作件。
2.换向配合间隙≤0.10mm。
3.侧面错位量≤0.10mm。
4.凸件、凹件各面倒角C0.40。
5.用麻花钻钻出ϕ3mm工艺孔。
6.试配时不允许敲击。
7.未注尺寸公差按GB/T 1804—m。

图 14-14 燕尾样板工件

物料准备

1. 工具

平锉（350mm 粗齿、250mm 中齿、150mm 细齿）、半圆锉（250mm 中齿、100mm 细齿）、整形锉、锤子、样冲、锯弓、锯条、錾子（扁錾、尖錾）、麻花钻（ϕ10mm、ϕ6mm、ϕ3mm）。

2. 量具

钢直尺、游标卡尺、游标高度卡尺、直角尺、刀口形直尺、塞尺、外径千分尺（0~25mm、25~50mm、50~75mm）、游标万能角度尺、自制 60°角度样板、ϕ10mm 测量棒。

3. 辅具

蓝油、铜丝刷、毛刷、粉笔。

4. 材料

45 钢，82mm×47mm×8mm，2 件。

任务实施

1. 外形轮廓加工及划线

1）加工工件外形轮廓，使各面达到平面度、垂直度、平行度及尺寸要求。

2）凸件划线操作：以 *B* 面的对面为辅助基准下降 20mm，划出凸燕尾槽高度加工线；再以 *C* 面（即宽度 80mm 处实际尺寸的对称中心线）为基准，划出凸燕尾槽大端宽度（53.1mm）和小端宽度（30mm）加工线；划出 ϕ3mm 工艺孔位置，检查无误后在相关位置打上样冲眼。

3）凹件划线操作：以 *B* 面的对面为辅助基准下降 21mm 划出凹燕尾高度加工线；再以 *C* 面（即 80mm 处实际尺寸的对称中心线）为基准，划出凹燕尾槽大端宽度（54.24mm）和小端宽度（30mm）加工线；划出 ϕ3mm 工艺孔位置，检查无误后在相关位置打上样冲眼。

2. 工艺孔加工

根据图样在凸件和凹件上钻出 ϕ3mm 工艺孔并用 ϕ6mm 麻花钻倒角。为提高效率，此时可在凹件上钻出排孔。

3. 凸件加工

1）按线锯除左侧一角多余部分，留 1mm 粗锉余量。

2）粗锉、半精锉左台肩面和左角度面，留 0.1mm 的精锉余量。

3）精锉左台肩面，根据 45mm 的实际尺寸，间接控制燕尾高度尺寸 $20^{+0.05}_{0}$mm，此处应控制在 45mm 实际尺寸减去 $20^{+0.05}_{0}$mm 的范围内，注意控制左台肩面的平面度及与基准面 *B* 的平行度，与基准面 *A* 的垂直度。

4）精锉左角度面，用角度样板控制左角度面与基准面 *D* 的倾斜度，控制其与基准面 *C* 的对称度要求，并保证其平面度及与基准面 *A* 的垂直度。

5）按线锯除右侧一角多余部分，留 1mm 粗锉余量。

6）粗锉、半精锉右台肩面和右角度面，留 0.1mm 的精锉余量。

7）精锉右台肩面，用前述方法间接控制燕尾高度尺寸 $20^{+0.05}_{0}$mm，注意控制右台肩面的平面度及与基准面 *B* 的平行度，与基准面 *A* 的垂直度。

8）精锉右角度面，按前述方法控制倾斜度、对称度、垂直度、平面度误差。

9）对各面倒角“*C*0.4”。

10）全面检查并做必要的修整。

11）理顺锉纹并达到表面粗糙度要求。

4. 凹件加工

1）去除燕尾槽槽内多余部分。

2）按线粗锉底平面和左右角度面，单边留 0.1mm 的精锉余量。

3）精锉燕尾槽底平面，槽深尺寸应控制在 45mm 的实际尺寸减去（21±0.17）mm 范围内，同时达到平面度及与基准面 *A* 的垂直度。

4）根据凸件燕尾体的实际宽度尺寸，半精锉左角度面，控制其与基准面 C 的对称度要求，留 0.1mm 的试配余量，注意控制其平面度及与基准面 A 的垂直度。左角度面与辅助基准面 D 的倾斜度公差可用角度样板控制。

5）根据凸件燕尾体的实际宽度尺寸，半精锉右角度面，达到平面度、倾斜度、垂直度、对称度要求。

6）对槽内各面倒角“$C0.4$”。

7）全面检查并做必要的修整。

8）理顺锉纹并达到表面粗糙度要求。

5. 锉配加工

1）同向锉配，凸件与凹件进行同向锉配。试配前，可以在凹槽的两侧角度面涂抹显示剂，这样试配时的接触痕迹就很清晰，便于确定修锉部位。

2）换向锉配，即将凸件翻转 180°进行换向试配、修锉。

3）当凸件全部配入凹件，凸燕尾体两角度面和两台肩面与凹件相对应的面全部接触，且换向配合间隙≤0.1mm，侧面错位量≤0.1mm，锉配完成。

6. 修整并检查

各棱边均匀倒钝，全部复查。

任务评价（表 14-5）

表 14-5　锉配燕尾样板任务评价表

评价内容		考核点	评分标准	配分	实测	得分
作品（80分）	尺寸要求（14分）	$80_{-0.07}^{0}$mm（2处）	超差无分	2×2		
		$45_{-0.06}^{0}$mm（2处）	超差无分	2×2		
		$20_{0}^{+0.05}$mm（2处）	超差无分	2×2		
		(53.1±0.05)mm	超差无分	1		
		(21±0.17)mm	超差无分	1		
	几何公差（22分）	⏥ 0.03（16处）	超差无分	0.5×16		
		⊥ 0.04 A（16处）	超差无分	0.5×16		
		⊥ 0.04 B（4处）	超差无分	0.5×4		
		// 0.04 B（4处）	超差无分	0.5×4		
		∠ 0.04 D（2处）	超差无分	1×2		
	配合（28分）	间隙≤0.10mm（5处）	超差无分	2.5×5		
		翻边互换，间隙≤0.10mm（5处）	超差无分	2.5×5		
		⌯ 0.10 C	超差无分	3		
	表面粗糙度（8分）	表面粗糙度值 $Ra6.3\mu m$（16处）	每处降低一级扣0.5分	0.5×16		
	其他（8分）	锐边倒角（16处）	1处未达到要求扣0.5分	0.5×16		

（续）

评价内容	考核点	评分标准	配分	实测	得分
操作规范（10分）	操作安全、规范	工具、设备使用不规范扣1分/次，累计3次及以上计0分；违反安全、文明生产规程扣4分	6		
	工具、量具、设备使用	工具、量具选择不当扣1分/次，损坏工具、设备扣2分，扣完为止	4		
职业素养（10分）	着装规范、工作态度	按安全生产要求穿工作服、戴工作帽，如有违反扣2分；工作态度不好扣2分	4		
	6S	实训过程中及实训结束后，工作台面及实训场所不符合6S基本要求的扣1~3分	3		
	产品质量、环保、成本控制意识	不注重质量控制、浪费耗材，扣3分	3		
安全文明生产	出现明显失误造成工具或仪表、设备损坏等安全事故；严重违规操作、违反实训场所纪律，记0分				
得分					

加工注意事项

1）燕尾的位置尺寸可以使用测量棒或者60° V形铁测量。凸件在加工过程中应先加工一侧再加工另一侧，通过间接测量来保证工件的对称度。

2）各加工面比较狭窄，在锉削时应锉平各面，并保证与端面的垂直度，防止产生喇叭口。

3）带角度面的尺寸测量。图14-15所示为间接测量法，其测量尺寸M与长度尺寸B、测量棒直径d之间有如下关系：

$$M=B+\frac{\frac{d}{2}}{\tan\frac{\alpha}{2}}+\frac{d}{2}$$

式中 M——测量读数值（mm）；

B——长度尺寸（mm）；

d——测量棒直径尺寸（mm）；

α——斜面角度值。

当标注尺寸为A时，则可按下式进行计算：

$$M=A-\frac{C}{\tan\alpha}+\frac{\frac{d}{2}}{\tan\frac{\alpha}{2}}+\frac{d}{2}$$

式中 A——长度尺寸（mm）；

C——高度尺寸（mm）。

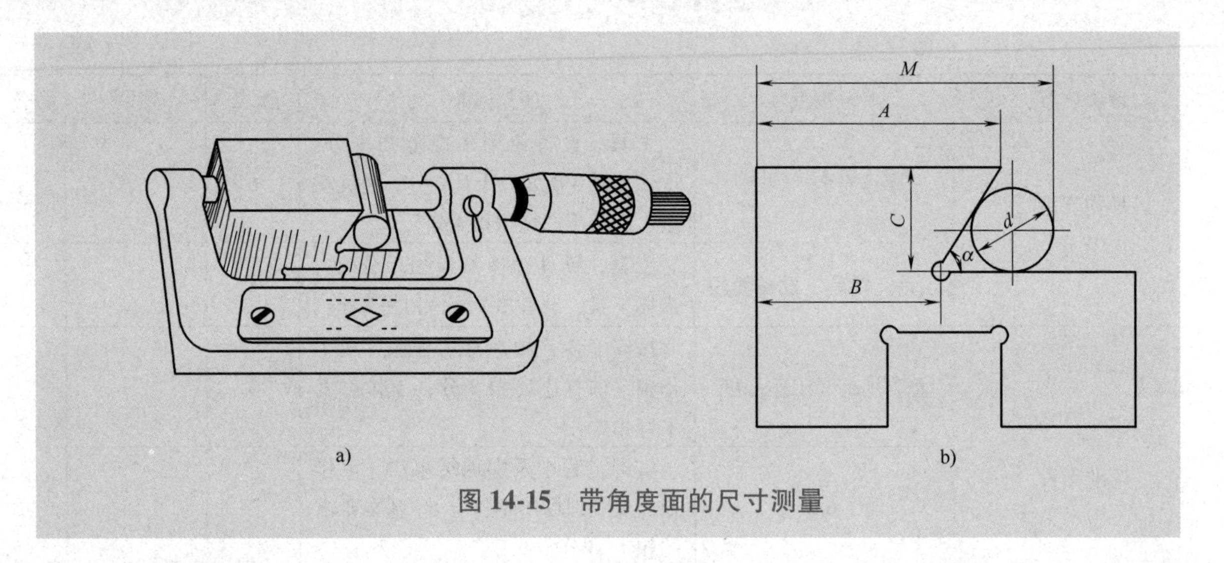

图 14-15　带角度面的尺寸测量

思考与练习

1. 盲配时，如何保证配合的精度？
2. 在加工凹凸体的凸形面时，如果将两角同时锯掉会造成什么后果？
3. 在四方体锉配时，为什么用外四方体作为标准件配锉内四方体？能否反过来进行锉配？为什么？
4. 外四方体的尺寸及几何误差对配合精度有何影响？
5. 锉配六方体时，如何使内、外六方体能转位互换并达到配合精度？
6. 在加工带圆弧与平面的工件时，如何使圆弧与平面实现自然光滑过渡？
7. 在测量带角度平面的尺寸时，为什么需要借助测量棒进行测量？

工匠故事

戴天方——勇于挑战，练就绝活

请扫码学习工匠故事。

模块十五 综合训练

知识目标

掌握各种形体钳工加工工艺。

技能目标

1. 能进行各种零件钳工加工工艺分析。
2. 熟练使用各种钳工工具、量具。
3. 强化钳工安全文明生产意识。
4. 具备知识技能拓展能力及适应发展的能力。

素养目标

1. 培养敬业、精益、专注、创新的工匠精神。

2. 培养节能环保意识和安全意识；能正确遵守个人和车间安全作业要求，注重个人安全防护。

3. 具备将各种钳工知识技能灵活应用于具体工作领域的能力，具有一定的分析问题和解决问题的能力。

任务一 制作内卡钳

任务分析

1. 熟练制订内卡钳相关零件的钳工加工工艺。
2. 进一步强化钳工安全文明生产意识。

任务引入

内卡钳（图 15-1）是最简单的比较量具，用于测量内径和凹槽。内卡钳本身不能直接读出测量结果，而是把测量得到的长度尺寸，在钢直尺上进行读数，或在钢直尺上先量取所需尺寸，再去检验零件的尺寸是否符合要求。

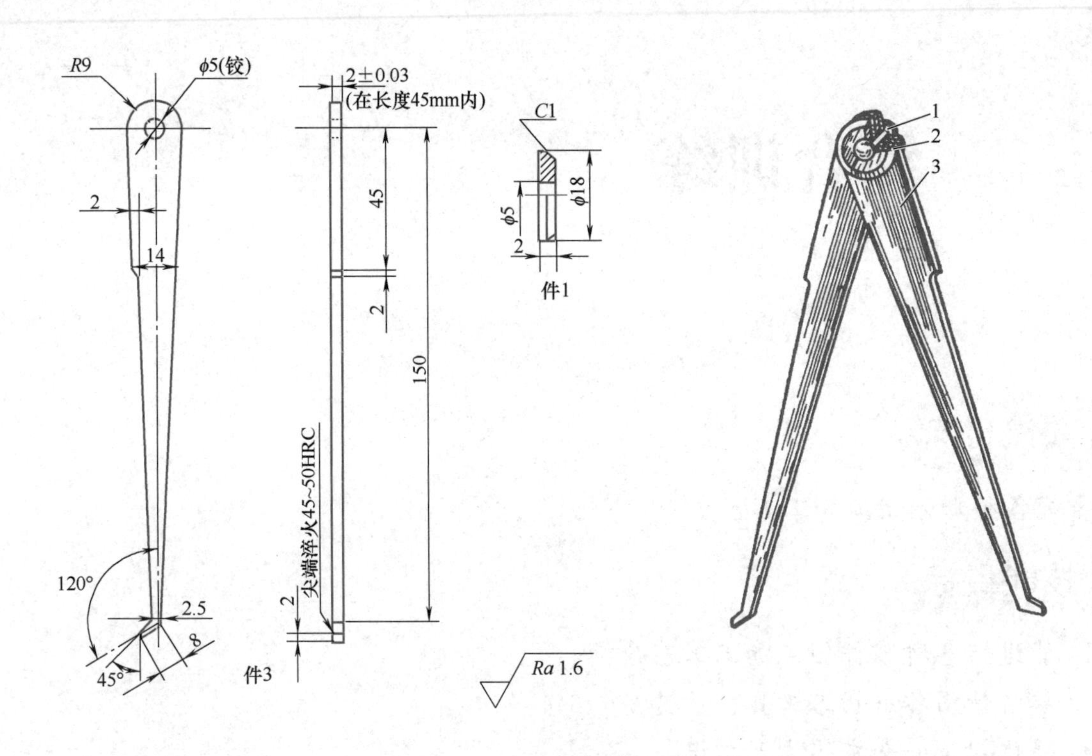

图 15-1　内卡钳

1—垫片　2—铆钉　3—内卡钳脚

物料准备

1. 工具

平锉（350mm 粗齿、250mm 中齿、150mm 细齿）、半圆锉（250mm 中齿、100mm 细齿）、整形锉、划针、划规、锤子、样冲、锯弓、锯条、錾子（扁錾、尖錾）、麻花钻（ϕ8mm、ϕ4. 8mm）、M5 铰刀、压紧冲头、罩模、弯形模、木锤、铜锤、铁砧、手虎钳、平板、木板、圆钉、ϕ18mm 垫片、M5 螺钉与螺母、ϕ5mm 半圆头铆钉。

2. 量具

钢直尺、游标卡尺、游标高度卡尺、直角尺、刀口形直尺、R1～R25mm 半径样板。

3. 辅具

蓝油、铜丝刷、毛刷、粉笔。

4. 材料

45 钢，20mm×2. 5mm×160mm，2 件。

任务实施

1）检查毛坯尺寸。

2）首先对毛坯进行矫正，使其能在平板上贴平。

3）按展开尺寸划线，去除多余材料。

4）薄板料锉削时，在厚度方向上无法用台虎钳进行装夹，可用圆钉将其固定在木板上（图 15-2），然后将木板夹在台虎钳上，粗、精锉两个大平面，留 0.05~0.1mm 抛光余量（两件可同时加工）。

5）两件贴合后用手虎钳夹紧，避免钻孔时错位，钻、铰 ϕ5mm 孔，孔口倒角“*C*0.5”，保证与铆钉紧密配合。

6）将两件合并，用 M5 螺钉与螺母拧紧，按划线粗锉外形。

7）两脚的弯形可在平板上用锤击的方法实现（图 15-3），形状可做一定的修整以达到图样要求。

8）修整大平面，达到尺寸精度及表面粗糙度要求。

9）用铆钉将工件串叠在一起，同时在两侧套上垫片进行半圆头铆接。

10）修整外形尺寸，要求两脚尺寸形状相同。脚尖淬火达到 45~50HRC，最后用砂纸抛光。

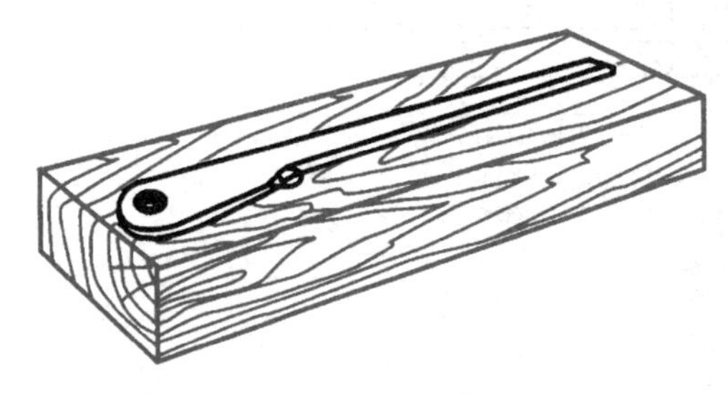

图 15-2 薄板料装夹

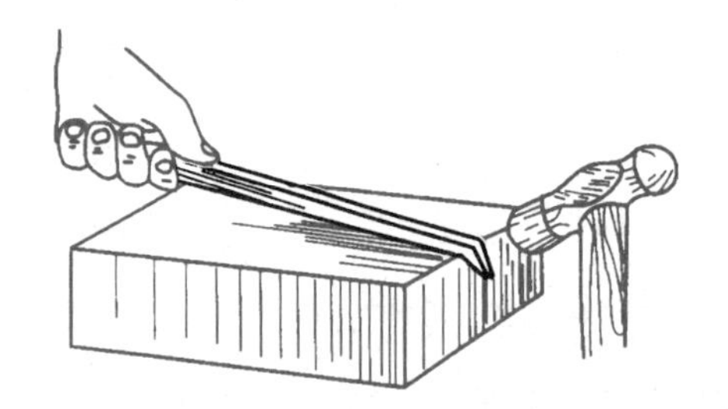

图 15-3 在平板上锤击弯形

加工注意事项

1）由于卡钳脚使用的是薄板料，因此在矫正时须用木锤敲击以防将工件敲出印痕。

2）铆钉长度要适合，伸出部分若太短，则铆不成半圆；若太长，则会使铆接的半圆头产生胀边现象。

3）铆接时，要求半圆头光滑，与垫片贴平，两脚活动松紧均匀。不要在出现间隙时仍然铆接，以免铆接质量达不到要求，影响内卡钳的使用。

4）半圆头铆接时，必须将铆钉放入顶模凹球面内再敲击，避免未放好就敲击，造成铆钉头球面损坏。

任务二 制作对开夹板

任务分析

1. 熟练制订对开夹板相关零件的钳工加工工艺。
2. 掌握钻孔中心距精度的保证方法。
3. 掌握配作方法。
4. 进一步强化钳工安全文明生产意识。

任务引入

对开夹板工件如图 15-4 所示。

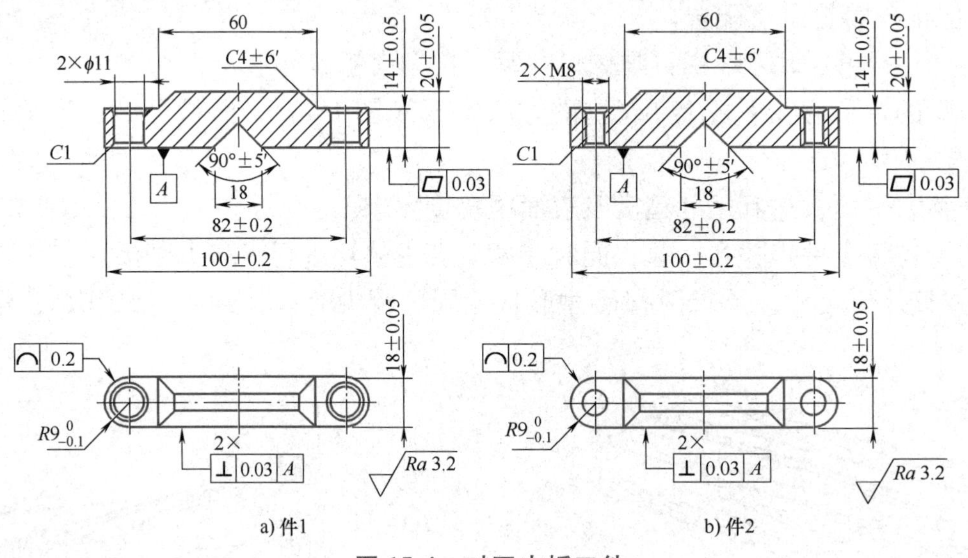

图 15-4 对开夹板工件

相关知识

配作是利用一个已加工好的工件上的要素（如孔、外形等）来加工与之有关系的其他工件。其优点是容易获得较高的精度；缺点是没有互换性。由于配作不能实现互换，在批量生产中一般不采用，主要用于单件小批量生产，如工装、模具制作等。

物料准备

1. 工具

平锉（350mm 粗齿、250mm 中齿、150mm 细齿）、半圆锉（250mm 中齿、100mm 细齿）、整形锉、划针、划规、锤子、样冲、锯弓、锯条、麻花钻（ϕ12mm、ϕ11mm、ϕ8. 5mm、ϕ6. 7mm）、M8 丝锥、铰杠、活扳手、M8 螺钉（2 个）。

2. 量具

钢直尺、游标卡尺、游标高度卡尺、直角尺、刀口形直尺、0~25mm 外径千分尺、R1~R25mm 半径样板。

3. 辅具

蓝油、铜丝刷、毛刷、粉笔、砂布。

4. 材料

45 钢，22mm×20mm×102mm，2 件。

任务实施

1）检查毛坯尺寸是否有加工余量，分别对两零件的外形进行加工。

2）按图样划出全部锯削、锉削加工线。

3）锯、锉完成件1的14mm尺寸的加工。

4）锉四个45°斜面，最后精加工采用顺向锉，锉直锉纹。

5）锯、锉90°角度面。

6）划两孔位的十字中心线及检查圆线（或检查方框线），按划线钻2×ϕ11mm孔，达到（82±0.2）mm的加工要求，并将孔口倒角“$C1$”。

7）锉两端$R9$mm的圆弧面，并用$R9$mm半径样板进行检查。

8）用砂布垫在锉刀下将全部锉削面抛光。

9）用同样方法加工另一件。两螺纹孔用ϕ6.7mm麻花钻钻底孔，孔口倒角“$C1$”，然后攻M8螺纹。

10）工件用M8螺钉连接，做整体检查修整，着重保证两件$R9$mm圆弧及直角面的对正、平齐（图15-5）。

11）拆下螺钉，将工件各棱边均匀倒角，清洁各表面，然后重新连接好。

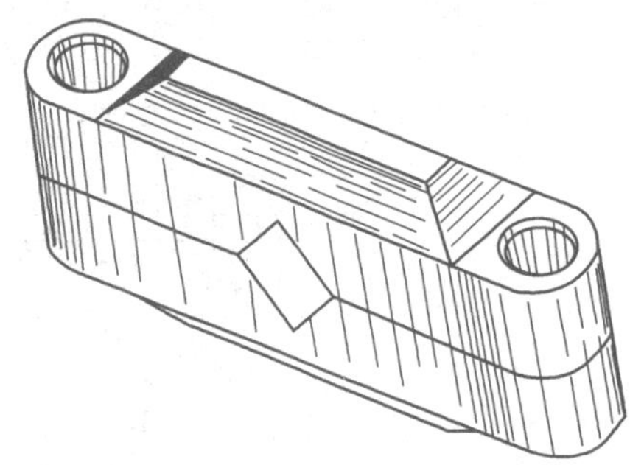

图15-5 对开夹板立体图

加工注意事项

1）钻孔与攻螺纹时，麻花钻及丝锥中心线必须保证与基准面垂直，且两孔中心距尺寸正确，以保证可装配性。

2）为保证钻孔的中心距准确，两孔位置除按正确划线进行钻孔外，也可在起钻第二孔时，用卡尺检查校正，或在已钻孔中及钻夹头上各装一个圆柱销（图15-6），用卡尺调整好已钻孔中心线与钻床主轴轴线的尺寸L与中心距尺寸要求一致，然后换上麻花钻，钻第二个孔。图中L_1为测量尺寸，d_1、d_2为圆柱销直径，则实际中心距L为

$$L=L_1-\frac{d_1+d_2}{2}$$

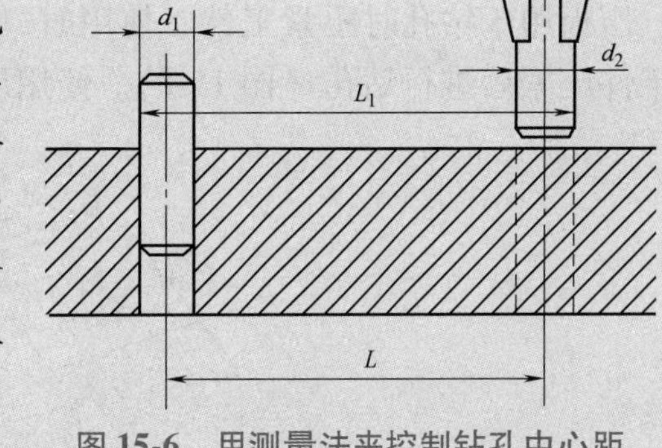

图15-6 用测量法来控制钻孔中心距

3）在钻孔划线时，两孔的位置必须与中间两直角面的中心线对称，以保证装配连接后，两个夹板上的直角面不产生错位现象。

任务三 制作压板组件

任务分析

1. 熟练制订压板组件相关零件的钳工加工工艺。

2. 进一步强化钳工安全文明生产意识。

任务引入

压板组件如图 15-7 所示。

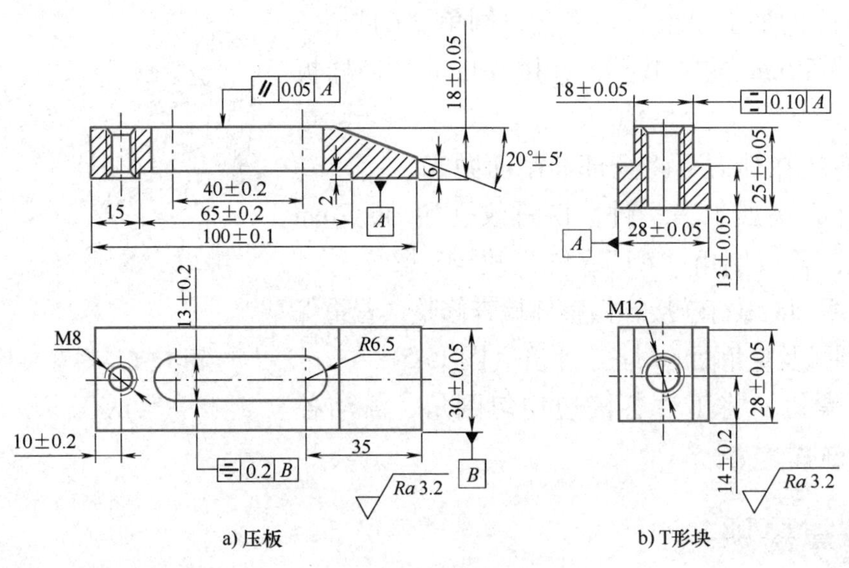

图 15-7 压板组件

相关知识

压板用于钻孔时压紧工件。使用时，压板组件配合调节螺钉、六角螺母、双头螺柱将工件压紧后进行钻孔（图 15-8）。使用压板时要注意以下几点：

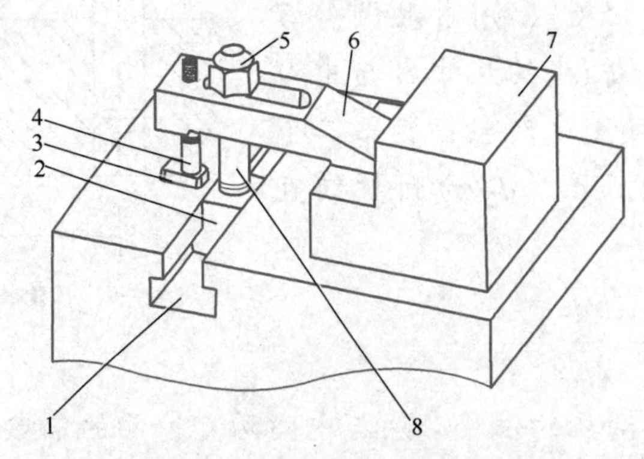

图 15-8 压板组件的使用

1—钻床 T 形槽 2—T 形块 3—衬垫 4—调节螺钉
5—六角螺母 6—压板 7—工件 8—双头螺柱

1）调节螺钉应比工件压紧表面稍高，以保证对工件有较大的压紧力和避免工件在压紧过程中移位。

2）双头螺柱应尽量靠近工件，使工件获得较大的夹紧力。

3）在压紧已加工表面时，为防止压出印痕，应在工件上使用衬垫进行保护。

物料准备

1. 工具

平锉（350mm 粗齿、250mm 中齿、150mm 细齿）、半圆锉（250mm 中齿、100mm 细齿）、整形锉、划针、锤子、样冲、锯弓、锯条、錾子（扁錾、尖錾）、麻花钻（ϕ12mm、ϕ10.2mm、ϕ8.5mm、ϕ6.7mm）、丝锥（M12、M8）、铰杠、活扳手、螺钉（M12、M8）。

2. 量具

钢直尺、游标卡尺、游标高度卡尺、直角尺、刀口形直尺、游标万能角度尺、0~25mm 外径千分尺。

3. 辅具

蓝油、铜丝刷、毛刷、粉笔、砂布。

4. 材料

45 钢，32mm×20mm×102mm、30mm×30mm×27mm，各 1 件。

任务实施

1. 加工压板

1）检查毛坯尺寸。

2）按图样要求锉削压板外形尺寸，达到图样要求。

3）划出压板形体加工线，按图样划出孔加工线及钻孔检查线。

4）钻两个 ϕ12mm 孔，用修边锯条锯去腰形孔内余料，按图样要求锉好腰形孔。

5）钻 ϕ6.7mm 螺纹底孔、倒角，攻 M8 螺纹，保证螺纹精度。

6）锉削压板角度面，达到图样要求。

7）锉削压板底面凹槽，达到图样要求。

8）去毛刺，检查精度。

2. 加工 T 形块

1）检查毛坯尺寸。

2）按图样要求锉削 T 形块外形尺寸，达到图样要求。

3）划出 T 形块加工线，划出螺孔加工线及孔位检查线。

4）钻 ϕ10.2mm 螺纹底孔、倒角、攻 M12 螺纹孔，保证螺纹精度。

5）锉削 T 形块台阶面，达到图样要求。

6）去毛刺，检查精度。

加工注意事项

1）钻孔时，工件必须夹牢，注意避免工件和机用虎钳移动而发生事故。

2）精确计算好内螺纹底孔尺寸，然后钻孔、倒角、攻螺纹，并注意防止螺纹变形、乱牙及不垂直。

3）T 形块 18mm 尺寸处的对称度，可通过控制尺寸来间接保证。

思考与练习

1. 在铆接内卡钳时，为保证铆接质量，有何具体要求？
2. 什么是配作？配作主要应用于哪些场合？
3. 如何保证钻孔的中心距精度？
4. 压板组件有何作用？主要由哪些部分组成？

工匠故事

王福利——航天巧匠，铸剑励心

请扫码学习工匠故事。

模块十六 趣味制作

知识目标

熟练掌握各种形体钳工加工工艺。

技能目标

1. 能进行各种零件钳工加工工艺分析。
2. 熟练使用各种钳工工具、量具。
3. 强化钳工安全文明生产意识。
4. 具备知识技能拓展能力及适应发展的能力。

素养目标

1. 培养敬业、精益、专注、创新的工匠精神。
2. 培养节能环保意识和安全意识；能正确遵守个人和车间安全作业要求，注重个人安全防护。
3. 具备将各种钳工知识技能灵活应用于具体工作领域的能力，具有一定的分析问题和解决问题的能力。

任务一 制作“T 字之谜”

任务分析

1. 熟练制订“T 字之谜”相关零件的钳工加工工艺。
2. 进一步强化钳工安全文明生产意识。

任务引入

“T 字之谜”也称“四巧板”，是一种古典智力玩具，由四块形状各异的带角度的平面拼板组成。在所有平面拼板系列中，“T 字之谜”有着“王者”的称誉，据说可以拼成百余种不同的图形。其中的 T 形是最让人费脑筋的一种拼法，所以也称“T 字之谜”。它变幻无穷的魔力可以培养人的动手能力，提高智力，锻炼反定向思维能力。

作为一个综合课题，除了能使锯、锉等各种加工技能及长度、角度等测量方法得到进一步的练习外，制作完成的工件还可成为一种智力玩具，这也是安排这样一个课题的目的。

“T字之谜”拼板如图16-1所示，图中未标示板厚，在制作时可根据实际情况对板厚进行选择。如果选择扁钢作为毛坯，为充分利用材料，减少加工余量，也可根据扁钢规格对图中的线性尺寸进行缩放。

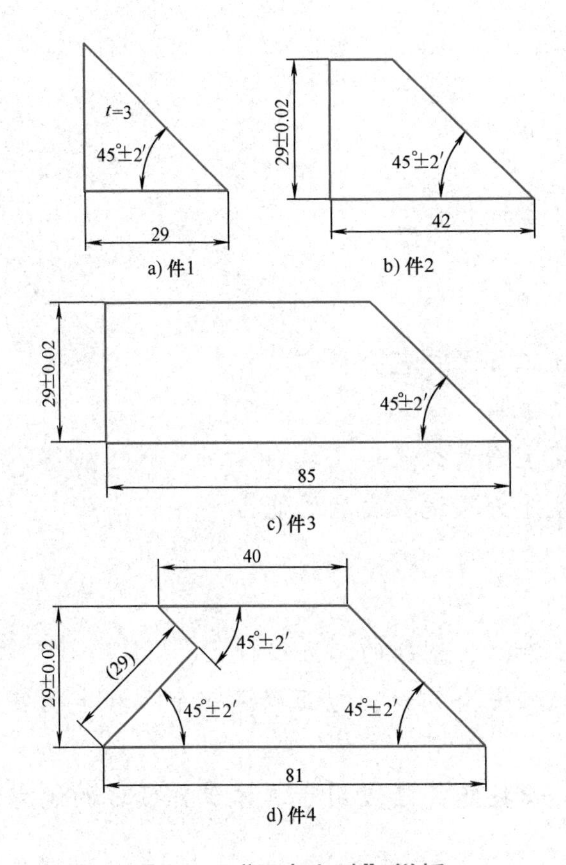

图16-1 “T字之谜”拼板

物料准备

1. 工具

平锉（350mm粗齿、250mm中齿、150mm细齿）、半圆锉（250mm中齿、100mm细齿）、整形锉、划针、锯弓、锯条。

2. 量具

钢直尺、游标卡尺、游标高度卡尺、游标万能角度尺、直角尺、刀口形直尺。

3. 辅具

蓝油、铜丝刷、毛刷、粉笔、砂布。

4. 材料

45钢，30mm×189mm×8mm，1件。

任务实施

1. 加工件 1（图 16-1a）

在加工件 1 时，由于 29mm 的尺寸无法精确测量，仅供参考，因此没有标注公差，其精度通过 45°的角度来保证，通过该工件的加工进一步熟悉游标万能角度尺的使用。

2. 加工件 2（图 16-1b）

在加工件 2 时，42mm 的尺寸也只是一个参考尺寸，重点保证 29mm 的线性尺寸及 45°的角度精度。

3. 加工件 3（图 16-1c）

加工方法同件 2。

4. 加工件 4（图 16-1d）

件 4 中的 81mm 和 40mm 均为参考尺寸，左侧的直角可通过保证两个分别与上下边成 45°的角度精度来保证。在加工直角边时，要注意用修边锉清角，避免加工一个面时将另一个面损伤而影响美观。右侧 45°角度的加工方法同件 1。

5. 修整

将四件工件全部锐边倒角，并对尺寸和角度精度进行复核。

知识拓展

“T 字之谜”的玩法

将四块拼板制作完成后，就可对照图 16-2 来锻炼自己的想象力了。图 16-3 所示是字母 T 的拼法，其他的拼法需要充分开动脑筋才能拼得出来。相信除了图 16-2 所示的拼法外，还会有其他的拼法会被善于思考者不断地开发出来。

图 16-2 “T 字之谜”可拼出的图形

图 16-3 字母 T 的拼法

任务二 制作孔明锁

任务分析

1. 熟练制订孔明锁相关零件的钳工加工工艺。
2. 熟练掌握锉配工艺方法。
3. 进一步强化钳工安全文明生产意识。

任务引入

在没有钉子和绳子的情况下，能将六根木条交叉固定在一起吗？我们的祖先就发明了一种方法：用一种咬合的方式把三组木条垂直相交固定，后来人们把这种发明制成了一种智力玩具——孔明锁。

孔明锁又称鲁班锁，是中国传统的智力玩具，关于它的来历有不同的传说。一种说法是春秋时期鲁国工匠鲁班为了测试儿子是否聪明，用六根木条制作成一件可拼可拆的玩具，让儿子拆开。儿子忙碌了一夜，终于拆开了。后人就称这种玩具为鲁班锁。另一种说法是三国时期诸葛亮根据八卦玄学的原理发明了这种玩具，因此称为孔明锁。除了这两种名称外，还有空明锁、别闷棍、六子联方、莫奈何、难人才、智慧木等诸多名称。不管这种玩具的发明者是谁，从工程的角度上说，它起源于中国古代建筑中首创的、目前仍然被广泛应用的榫卯结构。

本任务通过孔明锁的制作，进一步对锯削、锉削、钻孔、錾削、配作等各项技能进行强化。加工完成后的工件还是一套精巧的智力玩具。

孔明锁工件如图 16-4~图 16-9 所示，图中工件宽×高为 16mm×16mm。制作时若选择方钢毛坯，为减少加工余量，可根据方钢尺寸进行缩放。为充分利用材料，也可选用废弃的车刀作为毛坯。图中标注的公差仅供参考，在制作时，可根据实际技能水平进行调整。

物料准备

1. 工具

平锉（350mm 粗齿、250mm 中齿、150mm 细齿）、半圆锉（250mm 中齿、100mm 细齿）、整形锉、划针、锤子、样冲、锯弓、锯条、錾子（扁錾、尖錾）、

ϕ3mm 麻花钻。

2. 量具

钢直尺、游标卡尺、游标高度卡尺、直角尺、刀口形直尺、0~25mm 外径千分尺、塞尺。

3. 辅具

蓝油、铜丝刷、毛刷、粉笔、砂布。

4. 材料

45 钢，18mm×18mm×82mm，6 件。

任务实施

1. 加工件 1（图 16-4）

件 1 加工最简单，关键是要在 80mm 的全长上保证较高的平面度、平行度及垂直度精度。为达到美观的效果，还需保证尽可能小的表面粗糙度值。为便于后续加工时进行试配，可将其余 5 件的外形按同样方法先加工出来。

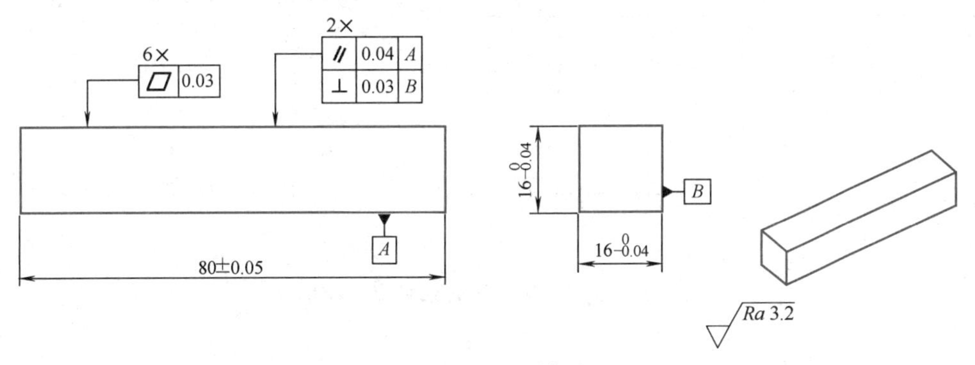

图 16-4　孔明锁件 1

为便于对图样的理解，在视图右侧绘有立体图。

2. 加工件 2（图 16-5）

按件 1 的方法完成六面体的加工后，根据图样尺寸划线，钻排孔。锯削后，用錾子将多余材料去除。在锉削 $32^{+0.04}_{0}$mm 尺寸时，可用已经加工好的其他两件拼合起来进行试配，保证既能灵活自如地配合，又没有太大的间隙。在加工 $8^{0}_{-0.04}$mm 尺寸时，要保证较高精度，以后可以此作为其他工件上具有相同公称尺寸的孔的锉配基准。

3. 加工件 3（图 16-6）

在加工件 3 时，可按件 2 的加工方法加工出与件 2 相同的形状，通过两者组合检测外形是否平整。然后再加工 $16^{+0.04}_{0}$mm 的尺寸，此处可用六面体的宽度方向进行试配。与此同时，要保证 $32^{+0.04}_{0}$mm 和 $16^{+0.04}_{0}$mm 的对称度，避免顾此失彼。

4. 加工件 4（图 16-7）

加工件 4 时，要特别注意中间部位的凸凹部分，避免出现误加工，将本应保留的部分去除掉。利用件 3 的相应部分进行配锉，以保证较高的配合精度，同时避免 8mm 的两个槽出现较大的对称度误差。

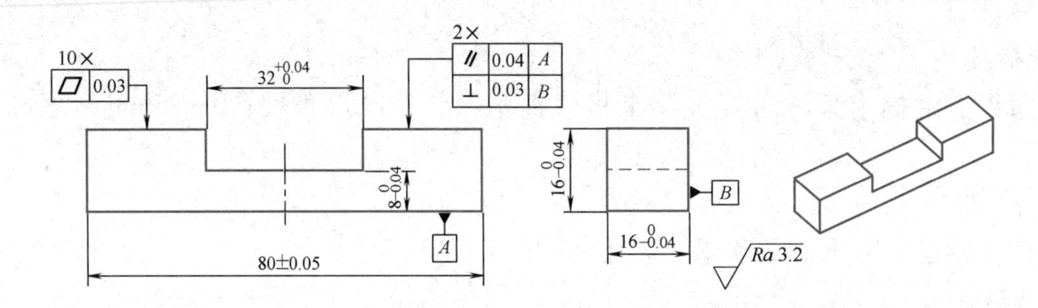

图 16-5　孔明锁件 2

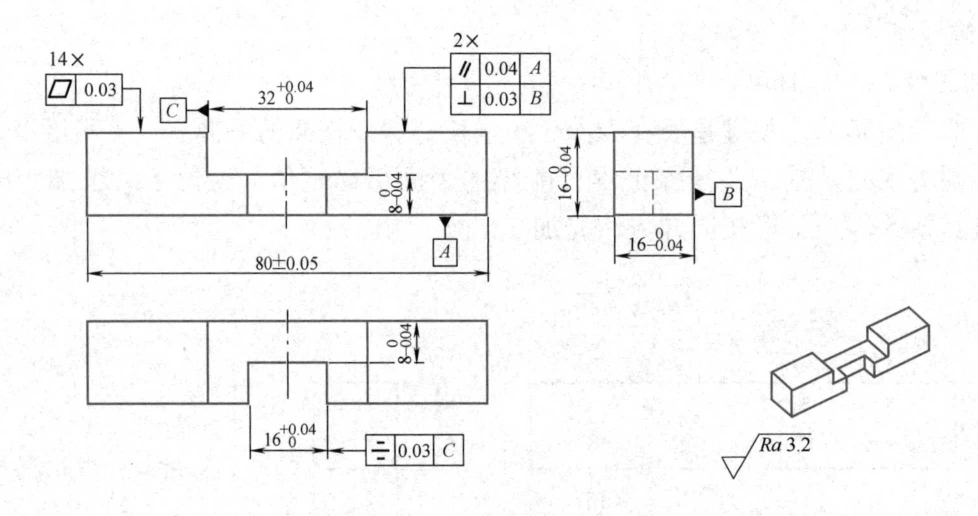

图 16-6　孔明锁件 3

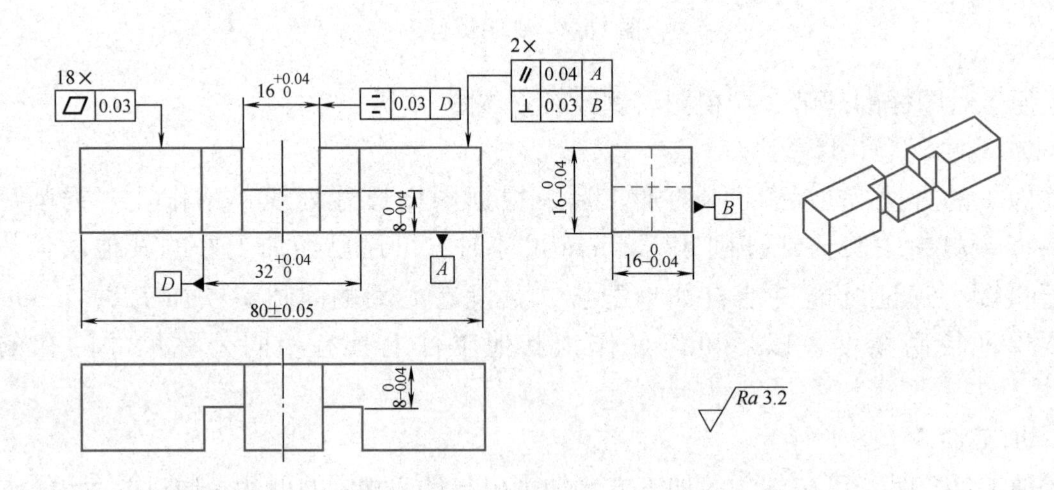

图 16-7　孔明锁件 4

5. 加工件 5（图 16-8）

加工件 5 中两个方向的 $16^{+0.04}_{0}$ mm 槽时，要保证其与外形右侧的尺寸精度，避免产生错位而影响与其他件的配合。

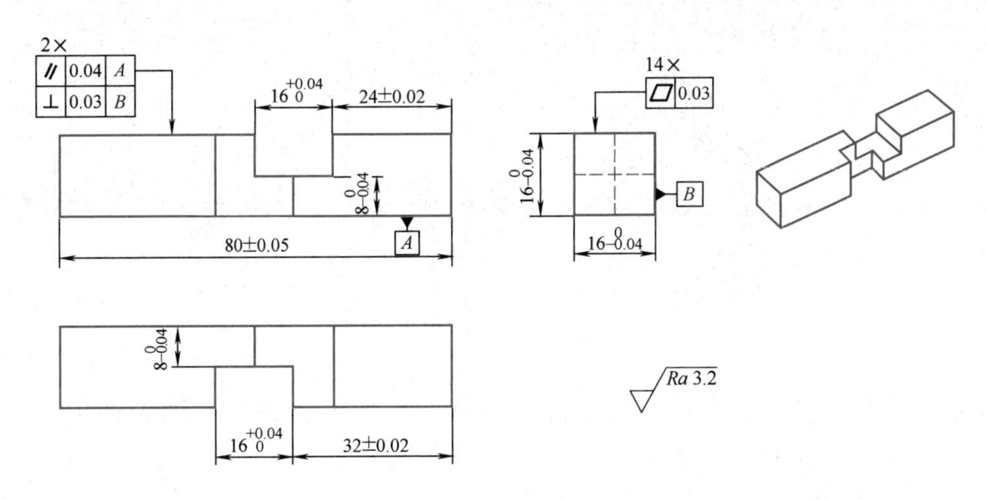

图 16-8　孔明锁件 5

6. 加工件 6（图 16-9）

件 6 的形状与件 5 的形状类似，只是两个 $16_{0}^{+0.04}$mm 槽的分布位置不同，加工方法与注意事项同件 5。

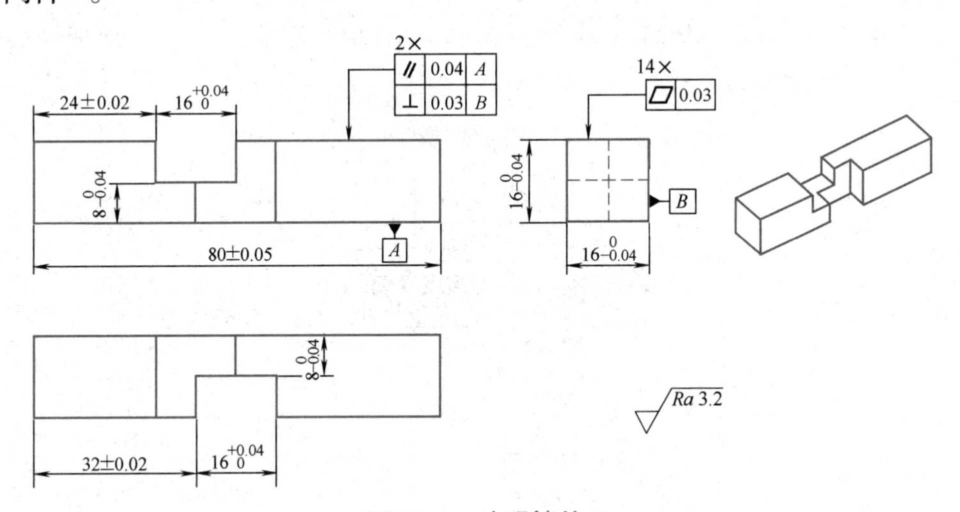

图 16-9　孔明锁件 6

相关知识

在机械产品中，孔轴配合是一种得到广泛应用的结合形式。

1. 孔

孔既可以是工件圆柱形的内表面，也可以是其他由单一尺寸确定的非圆柱形的内表面（由两平行平面或切面形成的包容面）。从尺寸标注的角度可以理解为：孔是指尺寸界线以外是实体的对象。孔的尺寸通常用大写英文字母表示，如图 16-10 中的 ϕD、B、L。

2. 轴

轴既可以是工件圆柱形的外表面，也可以是其他由单一尺寸确定的非圆柱形的外表面（由两平行平面或切面形成的被包容面）。从尺寸标注的角度可以理解为：轴是指尺寸界线以内是实体的对象。轴的尺寸通常用小写英文字母表示，如图 16-10

中的 ϕd、b。

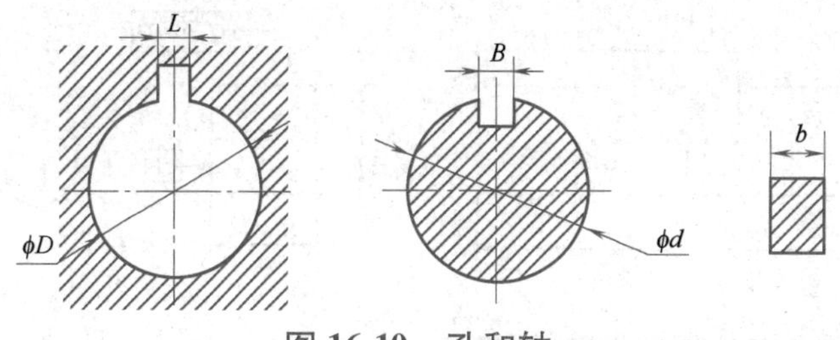

图 16-10　孔和轴

从装配关系看，孔是包容面，轴是被包容面。从加工过程看，随着加工余量的去除，孔的尺寸由小变大，轴的尺寸由大变小。

加工注意事项

孔明锁这种三维拼插玩具是靠内部凹凸部分巧妙地啮合组成的，从外观看是严丝合缝的十字立方体（图 16-11）。作为综合制作课题，要求制作者必须有较好的基本功，在加工时，必须全盘考虑，保证各处的加工精度，否则可能导致无法正确地配合或配合间隙过大。

图 16-11　拼合好的孔明锁

另外，还需要注意直角处的加工，既要清角，又要避免锉坏相邻面。

孔明锁的奥妙无穷，必须开动脑筋才可拆解。拼装时更需仔细观察，认真思考，分析其内部结构。若不得要领，是很难完成拼合的。也正是因为如此，通过对其的把玩揣摩对培养空间想象力，开发智力大有裨益，因此成为民间广泛流传的一种智力玩具。

任务三　制作组合式玩具手枪

任务分析

1. 熟练制订组合式玩具手枪相关零件的钳工加工工艺。
2. 熟练掌握配作方法。

3. 进一步强化钳工安全文明生产意识。

任务引入

本任务的组合式玩具手枪除了可以进一步强化钳工基本操作技能外，各零件可以进行拼拆，装配起来后还是件精美的玩具，可以整体把玩。

组合式玩具手枪各零件图如图 16-12～图 16-22 所示，图中标注的公差仅供参考，在制作时，可根据实际技能水平进行适当调整。

物料准备

1. 工具

平锉（350mm 粗齿、250mm 中齿、150mm 细齿）、半圆锉（250mm 中齿、100mm 细齿）、整形锉、划针、划规、锤子、样冲、锯弓、锯条、錾子（扁錾、尖錾）、麻花钻（ϕ10mm、ϕ8mm、ϕ7.2mm、ϕ5mm）、M6 丝锥、铰杠、木板、圆钉、M6 沉头螺钉、M6 双头螺柱、M6 螺钉。

2. 量具

钢直尺、游标卡尺、游标高度卡尺、直角尺、刀口形直尺、0～25mm 外径千分尺、塞尺。

3. 辅具

蓝油、铜丝刷、毛刷、粉笔、砂布。

4. 材料

材料清单见表 16-1。

表 16-1　材料清单

序号	材料类型	规格尺寸	数量
1	45 钢	72mm×46mm×22mm	1
2	45 钢	22mm×14mm×102mm	1
3	45 钢	40mm×26mm×13mm	2
4	45 钢	22mm×14mm×114mm	1
5	45 钢	22mm×18mm×122mm	1
6	45 钢	12mm×12mm×72mm	2
7	45 钢	12mm×12mm×42mm	2
8	45 钢	60mm×12mm×7mm	2
9	圆钢	ϕ3mm×91mm	1
10	圆钢	ϕ18mm×98mm	1

任务实施

1. 加工件1（图16-12）

件1为枪托，需着重控制两个螺纹孔的孔距，以保证与件2的顺利装配。为保证装配效果，可与件2的螺钉过孔进行配作。在不影响与件2的装配、不与件3发生干涉的前提下，可对其进行美化处理。

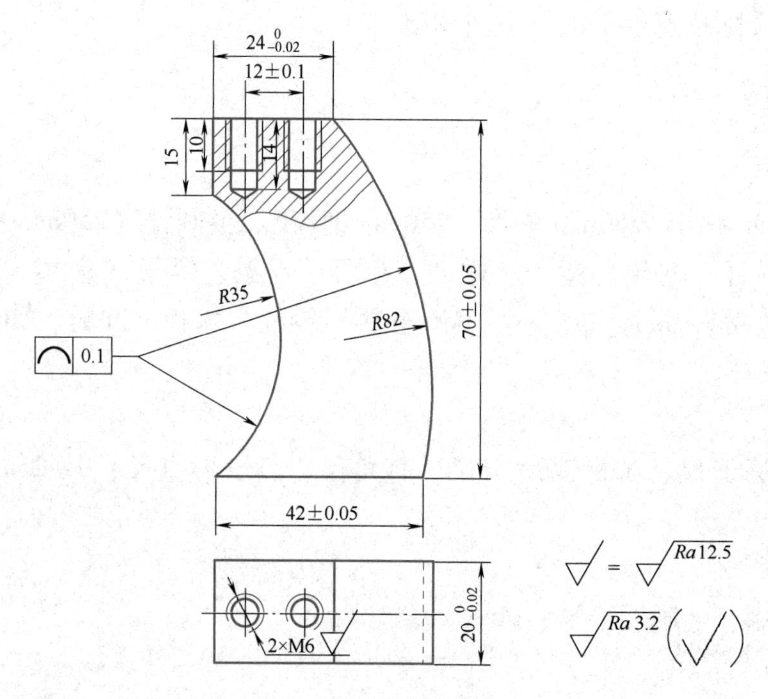

图16-12　组合式玩具手枪件1

2. 加工件2（图16-13）

件2上两处大的凹槽部分的尺寸和位置精度直接决定了装配的质量，在加工时作为基准对件5、6件进行修整。其上的两个ϕ3mm孔与件3为过盈配合，两个ϕ7. 2mm孔为螺钉过孔，使用沉头螺钉与件1进行装配，其上方锪孔深度要保证沉头螺钉与件2的上表面平齐。24mm×20mm×1mm的凹槽比较浅，在加工时要使用修边锉，避免碰伤相邻的表面，并要注意清角。

3. 加工件3（图16-14）

件3由ϕ3mm钢丝弯曲而成，弯曲时要注意保证圆弧部分平滑，表面无损伤，U形的开口尺寸与件2上两个ϕ3mm孔的间距一致。弯曲成形后将两端头部用锤子略微敲扁后锉成一定的锥度，在装配时起导向作用。使用木锤或橡皮锤将其敲入件2，避免损伤其表面，影响美观。

4. 加工件4两件（图16-15）

件4上的28mm×24mm×5mm和20mm×24mm×3mm凹槽较浅，除了可采用小直径的麻花钻钻排孔的方法去除多余材料外，还可使用錾削的方法进行加工，或者用锯削的方法在需去除的部位锯出若干条槽，以尽量减少加工余量后再进行锉削。在对凹槽的侧面和底面进行加工时，要使用修边锉，避免碰伤相邻的表面，并要注意清角。两零件加工后进行合拢比较，外形和两个凹槽不能有错位现象。

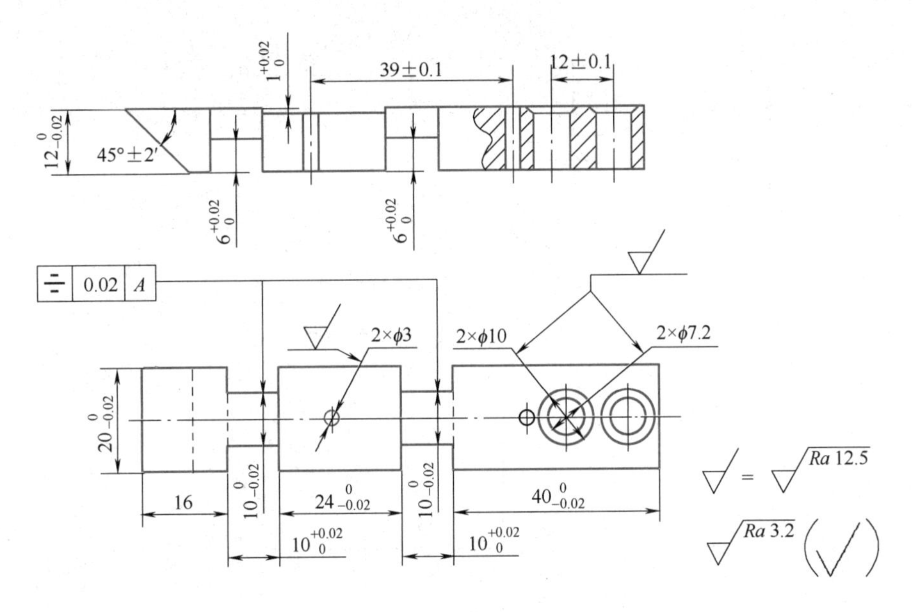

图 16-13　组合式玩具手枪件 2

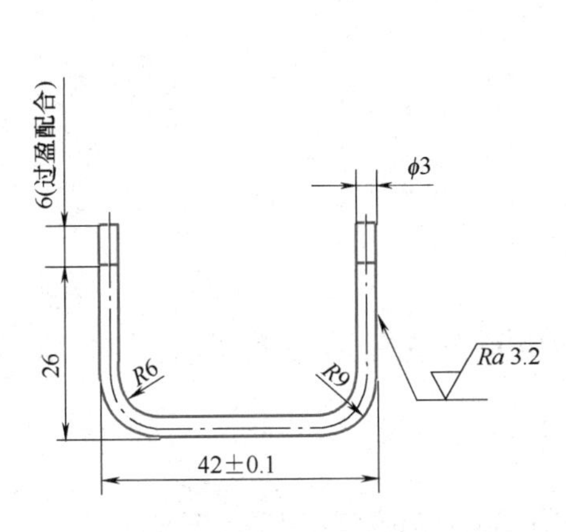

图 16-14　组合式玩具手枪件 3

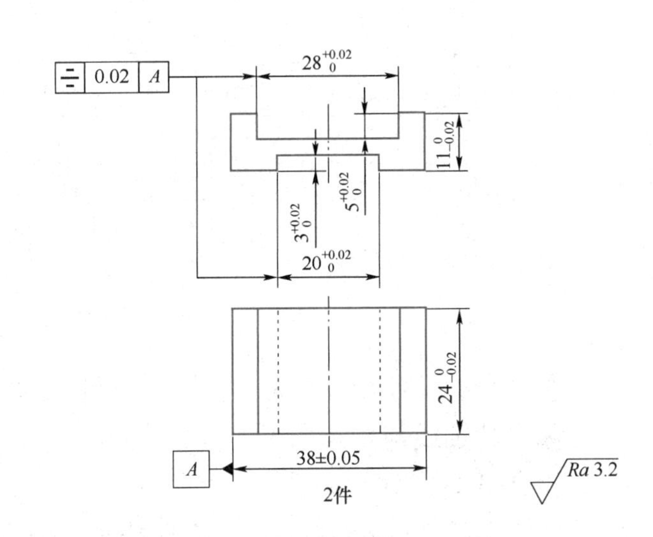

图 16-15　组合式玩具手枪件 4

5. 加工件 5（图 16-16）

件 5 上两处大的凹槽部分的尺寸和位置精度直接决定了装配的质量，在加工时以件 2 为基准进行对照修整。在加工两端 45°角时，也需与件 2 进行对照，保证两端对齐、平整。24mm×20mm×2mm 的凹槽比较浅，在加工时要使用修边锉，避免碰伤相邻的表面，并要注意清角。

6. 加工件 6（图 16-17）

件 6 上两处凹槽部分的尺寸和位置精度直接决定了装配的质量，需着重注意。在加工时，以件 2、5 为基准对照修整。

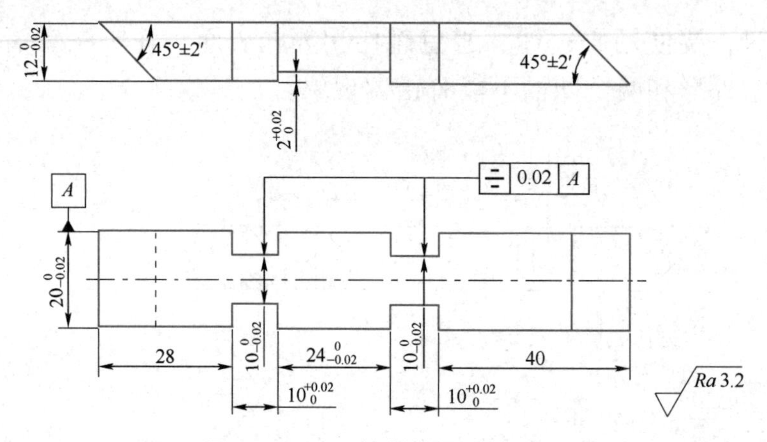

图 16-16　组合式玩具手枪件 5

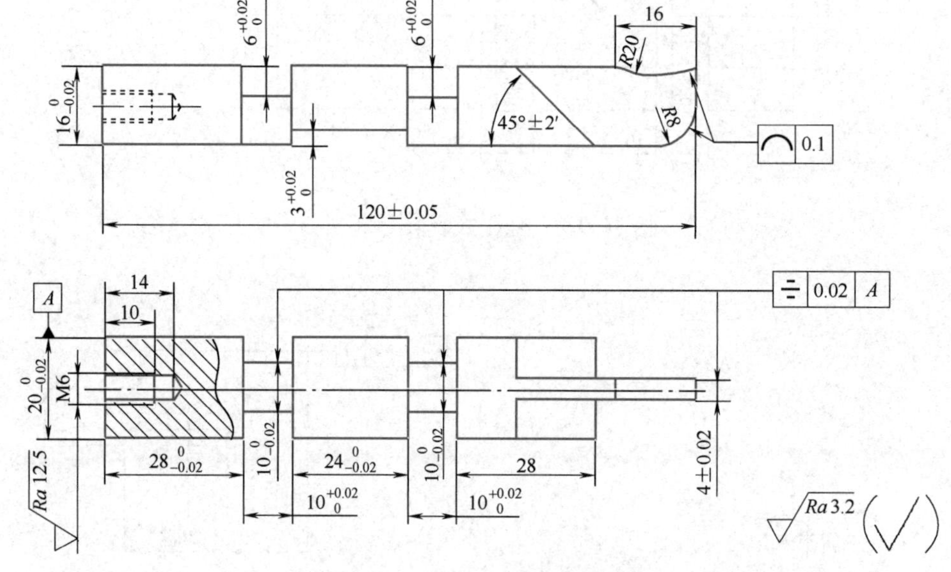

图 16-17　组合式玩具手枪件 6

左侧螺纹孔使用 M6 的双头螺柱与件 10 进行连接，其位置需保证在左端面的上下前后对称，其轴线与左端的平面垂直。

7. 加工件 7 对称两件（图 16-18）

件 7 上的 29mm×10mm×5mm 凹槽加工方法同件 4，其上的圆弧部分可在凹槽加工完成后再进行加工，最后再加工尖角部分。在加工该零件时，需要注意的是左右两件是对称的，两件圆弧与凹槽的方向正好相反。为保证美观，两零件加工后合拢，在两零件外形与凹槽对齐的前提下，尖角内外侧的高低需保持一致，两零件合拢后圆弧部分应平齐。为达到这一效果，可先对圆弧部分进行粗加工，再将两个零件合拢后同时进行精修。

8. 加工件 8 两件（图 16-19）

件 8 上的 28mm×10mm×5mm 凹槽加工方法同件 4，两零件加工后合拢，外形和凹槽不能有错位现象。

9. 加工件 9 两件（图 16-20）

件 9 形状简单，在加工时要着重保证上下两面的平面度。两端的圆弧主要是使该零件外形美观，在锉削时要仔细修整。

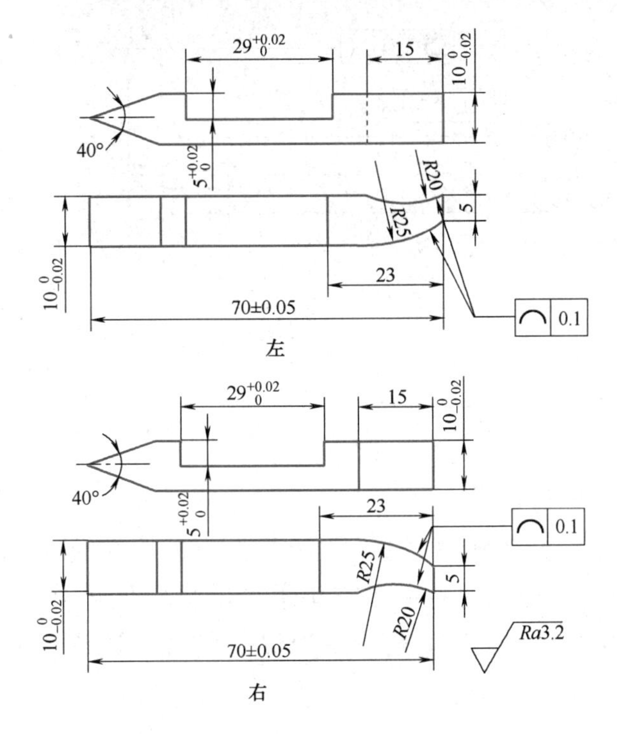

图 16-18 组合式玩具手枪件 7

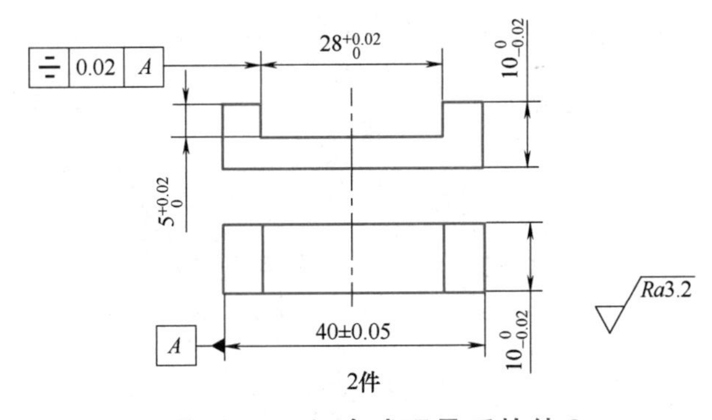

图 16-19 组合式玩具手枪件 8

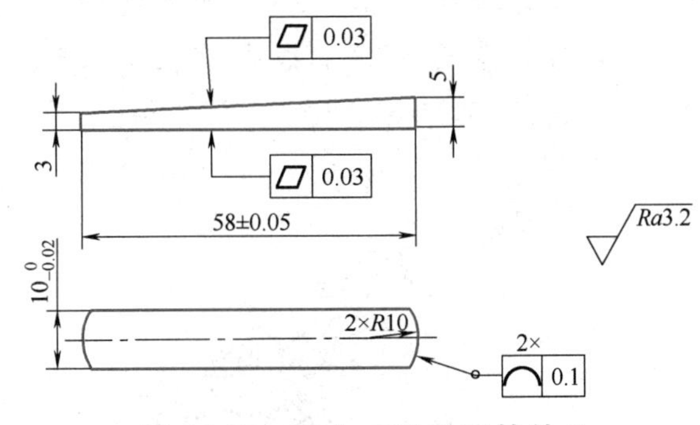

图 16-20 组合式玩具手枪件 9

10. 加工件 10（图 16-21）

件 10 的毛坯为圆钢，外径在车床上加工。为减少加工工作量，在选择适宜直径的圆钢后，可放宽对外径的尺寸要求，但两端面一定要与其轴线垂直，左端 ϕ8mm 光孔和右端 M6 螺纹孔的轴线需与外圆柱的轴线重合。左端上方 M6 螺纹孔的轴线需与外圆柱的轴线垂直。

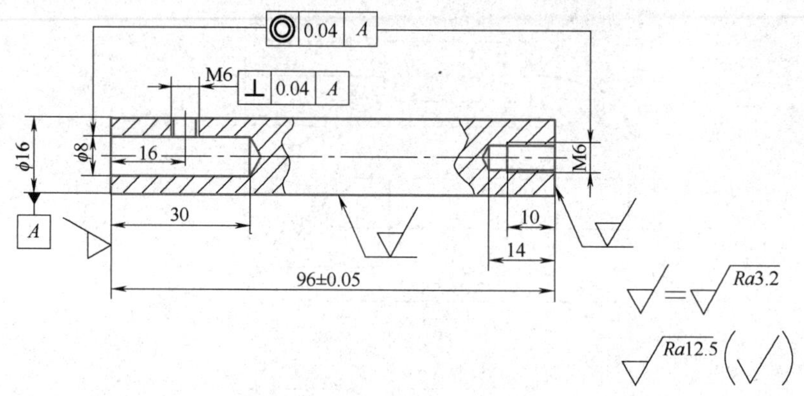

图 16-21　组合式玩具手枪件 10

11. 加工件 11（图 16-22）

件 11 的毛坯为适当长度的 M6 螺钉，在加工上方的方头部分时，注意不能损坏下方的螺纹，以免造成无法进行装配的后果。方头下方的台阶面可在将其装配到件 10 上之后进行修整，保证两零件结合部分平整光滑。为保证美观，该零件安装后，其上方的窄向应与件 10 圆柱的轴线一致。

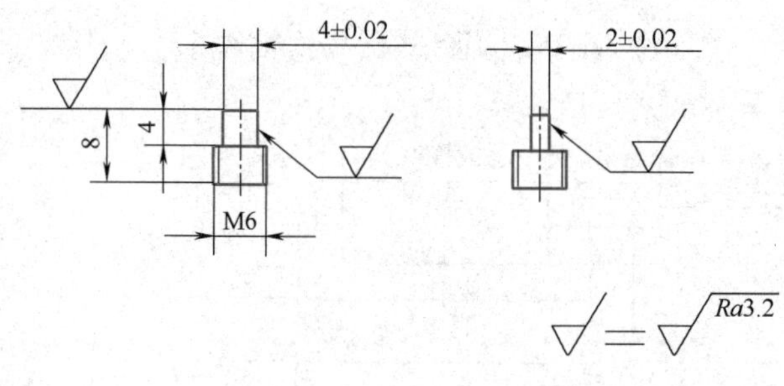

图 16-22　组合式玩具手枪件 11

加工注意事项

由于各个零件之间有着严格的配合关系，尺寸过大会造成无法进行装配，尺寸过小会造成配合间隙太大，甚至影响最后的装配效果。在加工过程中要全盘考虑，避免顾此失彼。装配后的玩具手枪如图 16-23 所示。

图 16-23　装配后的玩具手枪

思考与练习

1. 在制作“T 字之谜”时，为什么件 1 中的 29mm，件 2 中的 42mm，件 3 中的 85mm，件 4 中的 40mm、81mm 只是参考尺寸？加工时能否通过测量这些尺寸来保证精度？为什么？

2. 加工“T 字之谜”件 4 的左侧时，可否直接用直角尺来测量以保证 90°角的加工精度？为什么？

3. 对于孔明锁的各处尺寸能否采用对称度公差？为什么？

4. 在孔明锁各工件中为什么同为外形尺寸，长度方向与宽度、高度方向采用了不同的公差数值？

5. 在加工玩具手枪件 10 左端的 ϕ8mm 光孔和上方的 M6 螺纹孔时应采用什么顺序？为什么？

6. 玩具手枪件 3 与件 2 为过盈配合，若件 3 装配后有间隙，如何进行处理？

工匠故事

请扫码学习工匠故事。

李超——潜心钻研，勇克难关

参考文献

[1] 汪哲能. 钳工工艺与综合技能训练 [M]. 北京：机械工业出版社，2012.
[2] 彭建声. 简明模具工实用技术手册 [M]. 3 版. 北京：机械工业出版社，2011.
[3] 汪哲能. AutoCAD 2009 中文版实例教程 [M]. 北京：清华大学出版社，2010.
[4] 王立波. 钳工 [M]. 北京：化学工业出版社，2011.
[5] 孙庚午. 安装钳工手册 [M]. 郑州：河南科学技术出版社，2010.
[6] 李志华，顾培民. 现代制造技术实训教程 [M]. 杭州：浙江大学出版社，2010.
[7] 孙俊. 钳工一点通 [M]. 北京：科学出版社，2011.
[8] 蔡锌如，陈跃中. 金属工艺实训 [M]. 北京：北京理工大学出版社，2010.
[9] 汪哲能. AutoCAD 2013 机械制图实例教程 [M]. 北京：机械工业出版社，2021.
[10] 邓集华. 钳工基础技能实训 [M]. 2 版. 北京：机械工业出版社，2022.